四川省"十四五"职业教育规划教材（立项建设）

建筑工程测量技术

主　编■程景忠　边航天
副主编■张贝贝　张金环　刘　丽
参　编■王亚丽　谢先双　苏广鑫
赵远航　罗大易　赵晓燕
主　审■李海峰

重庆大学出版社

内容提要

本书是四川省“十四五”职业教育规划教材（立项建设）。全书从建筑工程测量认知出发，针对建筑工程测量常用仪器、测量原理、测量方法步骤，系统地介绍了建筑工程从勘测、规划设计到施工和竣工每个工作阶段的测量任务、测量内容和测量方法。本书内容丰富、结构严谨、重点突出、通俗易懂、针对性强。书中的重点、难点提供了微课视频，以便于理解。

本书是中等职业院校建筑测量专业的必修课教材，同时也可作为建筑施工、工程监理、工程造价、建筑工程管理、市政工程施工、土建工程检测等专业的教材，亦可供相关专业和相关技术人员阅读参考。

图书在版编目（CIP）数据

建筑工程测量技术 / 程景忠，边航天主编. -- 重庆：重庆大学出版社，2025. 1. --（中等职业教育建筑工程施工专业系列教材）. -- ISBN 978-7-5689-5085-5

Ⅰ. TU198

中国国家版本馆 CIP 数据核字第 2025WH8181 号

建筑工程测量技术

主　编　程景忠　边航天

副主编　张贝贝　张金环　刘　丽

主　审　李海峰

策划编辑：刘颖果

责任编辑：张红梅　　版式设计：刘颖果

责任校对：王　倩　　责任印制：赵　晟

*

重庆大学出版社出版发行

出版人：陈晓阳

社址：重庆市沙坪坝区大学城西路 21 号

邮编：401331

电话：(023) 88617190　88617185（中小学）

传真：(023) 88617186　88617166

网址：http://www.cqup.com.cn

邮箱：fxk@cqup.com.cn（营销中心）

全国新华书店经销

重庆正文印务有限公司印刷

*

开本：787mm×1092mm　1/16　印张：17.25　字数：432 千

2025 年 1 月第 1 版　　2025 年 1 月第 1 次印刷

ISBN 978-7-5689-5085-5　定价：59.00 元

编审委员会

前言

党的二十大报告指出，必须坚持科技是第一生产力、人才是第一资源、创新是第一动力，深入实施科教兴国战略、人才强国战略、创新驱动发展战略，开辟发展新领域新赛道，不断塑造发展新动能新优势。随着信息技术的发展，北斗等高科技信息技术已全面形成 GNSS 市场，为响应中共中央办公厅、国务院办公厅联合印发的《关于推动现代职业教育高质量发展的意见》中关于人才培养与市场对接的要求，本书编写团队在编写前进行了充分调研，了解建筑施工企业、测绘生产单位对中职院校毕业生的具体知识、能力要求。为提高学生的从业综合素质和生产实践能力，本书摈弃一些过时的知识和技能、难度高且实用性不强的理论，例如 DS3 型微倾式水准仪使用、JD6 光学经纬仪使用、钢尺的精密量距、平板仪测图、误差传播定律等。根据生产实际需求，补充了新仪器、新工艺、新方法的应用，例如电子水准仪水准测量、全站仪数字地形图测绘、南方 CASS 软件成图、数字地形图的应用、GNSS-RTK 数据采集和放样等。同时还引入工程实例强化岗位能力，设置思政案例提升职业素养，对接国赛项目开发教学项目，对接生产任务培养测绘工匠，依据职业标准设计知识闯关与技能训练，实现知识与技能的双提升。

本书具有以下特色：

1. 校企合作共同开发，学习任务贴近生产实际

本书是通过校企合作双元开发的工作手册式活页教材，以学生为中心，适应"互联网+职业教育"的发展需求，着重培养学生岗位技能和分析问题、解决问题的能力，以及吃苦耐劳、团结协作、实事求是、精益求精的职业精神，全面提升学生的专业技能和职业素养。

2. 采用模块化设计，合理构建教材体系

针对相关专业培养目标和企业对岗位能力的不同需求，本书从建筑工程测量的任务出发，按照工程建设的三大阶段（勘测规划、设计施工、运营管理）和建筑工程测量工作自身规律，构建了建筑工程测量认知、建筑工程测定基本技能、测图控制网的建立、工程建设中的地形图测绘与应用、建筑工程施工放样、建筑工程施工测量、竣工测量等七个模块（带 * 的任务为选修内容）。总体来说，本书舍弃陈旧的测量知识，丰富新仪器和测量新方法，聚焦实际作业方法、技术流程，力求深入浅出、通俗易懂、描述准确、重点突出，以实现教材体系的系统性、实用性和先进性。

3. 以国家职业标准为依据，以能力培养为目标优化教材内容

本书以工程测量员国家职业标准为依据，坚持实用、够用的原则，合理组织教材内容，旨在满足企业对建筑施工、工程测量等岗位从业人员的能力要求。本书有效克服了相关专业教

材存在的“理论性过强，实际操作训练不足”等问题。

4. 贯彻先进的教学理念，根据教学内容的不同精心选择编写模式

本书在编写过程中贯彻“岗课赛证”的教学理念。对于实践操作性较强的内容，本书采用任务驱动的编写模式；对于理论性较强的内容，采用理论与实践相结合的编写模式。在表现形式上，本书更多地采用以图代文、以表代文的表达方式，加入部分微课视频、动画和虚拟仿真，增强教材的可读性，激发学生的学习兴趣，引导学生自主学习。

5. 配套丰富的数字化资源

本书配有微课、仿真视频、课程思政资源包、教学 PPT、习题库及答案、案例、实训指导书、教学辅导书、工程测量标准、工程测量职业技能标准等数字化资源，教师可以在重庆大学出版社教学资源网下载(http://www. cqup. com. cn)或拨打电话 023-88617114 获取。

本书由程景忠、边航天担任主编，张贝贝、张金环、刘丽担任副主编，王亚丽、谢先双、苏广鑫、赵远航、罗大易、赵晓燕等参与编写。本书具体编写分工如下：四川水利水电技师学院边航天编写模块 1，程景忠编写模块 3、模块 6，张金环编写模块 2 中的项目 2. 1、项目 2. 2，张贝贝编写模块 4 中的项目 4. 1，刘丽编写附录 2；四川核工业技师学院王亚丽编写模块 5 中的项目 5. 1，湖南工程技师学院赵远航编写模块 5 中的项目 5. 2，中国水利水电第五工程局有限公司谢先双编写模块 2 中的项目 2. 3，眉山工程技师学院苏广鑫编写模块 7，青海水电技师学院赵晓燕编写模块 4 中的项目 4. 2，四川省第九地质大队罗大易编写附录 1。全书由程景忠统稿，由四川工程职业技术大学李海峰教授主审。

在本书编写过程中，编者查阅了大量的文献，引用了同类书籍的部分资料，咨询并获得了金文慧、邓小亮、张凯源、翟伟栋、谢志良、陈时兵、王志浩、任小强等几位技术人员的帮助，在此谨向有关作者和几位技术人员表示衷心的感谢！

由于编者水平有限，书中难免存在错漏，热忱希望广大读者提出宝贵的意见和建议，以便修订时完善。

编　者

2024 年 10 月

目 录

模块 1 建筑工程测量认知

建筑工程测量的任务是确定地球上点的位置,地球上点的位置如何表示,是学习建筑工程测量技术前必须明确的一个重要问题,此外,还需知道测量工作中应遵循的基本原则。

学习目标

知识目标:理解工程测量在工程建设中的重要性;了解测量学发展历史与趋势;掌握平面直角坐标系、高斯平面直角坐标系、大地坐标系、高程系表示地面点位的方法;理解测量工作应遵循的原则。

技能目标:能和同学交流分享工程测量在工程建设中的作用和我国古今在测量方面取得的成就;能用平面直角坐标和高程表达地面点的位置。

素养目标:养成崇尚科学、勤于思考、热爱学习的良好习惯;树立学好测量专业技能的信心,激发学生民族自豪感、专业自豪感,凝聚爱国情怀。

内容导航

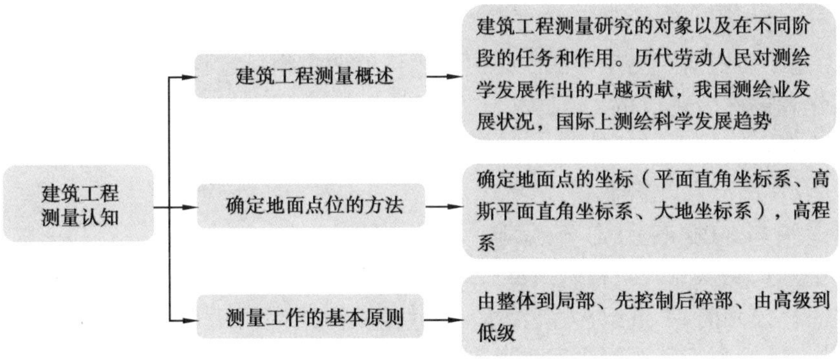

序号	资源名称	类型	页码
1	确定地面点平面坐标的方法	微课	第 5 页
2	地面点的高程和高差	微课	第 8 页
3	测量基础知识练习题	文本	第 13 页

认知1　建筑工程测量概述

一、建筑工程测量研究的对象、任务和作用

建筑工程测量是建筑工程建设勘测、设计、施工放样、竣工验收和运营管理等各阶段所进行的测量工作，是为建筑工程项目各项工作服务的工作。建筑工程测量主要包括：测绘满足工程规划和设计需要的大比例尺地形图；将图纸上设计的建筑物标定到地面上；对施工过程中及施工后产生的变形进行监测等。

任何一项工程的建设都离不开测量工作。例如，在某区域修建工业厂房或民用建筑时，首先需要测绘该区域的地形图，作为规划设计的依据；在施工过程中，需要进行施工放样，也就是把图纸上设计的建筑物或构筑物位置，通过测量的方法，在地面上标定出来，以便进行施工，并经常对施工和安装工作进行检测，保证工程符合设计要求；在工程竣工后，还要进行竣工测量，以便检查施工是否达到预期效果，作为工程管理的重要依据；在工程管理期间，还要定期地对建筑物进行变形观测，以便掌握建筑物的变形规律，当发现建筑物的变形有异常时，应及时采取措施，确保建筑物的安全和正常运行。

由此可见，在建筑工程建设中，测量工作贯穿于规划、设计、施工和管理等各个阶段。作为一名建筑工程技术人员，必须掌握工程测量学的基本知识和专业技能，才能担负起建筑工程建设中的各项测量任务。

工程建设的测量分为测定和测设。测定，是指使用测量仪器并通过计算，得到一系列特征点的测量数据或将地球表面的地物和地貌缩绘成地形图，以满足工程建设的需求。测设，又叫施工放样，是指用一定的测量方法将设计图纸上规划设计好的建筑物位置，在实地上标定出来，作为施工的依据。测定与测设是测量工作的两个相反过程。

测量工作者被称为建设的尖兵，因为国民经济建设和国防建设都要求测量工作走在前列。测量工作者在工作中必须兢兢业业、不畏艰辛，努力当好各项建设的尖兵，为我国的经济建设、国防建设作出应有的贡献。

二、测量科学的发展历史与趋势

测量科学是长期以来人类在认识自然、改造自然的生产实践中，总结、创造和发展起来的科学技术之一。公元前21世纪，大禹治水时就使用过“准绳规矩”等测量工具。公元前4世纪，我国劳动人民就利用磁石制成了世界上最早的指南工具“司南”。公元前3世纪，我国西晋的裴秀在生产实践中积累了丰富的经验，拟定了世界上最早的制图法则，称为“制图六体”。公元2世纪，我国长沙马王堆汉墓中已有绘制在帛上的具有方位和比例尺的地图。公元724年，唐朝太史监南宫说曾在河南开封一带直接丈量了长达300 km的子午弧长，并用日晷测太阳的阴影以定纬度，这是我国第一次应用弧度测量的方法测定地球的形状和大小，也是世界上最早的一次子午线弧长测量。18世纪清代康熙时测绘的《皇舆全图》，又是一次大规模的天文测量。此外，在工程建设中，如万里长城的建造，四川都江堰水利工程的兴修，南北大运河的开凿，西安、北京等地古都的建筑等，都创造和积累了极其丰富的测量经验。总之，我国历代劳动人民随着生产的需要和发展，对测量科学作出了卓越的贡献。

中华人民共和国成立后，我国的测绘科学进入一个蓬勃发展的崭新阶段。七十多年来，全国范围内完成了大地控制网的测量，统一了全国的平面坐标系统和高程系统；进行了大规模的航空摄影测量工作，完成了大量国家基本图的测绘和土地资源调查任务。在仪器制造方面，国产电子测量仪器，如数字水准仪、全站仪、GNSS-RTK 接收机等测量仪器已经广泛使用，改变了过去完全依赖进口仪器的被动局面，在航空、航天技术，遥感技术，激光技术和电子计算技术方面也得到了飞速发展，特别是我国自主研制的北斗卫星导航系统，已实现全球组网，摆脱了对 GPS（全球定位系统）的依赖，北斗系统相关产品已输出到 100 多个国家，为用户提供了多元化的选择方案，基于北斗卫星导航系统的土地确权、精准农业、数字施工、车辆船舶监管、智慧港口等在东南亚、东欧、西亚、非洲等地区得到成功应用。

当前，测绘业正处于高速发展阶段。测绘技术的发展日新月异，尤其是大数据、互联网、智能化等技术的应用，已深刻影响测绘行业的生态系统和产业链。目前，测绘业的发展趋势主要有以下几个方面：

（1）数字化测绘技术兴起

数字化测绘技术是当前测绘业的发展重点之一。这种技术可以快速、准确地获取地图、地形图、航空摄影、卫星遥感等数据，并通过全球卫星定位系统、地理信息系统等技术将这些数据进行集成、分析和处理，从而大幅提升测绘数据的质量和效率。与此同时，数字化测绘技术也可以为环境保护、气象预警、灾害监测等领域提供强大的技术支持，为各个行业的生产、管理、决策等提供更加科学有效的数据支持。

（2）测绘专业化、精细化趋势明显

测绘行业已逐步从过去的粗放式发展转向专业化、精细化发展。越来越多的测绘公司将自己的业务范围锁定在专业领域中，如电力测量、矿产资源测量、海洋测量等。

（3）测绘产业与众多行业深度融合

目前，测绘产业与众多行业（如互联网、金融、房地产、城乡规划等）深度融合，为这些行业提供了有效支持，如通过测绘数据来分析市场底层需求、细化商业模式、研究人口分布等。

素拓课堂

扛起如山的责任　谱写民族的新篇章

20 世纪 50 年代初期，我国测绘仪器基本靠进口。拥有我国自主制造的测绘仪器，是中国几代测绘人共同的梦想。在科技工作者的共同努力下，20 世纪 60 年代初，北京光学仪器厂率先生产出中国第一台光学 DJ6-1 型经纬仪。

改革开放后，国家基础设施建设和建筑、测绘行业的迅猛发展使得测绘仪器需求猛增。拥有中国制造的高精度测绘仪器，再一次成为中国测绘人共同的梦想。

过去几十年测绘人走出了一条科技兴测之路。1989 年，第一台国产全站仪诞生；1999 年，第一台国产 RTK 接收机诞生；2012 年，第一台国产大疆测绘无人机诞生。在测绘工作者的辛勤努力下，2023 年全球电子全站仪市场规模达 82.94 亿元（人民币），国产全站仪市场规模达 35.74 亿元（人民币）；2023 年 RTK 市场规模达 214 亿元（人民币），年复合增长率达 25%；2023 年国内民用无人机市场规模达 557.8 亿元（人民币），2017—2023 年年均复合增长率 43.8%，远高于全球。目前，我国测绘科技整体水平已跻身世界先进行列，在某些领域已达到国际领先水平。

随着信息技术的发展，测绘仪器生产开始引入 GPS、北斗卫星导航系统等高科技信息技术手段，目前已全面形成全球卫星导航系统（Global Navigation Satellite System，GNSS）市场，2021 年，中国卫星导航与位置服务产业总体产值达到约 4 700 亿元（人民币），2023 年达到了 5 362 亿元（人民币）。

产品制造方面，以北斗为核心的导航与位置服务技术创新持续活跃，北斗芯片、模块等系列关键技术持续取得突破，支持北斗三号新信号的 SoC 芯片，在物联网和消费电子领域得到了广泛应用；支持双频双模的北斗导航定位芯片完成了各项关键性能的验证，已经进入量产阶段，性能再上新台阶。截至 2023 年底，具有北斗定位功能的终端产品社会总保有量超过 14 亿台（套）。

行业服务方面，北斗系统广泛应用于各行各业，产生了显著经济和社会效益。截至 2023 年底，超过 830 万辆道路营运车辆安装使用北斗系统、近 8 000 台各型号北斗终端在铁路领域应用推广，基于北斗系统的农机自动驾驶系统超过 10 万台（套），医疗健康、防疫消毒、远程监控、线上服务等下游运营服务环节产值近 2 000 亿元。

大众应用方面，以智能手机和智能穿戴式设备为代表的北斗在大众领域的应用获得全面突破，包括智能手机器件供应商在内的国际主流芯片厂商产品广泛支持北斗。2023 年，国内智能手机出货量为 2.76 亿部，其中支持北斗定位功能的手机已达 2.69 亿部，约占国内智能手机总出货量的 97.5%。

课堂考核

想一想

1. 测定和测设有什么区别？
2. 北斗系统相关产品已输出到 100 多个国家说明了什么？

认知2　确定地面点位置的方法

测量工作无论多么复杂，都可以归结为测定和测设两方面的工作。为了确定地面点的空间位置，需要建立各种坐标系。点的空间位置须用三维坐标来表示。在测量工作中，一般将点的空间位置用球面或平面位置（二维）和高程（一维）来表示，它们分别属于大地坐标系、平面直角坐标系和高程系。在各种坐标系之间，地面点的坐标和各种几何元素可以进行换算。

一、确定地面点的坐标

由于选取的基准面不同，地面点的坐标有多种表达方式，测量工作中常用的坐标系有平面直角坐标系、高斯平面直角坐标系和大地坐标系。

1. 平面直角坐标系

确定地面点平面坐标的方法

对于小范围测区，以水平面作为投影面，地面点在水平面上的投影位置用平面直角坐标(x,y)表示。

如图1-2-1所示，在水平面上选定一点作为坐标原点O，建立平面直角坐标系。纵轴为X轴，与南北方向一致，向北为正，向南为负；横轴为Y轴，与东西方向一致，向东为正，向西为负。将地面P点沿铅垂线方向投影到该水平面上，则平面直角坐标X_P、Y_P就表示P点在该水平面上的投影位置。如果坐标系的原点是任意假设的，则称为独立的平面直角坐标系，为了不使坐标出现负值，对于独立测区，往往把坐标原点选在测区西南角以外的适当位置。

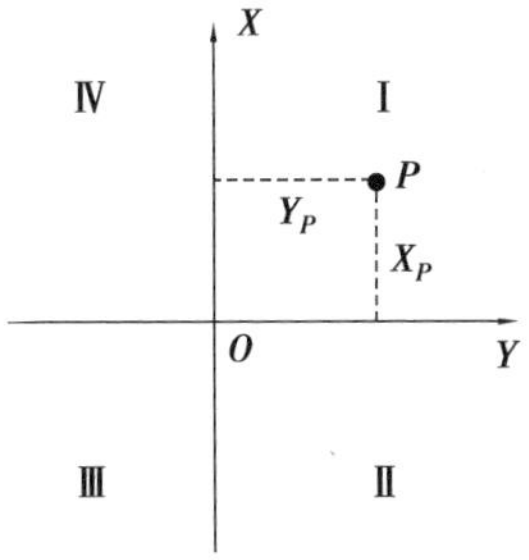

图1-2-1　测量上的平面直角坐标系

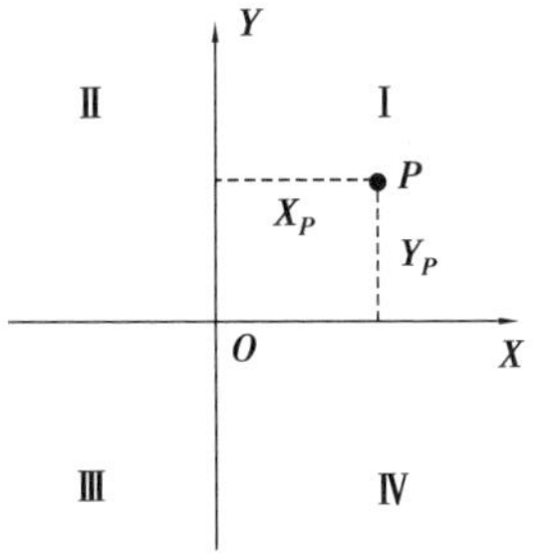

图1-2-2　数学中的平面直角坐标系

测量上采用的平面直角坐标系与数学中的平面直角坐标系（图1-2-2）相比，具有以下不同点：

①测量上取南北方向为纵轴（X轴），向北为正，向南为负；东西方向为横轴（Y轴），向东为正，向西为负。

②测量上所用的方向是从北起按顺时针方向以角度计值，象限顺时针编号。

二者的相同点：数学中的三角函数计算公式在测量计算中可以直接应用。

2. 高斯平面直角坐标系

当测区范围较大时，若将曲面当作平面看待，则把地球椭球面上的图形展绘到平面上来必然产生变形，为减小变形，必须采用适当的方法。测量上常采用的方法是高斯投影法。

如图 1-2-3 所示，设想用一平面卷成一个椭圆柱，将它横套在地球椭球体外面，使其轴线与赤道面重合并通过球心。此时，椭圆柱面必然与地球某一子午线相切，该子午线称为中央子午线。若以球心为投影中心，则中央子午线两侧一定范围内的球面图形即可投影到椭圆柱面上，将柱面沿通过南北极的母线切开，即得高斯投影的平面图形，如图 1-2-4 所示。

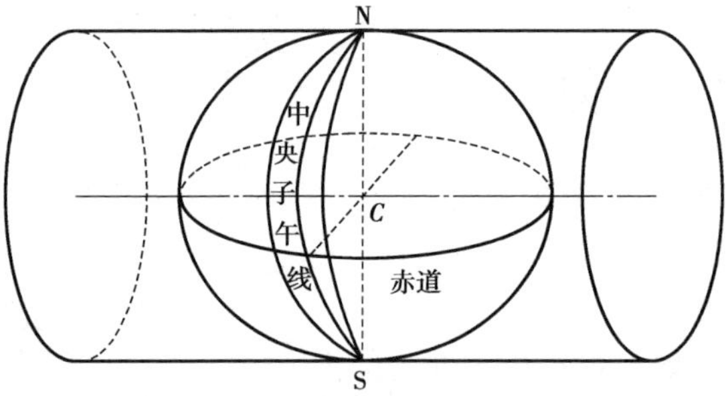

图 1-2-3　高斯投影

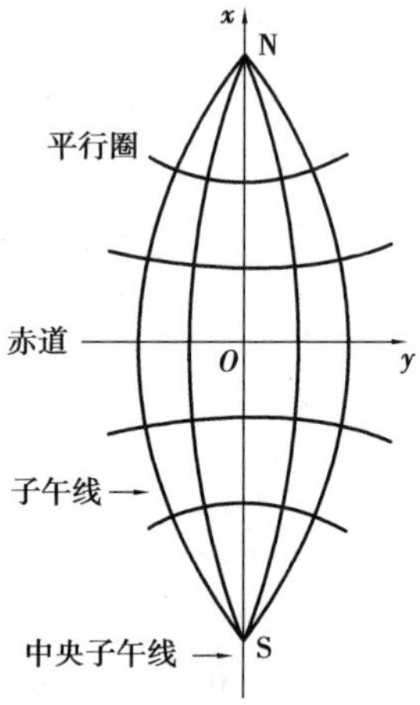

图 1-2-4　高斯投影平面图

高斯投影法是将地球划分成若干带，然后将每带投影到平面上。

(1)投影带的划分

高斯投影离中央子午线越远，子午线长度变形越大。为此，通常采用分带投影方法来限制投影带的宽度。投影带的划分如图 1-2-5 所示。

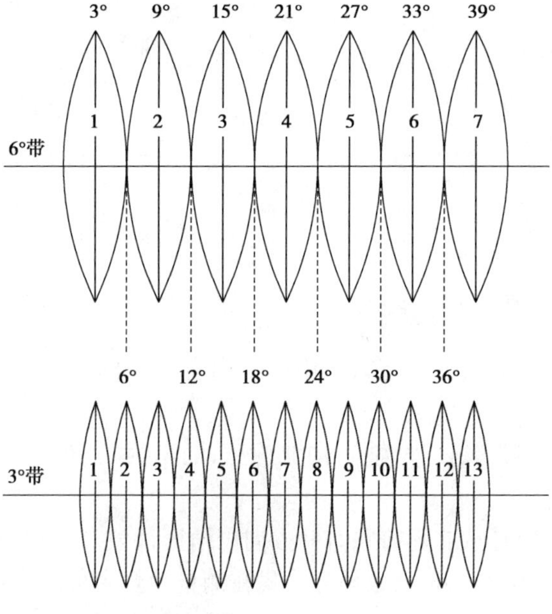

图 1-2-5　投影带的划分图

① 6°带的划分。6°带从起始子午线开始，自西向东每隔经差 6°划分为一带，全球共划分

为 60 带，带号用数字 1 ~60 表示。6°中央子午线的经度 $\lambda_{6°}$ 与带号 $N_{6°}$ 的关系式为：$\lambda_{6°}=6N_{6°}-3$。

②3°带的划分。3°带从 1°30′经线开始，自西向东每隔经差 3°划分为一带，全球共划分为 120 带，带号用数字 1 ~120 表示。3°带中央子午线的经度 $\lambda_{3°}$ 与带号 $N_{3°}$ 的关系式为：$\lambda_{3°}=3N_{3°}$。

（2）高斯平面直角坐标系的建立

如图 1-2-6 所示，以分带投影后的中央子午线为 x 轴（向北为正，向南为负），赤道为 y 轴（向东为正，向西为负），建立高斯平面直角坐标系。点在该坐标系中的坐标称为高斯平面直角坐标。我国位于北半球，纵坐标恒为正值，横坐标则有正值和负值。为计算方便，规定每一带的坐标原点西移 500 km，这样即可使每带中所有点的横坐标均为正值，如图 1-2-7 所示。为了区分某点所在的投影带，规定在横坐标前加上带号。加上 500 km 并冠以带号的坐标值称为通用值，未加 500 km 不冠以带号的坐标值称为自然值。

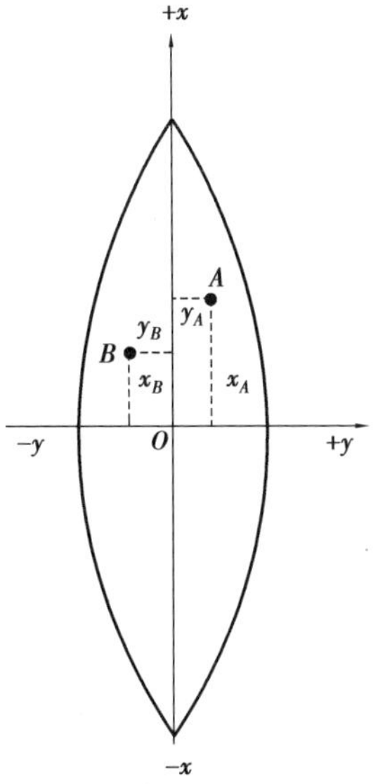

图 1-2-6　高斯平面直角坐标系

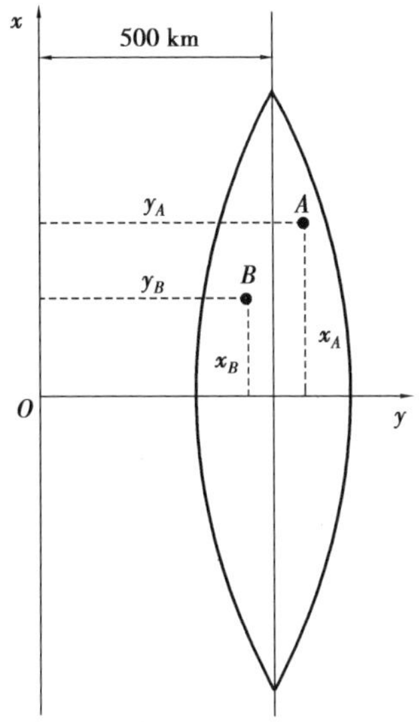

图 1-2-7　我国高斯平面直角坐标的表示方法

我国高斯平面直角坐标的表示方法如下：

①先将自然值的横坐标 Y 加上 500 000 m；

②再在新的横坐标 Y 之前标以 2 位数的带号。

【例题】国家高斯平面点 P(3 032 586.48，20 648 680.54)，请指出其所在的带号及自然坐标。

（1）P 点至赤道的距离：$X=3\ 032\ 586.48$ m

（2）其投影带的带号为 20，P 点离 20 带的纵轴 X 轴的实际距离：

$$Y=648\ 680.54-500\ 000=148\ 680.54 \text{ m}$$

3. 大地坐标系

大地坐标系又称为地理坐标系，它以地球椭球面作为基准面，以首子午面和赤道平面作为参考面，用大地经度 L 和大地纬度 B 表示地面点位在参考椭球面上投影位置。如图 1-2-8 所示，地面点 F 的大地经度 L 为通过 F 点的子午面与首子午面（起始子午面，通过英国格林尼治皇家天文台某点的真子午面）之间的夹角，由首子午面起算，向东 0° ~ 180°为东经，向西

0°～180°为西经；F 点的大地纬度 B 为通过 F 点的椭球面法线与赤道平面的交角，由赤道面起算，向北 0°～90°为北纬，向南 0°～90°为南纬。

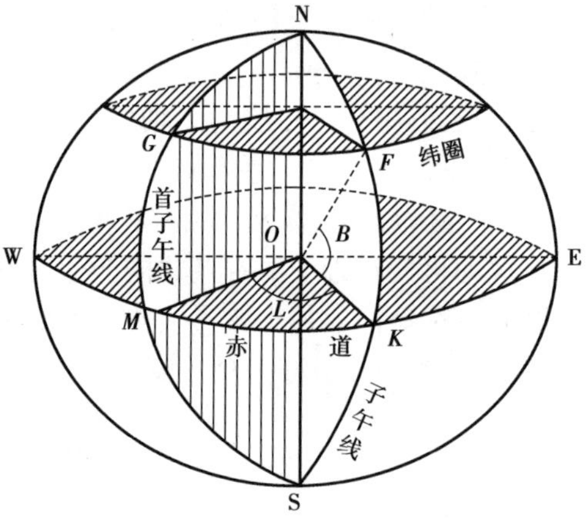

图 1-2-8　大地坐标系

二、高程系

假想有一个静止的海水面，延伸穿过大陆和岛屿后所围成的一个闭合曲面当作地形的一般形状，这个曲面称为水准面。海水面受潮汐和风浪的影响而多变，所以水准面有无数多个。与平均海水面吻合的水准面称为大地水准面。

1. 绝对高程

地面点到大地水准面的铅垂距离称为该点的绝对高程，简称高程，又称“海拔”，用 H 表示。如图 1-2-9 所示，H_A、H_B 分别表示 A 点和 B 点的绝对高程。

地面点的高程和高差

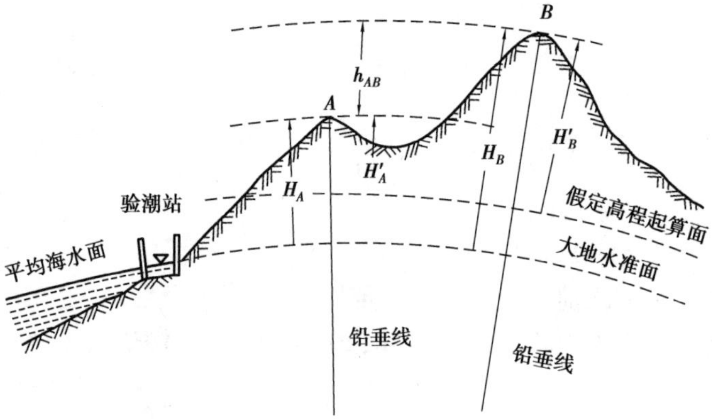

图 1-2-9　高程和高差

我国规定以黄海平均海水面作为大地水准面，黄海平均海水面的位置是通过对青岛验潮站潮汐观测井的水位进行长期观测确定的。由于平均海水面不便于随时联测使用，故在青岛观象山建立了“中华人民共和国水准零点”，并将其作为全国推算高程的依据。1956 年，验潮站根据连续 7 年（1950—1956 年）的潮汐水位观测资料，第一次确定了黄海平均海水面的位置，测得水准零点的高程为 72.289 m；以这个零点高程为基准去推算全国的高程，称为“1956 年黄海高程系”。由于该高程系存在验潮时间过短、准确性较差的问题，1952—1979 年验潮站又连续28年对潮汐水位进行观测,根据观测资料,进一步确定了黄海平均海水面的精确位置,再次测得水准零点的高程为72.260 4 m;1985年,决定启用这一新的零点高程作为全国推算高程的基准,并命名为"1985 国家高程基准"。

2. 相对高程

地面点沿铅垂线方向至假定水准面的距离称为该点的相对高程,亦称"假定高程"。在图1-2-9中,地面点A和B的相对高程分别为H'_A和H'_B。

3. 高差

地面上两点高程之差称为高差,用符号"h"表示。高差具有方向性和正负,但与高程基准面的选取无关。在图1-2-9中,A点至B点的高差为

$$h_{AB}=H_B-H_A=H'_B-H'_A$$

当h_{AB}为正时,B点高于A点;h_{AB}为负时,B点低于A点。不难看出,当高差的方向相反时,两点间高差的绝对值相等而符号相反,即$h_{AB}=-h_{BA}$。

素拓课堂

扬帆启航新征程,踔厉奋发向未来

党的二十大报告强调"发展是党执政兴国的第一要务"。中国共产党几十年如一日团结带领全国各族人民,经过几代测绘人的艰苦奋斗,攻克无数技术难关,建立了2000国家大地坐标系,为我国的测绘事业奠定了基础。

在新中国成立初期,由于历史条件的限制,我国暂时采用苏联的克拉索夫斯基椭球,并与苏联1942年坐标系进行联测,最终建立了1954年北京坐标系(BJ54)。这一坐标系可以视为苏联1942年坐标系的延伸,其大地原点并不在北京,而在苏联的普尔科沃。

随着时间的推移,1954年北京坐标系逐渐暴露出一些问题,如精度不足、与国际坐标系不兼容等。因此,在积累了二十多年的测绘资料后,我国决定采用1975年国际大地测量与地球物理联合会第16届大会上推荐的新的椭球体参数,重新定位并建立新的坐标系。这就是1980国家大地坐标系,也被称为1980西安坐标系(简称"西安80坐标系")。它以陕西省泾阳县永乐镇某点为坐标系原点,为我国测绘工作的发展提供了新的基准。

进入21世纪,我国的测绘事业迎来了新的发展机遇。为了进一步提高坐标系的精度和适用性,我国于2000年建立了2000国家大地坐标系(China Geodetic Coordinate System 2000 ,CGCS2000)。这一坐标系的原点为包括海洋和大气的整个地球的质量中心,其Z轴由原点指向历元2000.0的地球参考极的方向,X轴由原点指向格林尼治子午线与地球赤道面(历元2000.0)的交点,Y轴与Z轴、X轴构成右手正交坐标系。2008年4月,国务院批准自2008年7月1日起,中国全面启用2000国家大地坐标系。2000国家大地坐标系的建立,标志着我国国家坐标系的发展进入了一个崭新的阶段。新坐标系实现了由地表原点到地心原点、由二维到三维、由低精度到高精度的转变,更加适应现代空间技术发展趋势:满足我国北斗卫星导航系统、航空遥感系统、海洋环境监测及地方性测绘服务等迫切需求确定一个与国际衔接的全球性三维大地坐标参考基准。

回顾我国国家坐标系的发展历程,可以看出它不断适应着时代的需求和科技的发展。从最初的1954年北京坐标系,到后来的西安80坐标系,再到现在的2000国家大地坐标系,每一次发展都带来了测绘精度的提升和适用性的增强。

展望未来，我国国家坐标系的发展是一个不断进步、不断完善的过程，它见证了我国测绘事业的蓬勃发展，也预示着未来更加广阔的前景。随着我国测绘事业的不断发展，国家坐标系将继续发挥重要作用。

课堂考核

一、单选题

1. 地面上某点到大地水准面的铅垂距离，是该点的（　　）。
A. 假定高程　　B. 比高　　C. 绝对高程　　D. 高差

2. 地面上某一点到任一假定水准面的垂直距离称为该点的（　　）。
A. 绝对高程　　B. 相对高程　　C. 高差　　D. 高程

3. 测量上使用的平面直角坐标系的坐标轴是（　　）。
A. 南北方向的坐标轴为 y 轴，向北为正；东西方向的坐标轴为 x 轴，向东为正
B. 南北方向的坐标轴为 y 轴，向南为正；东西方向的坐标轴为 x 轴，向西为正
C. 南北方向的坐标轴为 x 轴，向北为正；东西方向的坐标轴为 y 轴，向东为正
D. 南北方向的坐标轴为 x 轴，向南为正；东西方向的坐标轴为 y 轴，向西为正

4. 3°投影分带法是每 3°为一带，将全球共划分为（　　）个投影带。
A. 30　　B. 60　　C. 90　　D. 120

5. 高斯平面直角坐标系的通用坐标，在自然坐标 Y' 上加 500 km 的目的是（　　）。
A. 保证 Y 坐标值为正数　　B. 保证 Y 坐标值为整数
C. 保证 X 轴方向不变形　　D. 保证 Y 轴方向不变形

6. 测量上确定点的（　　）是通过水平距离测量、水平角测量两项基本工作来实现的。
A. 高程　　B. 相对高程　　C. 平面位置　　D. 高差

7. 测量上确定点的高程是通过（　　）工作来实现的。
A. 边长测量　　B. 距离测量　　C. 角度测量　　D. 高差测量

8. 地球上自由静止的水面，称为（　　）。
A. 水平面　　B. 水准面　　C. 大地水准面　　D. 地球椭球面

9. 下列关于水准面的描述，正确的是（　　）。
A. 水准面是平面，有无数个　　B. 水准面是曲面，只有一个
C. 水准面是曲面，有无数个　　D. 水准面是平面，只有一个

10. 目前，我国采用的统一测量高程基准和坐标系统分别是（　　）。
A. 1956 年黄海高程基准、1980 西安坐标系
B. 1956 年黄海高程基准、1954 年北京坐标系
C. 1985 国家高程基准、2000 国家大地坐标系
D. 1985 国家高程基准、WGS-84 大地坐标系

二、想一想

1. 大地水准面与任意水准面有哪些异同？
2. 为什么两点的高差与所选取的高程基准面无关？

认知3　测量工作的基本原则

确定地面点的位置，需要测定3个元素，即水平角β、水平距离D和高差h。因此，角度测量、距离测量和高程测量是测量的3项基本工作，观测、计算和绘图是测量工作的基本技能。

在一个地区进行测绘工作时，可以从地面上某一点开始，然后依次逐点测绘到其他地方，最后虽然也能将整个测区的点测绘出来，但是由于观测中不可避免的误差一点一点地传递下去，结果误差越积越大，测量的精确度也就越来越低，最后导致误差超出允许范围的严重后果。

为了获得理想的成果，在进行测量工作前，必须有一个全盘计划，先抓整体，而后解决局部问题，所以测量工作必须按照一定的原则进行，这个原则就是“先整体后局部”“先控制后碎部”和“由高级到低级”。

所谓“先整体后局部”，就是在布局上先考虑整体，再考虑局部。所谓“先控制后碎部”就是在工作程序上先进行控制测量，再进行碎部测量。所谓“由高级到低级”就是在精度上由高等级控制网控制低等级控制网。图1-3-1中，从整体出发，先在整个测区范围内均匀选定若干点，如图中的A、B、C、D、E、F诸点控制整个测区，这些点称为控制点。选定的控制点按照一定的方式连接成的网形，称为控制网，以较精密的方法测定网中各个控制点的平面位置和高程，这项工作称为控制测量。然后分别以这些控制点为依据，测定点位附近的地物、地貌，这项工作称为碎部测量，勾绘成图，即为碎部测图，如图1-3-2所示。

图1-3-1　测区整体布局示意图

“先整体后局部”“先控制后碎部”和“由高级到低级”的原则同样适用于施工测量。为了将图上设计的建筑物、构筑物放样到实地，同样应从整体出发，首先建立施工控制网，然后根据控制点和放样数据来测设建筑物、构筑物的细部点。

测量工作应遵循的另一个原则就是“步步有检核”。测量工作既有外业工作又有内业工作，利用测量仪器和工具在现场所进行的测角度、测距离、测高程等测量工作称为测量外业；对观测数据、资料在室内进行的计算、整理和绘图等工作称为测量内业。外业和内业共同决定着测量成果的质量，工作环节上的任何一处失误，都将给后续的一系列工作造成严重影响。因此，不论测量外业还是测量内业，都必须坚持“步步有检核”的工作原则。

测量工作是一项复杂的集体劳动，任何疏忽大意都可能导致不合格的结果出现，造成部分或整体返工，因此测量人员在测量工作中除应自始至终遵循上述原则外，团结协作的工作作风以及严谨细致的工作态度也是十分重要和必要的。

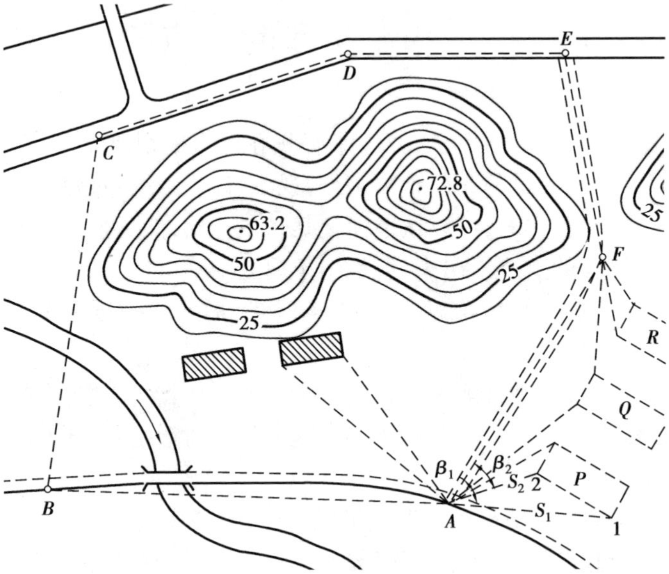

图 1-3-2　测图原理示意图

素拓课堂

工程测量员需具备的精神和品质

1. 严谨求实、一丝不苟的工作作风，这是工程测量的基本要求，可确保测量数据的准确性和可靠性。

2. 专心致志、持之以恒的敬业精神，这种精神能够帮助测量人员在日常工作中保持专注，不断提高自己的专业技能。

3. 精益求精、追求卓越的思想品质，这种品质促使测量人员不断追求更高的测量技术和更精确的测量结果。

4. 团队合作精神，在复杂的工程测量任务中，团队合作能够提高工作效率和质量。

5. 强烈的责任心能够确保在面对困难和挑战时，依然坚持高质量的测量标准。

6. 细致认真的工作态度，是确保测量数据准确性的关键因素。

7. 执着、严谨、创新，这是对“测量工匠”的深刻理解，强调了在不断变化的技术和环境背景下，保持专注、严谨和创新的重要性。

8. 工匠精神，包括执着专注、精益求精、一丝不苟、追求卓越，这是推动工程测量行业发展和科技进步的关键精神。

综上所述，工程测量不仅需要技术人员具备扎实的理论基础和丰富的实践经验，还需要他们具备严谨、专注、创新、团队合作、有责任心等品质，以保证工程测量的准确性，推动行业发展。

课堂考核

一、单选题

1. 测量工作的基本原则是先整体后局部、(　　)、由高级到低级。

A. 先控制后碎部　　B. 先测图后控制

C. 控制与碎部并行　　D. 测图与控制并行

2. 在测量工作的基本原则中，“先整体后局部”是对(　　)方面做出的要求。

A. 测量布局　　B. 测量程序　　C. 测量精度　　D. 测量分工

3. 在测量工作的基本原则中，“先控制后碎部”是对(　　)方面做出的要求。

A. 测量布局　　B. 测量程序　　C. 测量精度　　D. 测量质量

4. 在测量工作的基本原则中，“由高级到低级”是对(　　)方面做出的要求。

A. 测量布局　　B. 测量程序　　C. 测量精度　　D. 测量质量

二、判断题

1. 严谨求实、一丝不苟的工作作风，是工程测量的基本要求。　(　　)

2. 精益求精、追求卓越的思想品质，可以促使测量人员不断追求更高的测量技术和更精确的测量结果。　(　　)

3. 工匠精神是推动工程测量行业发展和科技进步的关键精神。　(　　)

测量基础知识
练习题

模块 2　建筑工程测定基本技能

建筑工程测量的基本任务是确定地面点的空间位置。为了确定地面点的空间位置须进行 3 项基本测量工作，即高程测定、角度测定、距离测定。本模块主要围绕确定地面点的空间位置来学习建筑工程测定的基本技能。

一把标尺见功夫毫厘之间铸匠心

经纬线上的完美主义者

站在测量一线的人

序号	资源名称	类型	二维码索引
1	一把标尺见功夫 毫厘之间铸匠心	文本	第 15 页
2	经纬线上的完美主义者	文本	第 15 页
3	站在测量一线的人	文本	第 15 页
4	水准仪的构造	微课	第 18 页
5	认识水准尺	微课	第 19 页
6	自动安平水准仪的操作与使用	微课	第 21 页
7	高差法测定待定点的高程	微课	第 25 页
8	视线高法测定待定点的高程	微课	第 25 页
9	水准路线的布设形式	微课	第 25 页
10	普通水准测量外业实施	微课	第 26 页
11	水准仪圆水准器轴的检校	微课	第 32 页
12	水准仪十字丝横丝的检校	微课	第 32 页
13	水准仪视准轴的检校	微课	第 35 页
14	水准尺竖立误差与消减方法	微课	第 36 页
15	视差影响与消减方法	微课	第 36 页
16	仪器和尺子下沉造成的误差	微课	第 36 页
17	认识电子经纬仪	微课	第 40 页
18	认识全站仪	微课	第 40 页
19	经纬仪的操作与使用	微课	第 43 页
20	测回法观测水平角	微课	第 44 页
21	测量竖直角	微课	第 49 页
22	检校经纬仪水准管轴	微课	第 52 页
23	检校经纬仪十字丝	微课	第 54 页
24	检校经纬仪视准轴	微课	第 54 页
25	检校经纬仪横轴	微课	第 56 页
26	消除对中误差	微课	第 57 页
27	消除目标偏心误差	微课	第 57 页
28	消除照准误差	微课	第 57 页
29	钢尺平地量距	微课	第 61 页
30	水准仪视距测量	微视频	第 64 页
31	全站仪测距	微课	第 67 页
32	水准测量练习题	文本	第 69 页
33	角度测量练习题	文本	第 69 页
34	距离测量练习题	文本	第 69 页
35	任务 2.1.1—2.3.3 学习任务评价表	评价标准	详见各任务后

项目 2.1　水准测量

学习目标

知识目标：熟悉自动安平水准仪、水准尺的结构和使用方法；理解水准测量的原理；熟悉水准仪主要轴线之间应满足的几何条件。

技能目标：能使用水准仪进行高差测量；具备普通水准仪检验、协助校正能力。

素养目标：养成爱护仪器、规范操作的习惯；树立严谨求实、诚实守信的意识；具有团队协作、吃苦耐劳、一丝不苟的精神。

内容导航

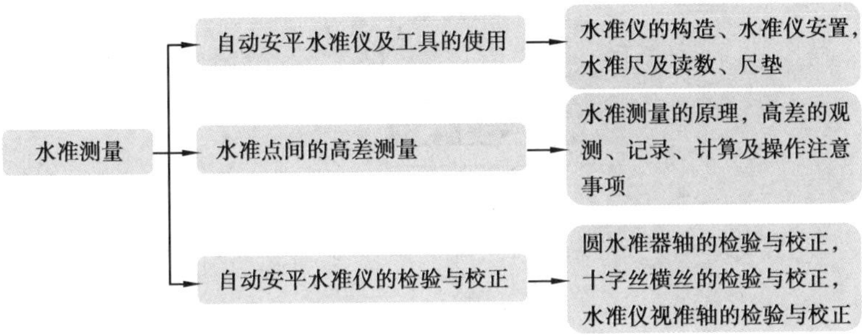

任务 2.1.1　自动安平水准仪及工具的使用

【任务导学】

水准仪是测量地面点高程的主要仪器，了解仪器的构造，掌握水准仪的使用和读数方法是进行高程测量工作必须迈出的第一步。

【任务描述】

安置水准仪、读取水准尺的读数。比比谁操作得又快又规范，看看谁的读数准确。

【知识储备】

一、水准仪及其构造

水准仪是进行水准测量的主要仪器，按精度指标划分为 4 个等级：DS05、DS1、DS3、DS10（“D”和“S”表示中文“大地测量”和“水准仪”中“大”字和“水”的汉语拼音的第一个字母，通常在书写时可以省略字母“D”，“05”“1”“3”等数字表示该类仪器的精度，即该等级仪器对应的 1 km 往返水准测量的高差中误差，以 mm 为单位）；按构造可以分为 3 类：微倾式水准仪、自动安平水准仪、电子水准仪。

水准仪由望远镜、水准器、基座 3 部分组成，如图 2-1-1 所示。其结构示意图如图 2-1-2 所示。

水准仪的构造

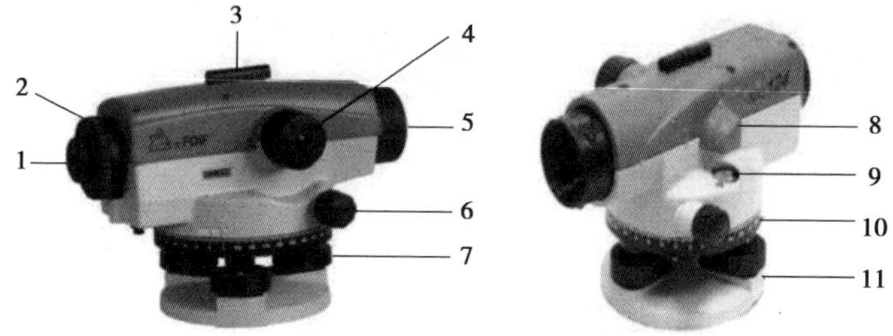

图 2-1-1　自动安平水准仪

1—目镜；2—目镜调焦螺旋；3—粗瞄器；4—物镜调焦螺旋；5—物镜；6—水平微动螺旋；7—脚螺旋；8—反光镜；9—圆水准器；10—刻度盘；11—基座

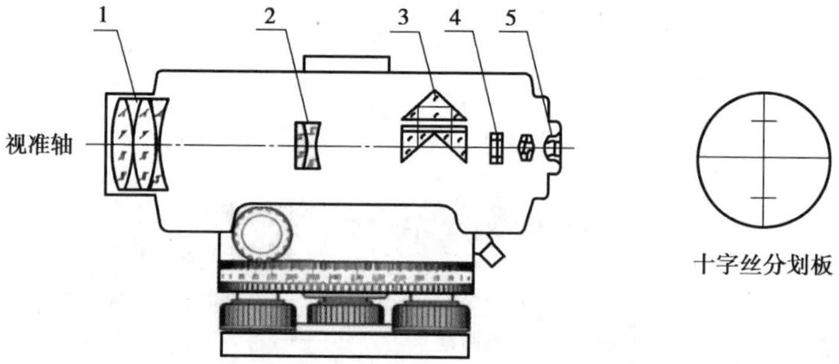

图 2-1-2　自动安平水准仪结构示意图

1—物镜；2—调焦透镜；3—补偿器棱镜组；4—十字丝分划板；5—目镜

1. 望远镜

望远镜主要由物镜、调焦透镜、十字丝分划板、目镜四大光学部件组成。望远镜用来精确照准远处竖立的水准尺并读取水准尺上的读数，要求望远镜能看清水准尺上的分划和注记并有读数标志。十字丝分划板是一块玻璃片，上面刻有两条相互垂直的长线，竖直的一条称为竖丝，横着的一条称为中丝。在中丝的上下还对称地刻有两条与中丝平行的短横线，是用来测量距离的，称为视距丝。由视距丝测量出的距离称为视距。十字丝的交点与物镜光心的连线称为视准轴 CC。

2. 水准器

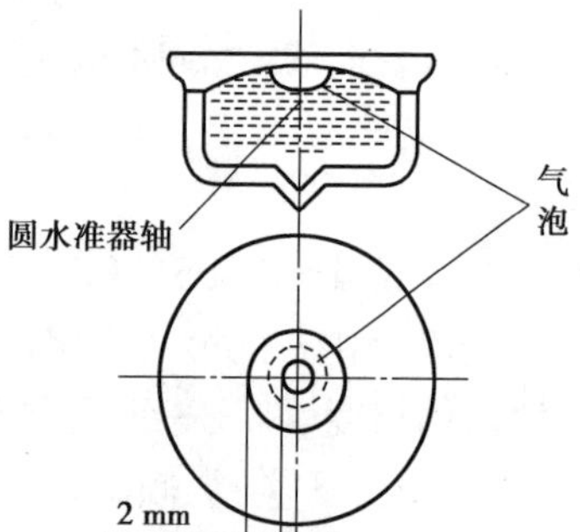

图 2-1-3　圆水准器

水准器是用于整平仪器的装置，分为圆水准器和管水准器两种。圆水准器用于指示仪器的竖轴是否竖直，其构造如图 2-1-3 所示。

圆水准器顶面的内壁被磨成球面，中央刻有一小圆圈。圆圈的中心为圆水准器的零点，连接零点与球心的直线，称为圆水准器轴。当圆水准器气泡位于小圆圈中央时，气泡居中，圆水准器轴就处于铅垂位置。当气泡不居中时，气泡中心偏离零点 2 mm，轴线所倾斜的角值称为圆水准器的分划值，一般为 8′～10′。圆水准器安装在托板上，其轴线与仪器的竖轴互相平行，因此当圆水准器气泡居中时，表示仪器的竖轴已基本处于铅垂位置。由于它的精度较低，因此只用于仪器的粗略整平。

自动安平水准仪只有圆水准器，没有管水准器。自动安平水准仪用补偿器代替管水准器，能使仪器的视准轴在 1 ~ 2 s 内自动、精确、可靠地安放在水平位置，其安平原理如图 2-1-4 所示。

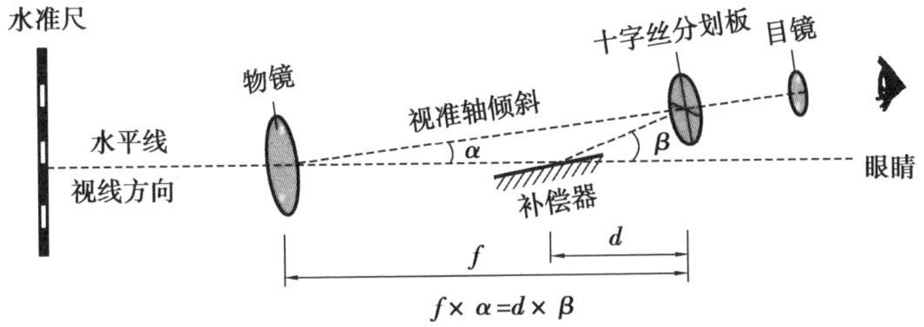

图 2-1-4　安平原理

3. 基座

基座起支承仪器上部的作用，并通过连接螺旋将仪器与三脚架相连。基座主要由轴座、脚螺旋、连接板构成，如图 2-1-5 所示。调节脚螺旋可使圆水准器气泡居中。

图 2-1-5　基座

二、三脚架、水准尺和尺垫

在水准测量中，必备的辅助配套工具包括三脚架、水准尺和尺垫。

1. 三脚架

三脚架是支撑、稳固水准仪的辅助工具，用优质木材、铝合金制成，如图 2-1-6 所示。

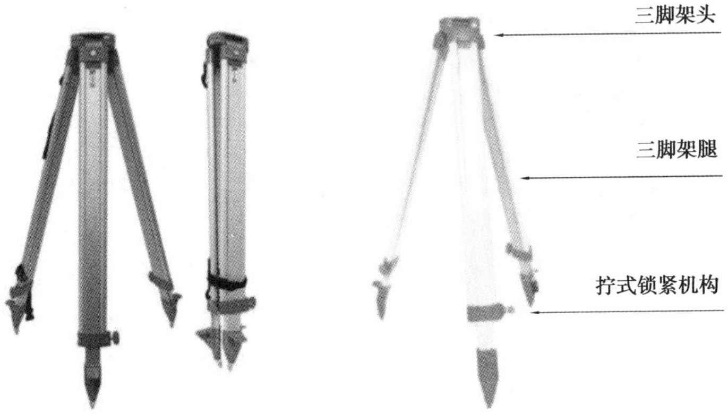

图 2-1-6　三脚架

认识水准尺

2. 水准尺

水准尺一般用优质木材、铝合金或玻璃钢制成，长 2 ~ 5 m 不等。

1)分类

根据构造不同,可将水准尺分为直尺、塔尺和折尺。

(1)直尺

直尺一般为双面分划,也称为双面水准尺,如图 2-1-7 所示。双面水准尺有 2 m 和 3 m 两种,多用于三、四等水准测量,以两把尺为一对使用。尺的两面均有分划,一面为黑白相间,称为黑面尺;另一面为红白相间,称为红面尺。两把尺的黑面尺均从零开始分划和注记;红面尺的分划和注记为:一把尺从 4.687 m 开始分划和注记,另一把尺从 4.787 m 开始分划和注记,两把尺红面注记的零点差为 0.1 m。两面的最小分划均为 1 cm,分米处有注记,“E”字母最长分划线处为分米的起始。

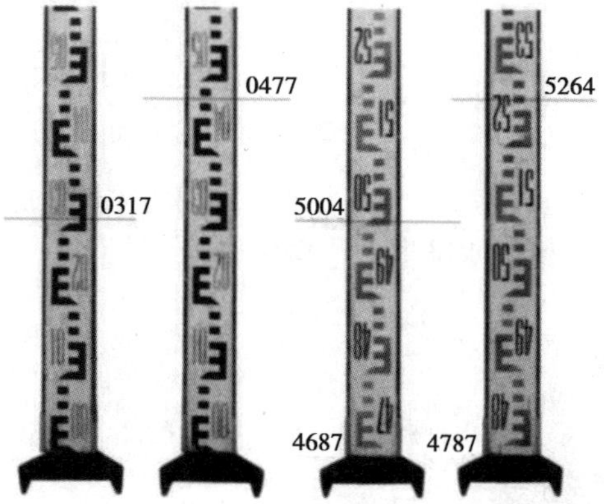

图 2-1-7　双面水准尺

图 2-1-8　塔尺

(2)塔尺

塔尺如图 2-1-8 所示,有 3 m、4 m、5 m 多种,常用于普通水准测量和碎部测量。

2)读数

水准尺上数据的读取:仪器整平后用望远镜瞄准水准尺,根据十字丝横丝在水准尺上的位置进行读数,从小到大进行,直接读出 m、dm、cm,并估读出 mm。如图 2-1-9 所示,两水准尺的读数分别是 1.572 m,1.495 m。

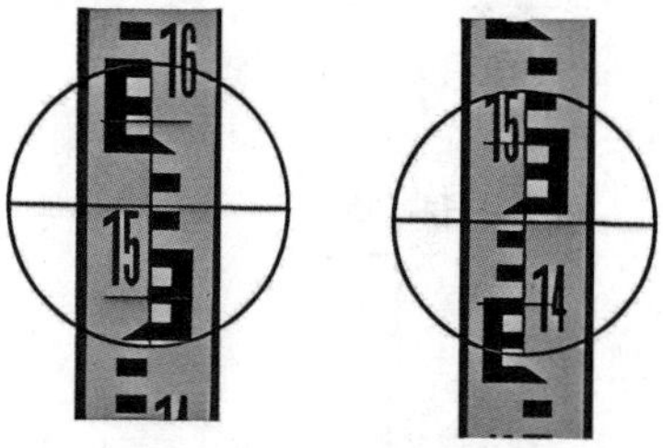

图 2-1-9　水准尺读数

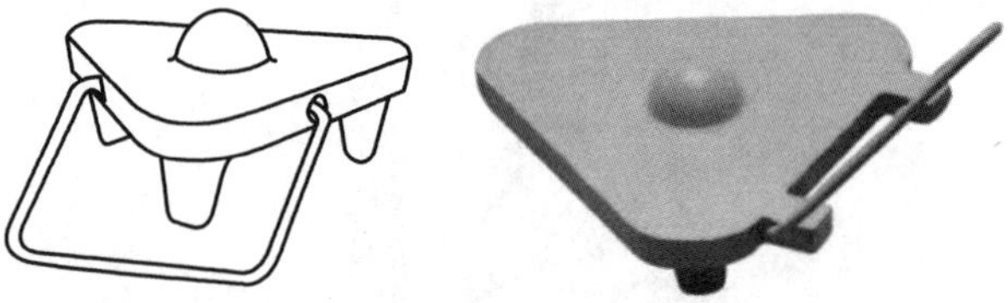

图 2-1-10　尺垫

3. 尺垫

尺垫(图 2-1-10)是在转点处放置水准尺用的。它是用生铁铸成的三角形板座,中央有一凸起的半圆球体,水准尺立于半圆球顶上,下有 3 个尖足便于将其踩入土中,以稳固防动。

【任务实施】

一、准备工作

自动安平水准仪 1 台，三脚架 1 个，水准尺 2 根，尺垫 2 个。

4 人一组，1 人安置仪器、2 人立尺、1 人记录。

自动安平水准仪的操作与使用

二、实施步骤

自动安平水准仪的安置、读数操作步骤见表 2-1-1。

表 2-1-1　自动安平水准仪安置、读数操作步骤

操作步骤	操作方法和要求	操作示意图
1. 安置仪器：将仪器与三脚架连接	①松开三脚架腿的制动螺旋，将架头提升到合适高度，然后拧紧制动螺旋； ②张开三脚架，保持架头大致水平，如果地面松软，应将三脚架腿踩入土中	
	③用连接螺旋将水准仪安置在三脚架头上。安置时用手握住仪器基座，以防仪器从架头上滑落，旋紧连接螺旋	
2. 粗略整平：通过调节 3 个脚螺旋使圆水准器气泡居中，仪器竖轴大致铅垂，望远镜视准轴大致水平，达到粗略整平仪器的目的	①用双手食指和拇指按箭头所指方向转动脚螺旋①和②，使圆水准器气泡移到两个脚螺旋连线方向的中间	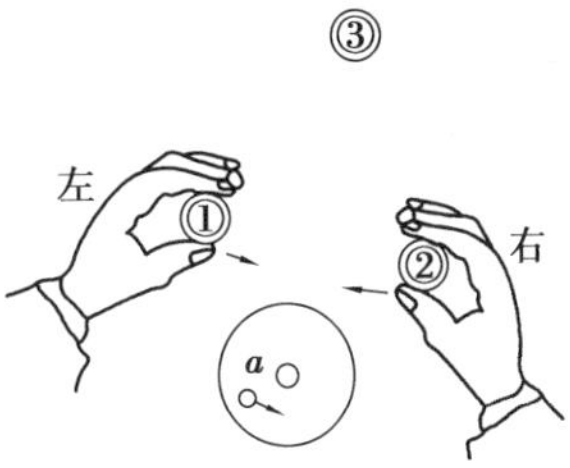
	②转动脚螺旋③，使圆水准器气泡居中，即位于圆水准器刻划圆圈的中央。在粗略整平的过程中，气泡移动的方向与左手大拇指转动脚螺旋时的移动方向一致	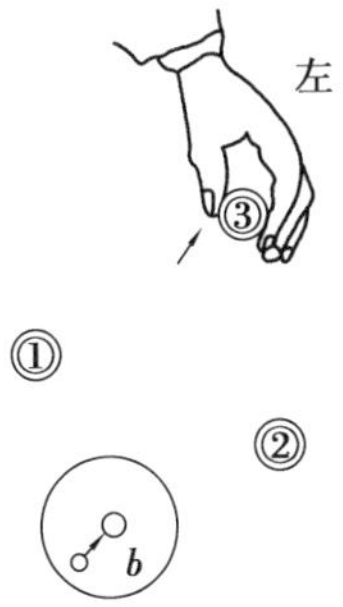

续表

操作步骤	操作方法和要求	操作示意图
3. 瞄准水准尺:使望远镜中的十字丝对准水准尺	①目镜调焦。将望远镜对着远处明亮的背景,如天空或明亮的物体等,转动目镜调焦螺旋,使望远镜内的十字丝清晰	 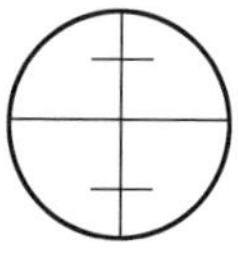
	②粗略瞄准。转动望远镜,用望远镜筒上方的瞄准器瞄准水准尺	 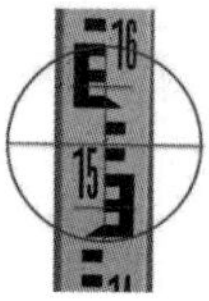
	③物镜调焦。旋转物镜调焦螺旋,使望远镜内能够看清水准尺的影像,并旋转微动螺旋使十字丝对准水准尺中央或稍偏一点	
	④消除视差。转动调焦螺旋进行仔细对光,直至观测者眼睛靠近目镜上下微微移动时,十字丝交点不会在目镜影像上相对移动为止	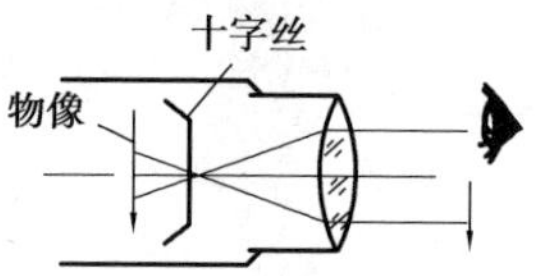
4. 读数	按从小到大进行,直接读出 m、dm、cm,并估读出 mm。如右图所示,读数应为 1.495m	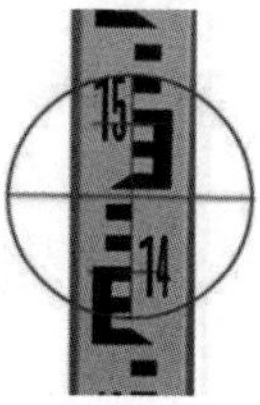

三、注意事项

①水准尺应由专人扶持,保持竖直,尺面正对仪器。

②读数前一定要注意消除视差,读数时要使用十字丝的横丝,在水准尺上应从小到大进行读数。

职业素养提升

互帮互助共成长

在水准仪的使用和读数实验课上,张爱心同学读数又快又准,但因没有掌握仪器调平的技巧,仪器整平速度较慢,而同小组的李奉献同学对整平仪器掌握得很好,读数时却经常出现错误。李奉献同学主动将仪器调平的技巧分享给了张爱心,张爱心同学也把读数的经验告诉了李奉献。

知识闯关与技能训练

一、单选题

1. 自动安平水准仪是借助安平机构的补偿元件、灵敏元件和阻尼元件的作用,使望远镜十字丝中央交点能自动得到(　　)状态下的读数。

A. 视线水平　　B. 视线倾斜　　C. 任意　　D. 视线铅垂

2. 自动安平水准仪的特点是(　　)使视线水平。

A. 用安平补偿器代替管水准器　　B. 用安平补偿器代替圆水准器

C. 用安平补偿器和管水准器　　D. 用安平补偿器代替脚螺旋

3. 自动安平水准仪观测操作步骤是(　　)。

A. 仪器安置→粗平→调焦照准→精平→读数　　B. 仪器安置→粗平→调焦照准→读数

C. 仪器安置→粗平→精平→调焦照准→读数　　D. 仪器安置→调焦照准→粗平→读数

二、填空题

1. 水准仪的构造主要包括________、________、________。

2. 自动安平水准仪的基本操作步骤为________、________、________、________。

3. 水准仪粗平是旋转________使________气泡居中，目的是使________处于铅垂状态。

4. 下图中,水准尺的读数为________ m。(提示:这是倒像)

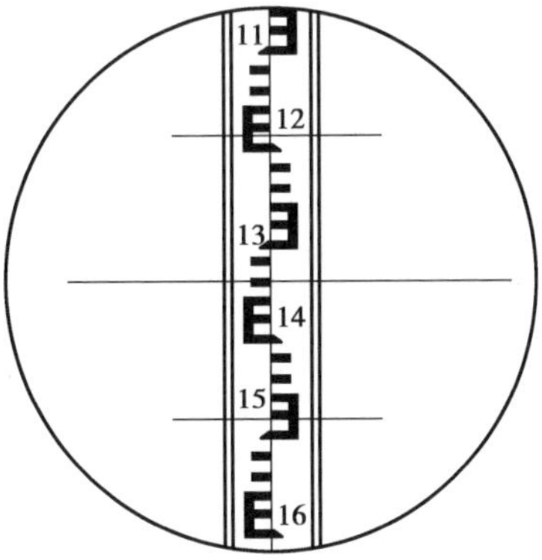

三、实操练习

4 人一组,练习水准仪的安置、读数,每人操作 3 遍。

任务2.1.1　学习任务评价表

任务2.1.2 水准点间的高差测量

【任务导学】

利用水准仪提供的一条水平视线，对竖立于两地面点的水准尺分别进行读数，求得两点间的高差，计算待定点的高程。

理解水准测量的原理，掌握水准测量的观测、记录、计算方法，完成高程测量工作任务。

【任务描述】

园丁苑建筑施工场地为了进行场地平整测量，需要将附近已知水准点 BM_A 的高程引测到该场地已布设好的水准点 BM_B 上。那么，如何进行这项工作呢？

【知识储备】

高程测量是确定地面点位的工作内容之一。测定地面点高程的工作称为高程测量。高程测量按所使用的仪器和施测方法不同，可分为水准测量、三角高程测量、GNSS 高程测量和气压高程测量。水准测量是目前精度较高且常用的一种高程测量方法。

建筑工程施工前应在建筑场地测设水准点，用于场地平整测量和控制建筑物各部位的高程，当现场无已知水准点或已知水准点数量不足时，必须以国家高程控制网中的水准点为基础，加密水准点，实施高程引测。

为了检核测量中的误差和提高测量精度，在进行高差测量时应在现场埋设水准点并布设成水准路线。

一、水准测量的原理

水准测量是利用水准仪提供的水平视线，读取竖立在两个立尺点上水准尺的读数，直接测定地面上两点间的高差，然后根据已知点高程和测得的差，推算出未知点高程。

如图 2-1-11 所示，已知图中 A 点高程为 H_A，用水准测量的方法求未知点 B 的高程 H_B。在 A、B 两点间安置水准仪，并在 A、B 两点上分别竖立水准尺。根据水准仪提供的水平视线，后视水准尺（简称“后视尺”）A 上的读数为 $a=2.156$ m，前视水准尺（简称“前视尺”）B 上的读数为 $b=0.978$ m，则 A、B 两点间的高差为 $h_{AB}=a-b=2.156-0.978=+1.178$(m)。高差有正负之分，因此高差值前须注上相应的“+”“-”符号。

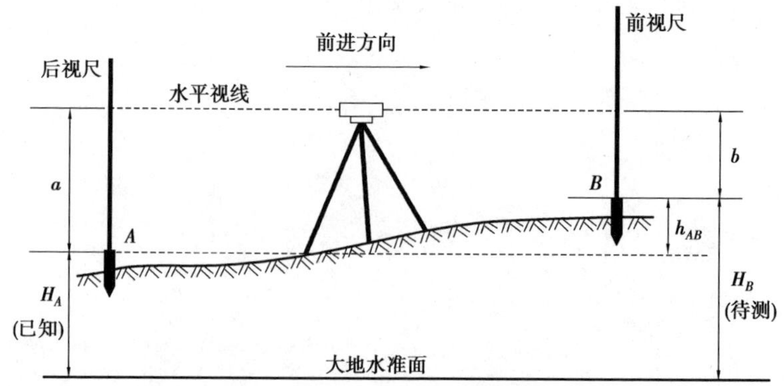

图 2-1-11 水准测量原理图

由上述可知，两点之间的高差可概括为后视尺读数减去前视尺读数。

计算未知点高程有两种方法，即高差法和视线高程法。

高差法测定待定点的高程

1. 高差法

由图 2-1-11 可知，B 点的高程 H_B 等于 A 点的高程 H_A 加上测得的 A、B 两点间的高差 h_{AB}，即：

$$H_B=H_A+h_{AB}=H_A+(a-b)$$

这种直接利用高差计算未知点高程的方法称为高差法。

视线高法测定待定点的高程

2. 视线高程法

B 点的高程也可以用仪器的视线高程 H_i 来计算，由图 2-1-11 可知，$H_i=H_A+a$，则 B 点的高程为：

$$H_B=H_i-b$$

这种直接利用仪器视线高程计算未知点高程的方法称为视线高程法（也称视线高法）。

二、水准点及水准路线

1. 水准点

水准点是用水准测量方法测定的高程控制点，是水准测量中用来确定某点高程的点，点名往往用“BM+编号（字母或数字）”表示。

水准点有永久性水准点和临时性水准点两种。永久性水准点一般用石料或钢筋混凝土制成标石，深埋在地里冻土线以下，顶部嵌入用不锈钢等材料制成的半球形测量标志，标志顶点表示该水准点的高程及位置，如图 2-1-12 所示。建筑工程施工中所布设的临时性水准点可利用地面坚硬岩石的凸出点来表示，或将大木桩打入地面，在桩顶钉入一个顶部为半球形的小铁钉来表示，如图 2-1-13 所示。

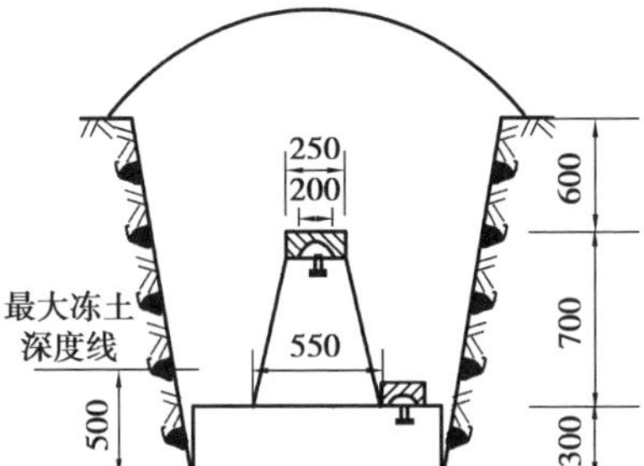

图 2-1-12　永久性水准点标志

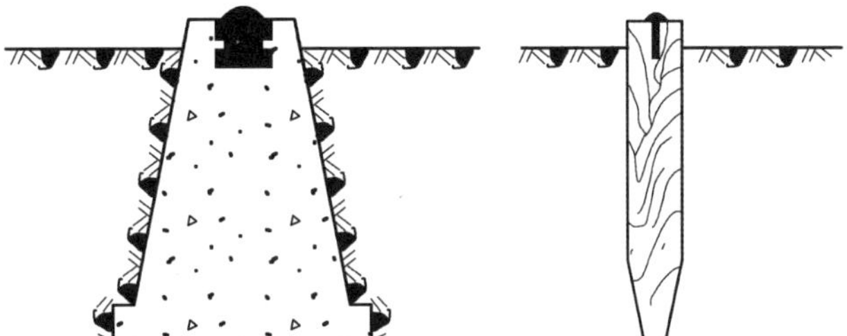

图 2-1-13　临时性水准点标志

水准路线的布设形式

2. 水准路线

在水准点之间进行水准测量所经过的路线，称为水准路线。单一水准路线可以划分为附合水准路线、闭合水准路线和支水准路线，如图 2-1-14 所示。

（1）附合水准路线

从已知高程的水准点 BM_1 出发，沿待定高程的水准点 1，2，3 进行水准测量，最后附合到另一已知高程的水准点 BM_2 所构成的水准路线，称为附合水准路线，如图 2-1-14（a）所示。

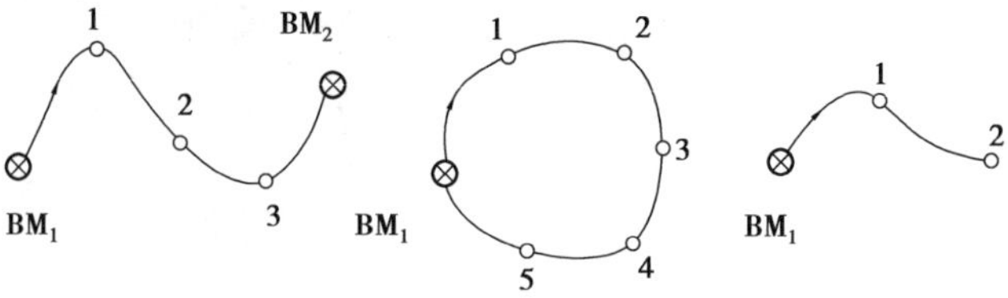

(a)附合水准路线　　(b)闭合水准路线　　(c)支水准路线

图 2-1-14　水准路线

(2)闭合水准路线

从已知高程的水准点 BM_1 出发,沿各待定高程的水准点 1,2,3,4 进行水准测量,最后又回到原出发点 BM_1 的环形路线,称为闭合水准路线,如图 2-1-14(b)所示。

(3)支水准路线

从已知高程的水准点 BM_1 出发,沿待定高程的水准点 1,2 进行水准测量,这种既不闭合又不附合到另一个已知水准点的水准路线,称为支水准路线,如图 2-1-14(c)所示。支水准路线要进行往返测量,以资检核。

【任务实施】

一、准备工作

检查仪器、工具,准备自动安平水准仪 1 台,三脚架 1 个,水准尺 2 根,尺垫 2 个,木桩(长 25 ~ 30 cm,顶面 4 ~ 6 cm 见方)1 个,小铁钉 1 个,斧头 1 把,记录板 1 块(含记录表格),毛笔 1 支,红油漆,铅笔等。

4 人一组,1 人观测、1 人记录、2 人立尺。

普通水准测量外业施测

二、实施步骤

1. 布设水准点

如图 2-1-15 所示,在已知国家水准点 BM_A 附近布设临时水准点 BM_B。布设时,用斧头将木桩打入 BM_B 所在位置,在桩顶面钉入一顶部为半球形的小铁钉。若 BM_B 处于混凝土路面或沥青路面,可用水泥钉打入;如在坚硬岩石等处,则凿刻记号并用红油漆标示。

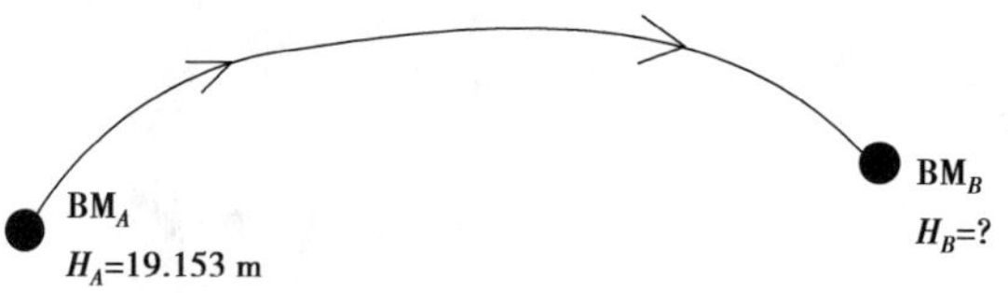

图 2-1-15　水准点平面布设示意图

2. 普通水准测量观测、计算

(1)测定 BM_A 和 ZD_1 之间的高差

如图 2-1-16 所示,由于两水准点间地面起伏较大且距离较远,需要设置多站测定两水准点之间的高差,故在路线前进方向上选定转点 ZD_1,安放尺垫并踩实,第 1 站选择合适的位置将仪器安置在 BM_A 和 ZD_1 之间,并分别在 BM_A 和 ZD_1 上竖立水准尺,然后测量 BM_A 和 ZD_1 之间的高差,并将读数、记录、计算结果填写在表 2-1-2 中。

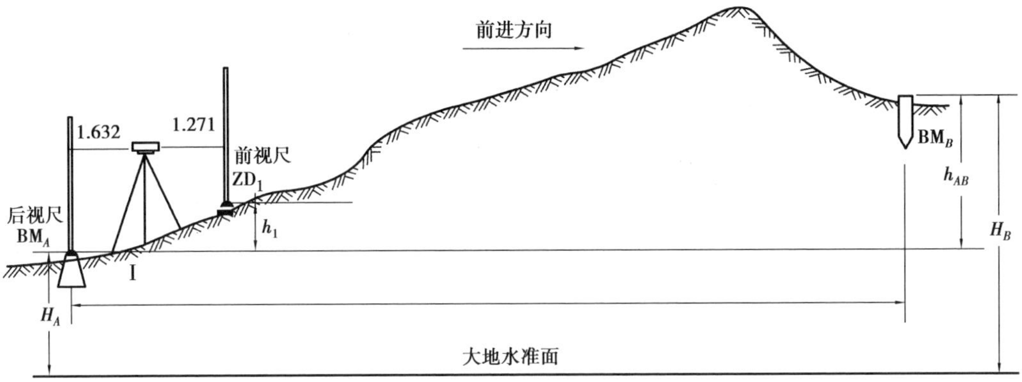

图 2-1-16　水准测量施测示意图

表 2-1-2　水准测量记录计算表

测站	点号	水准尺读数/m		高差/m		高程/m	备注
		后视尺	前视尺	+	−		
1	BM_A	1.632		0.361		19.153	已知
	ZD_1		1.271			19.514	
2	ZD_1	1.862		0.910			
	ZD_2		0.952			20.424	
3	ZD_2	1.346		0.094			
	ZD_3		1.252			20.518	
4	ZD_3	0.931			0.547		
	BM_B		1.478			19.971	
计算检核		5.771	4.953	1.365	0.547		
	$\sum a - \sum b = +0.818$		$\sum h = +0.818$		$H_B - H_A = +0.818$		

(2)测定 ZD_1 和 ZD_2 之间的高差

如图 2-1-17 所示，第一站测量结束后，前视尺原地不动，将后视尺沿路线前进方向迁移到土质坚实、视野开阔的地方，并将水准仪迁移到 ZD_1 和 ZD_2 之间安置好，进行第 2 站测量，观测、记录、计算方法同第 1 站。

(3)连续施测

假如整条路线共安置了 n 次仪器(测站)，按照上述方法循环观测，直至终点 B 为止。

(4)计算检核

测量是一项严谨细致的工作，整条线路测量完毕后，应进行计算检核，检查记录、计算是否正确。检核方法如下：

①分别求出后视尺读数总和 $\sum a$、前视尺读数总和 $\sum b$，正的高差总和 $\sum h_{正}$、负的高差

总和 $\sum h_{负}$。

②用 $\sum a$ 和 $\sum b$ 计算两水准点之间的高差 $\sum h = \sum a - \sum b$；用 $\sum h_{正}$ 和 $\sum h_{负}$ 计算两水准点之间的高差 $\sum h = \sum h_{正} + \sum h_{负}$；用终点的高程 $H_{终}$ 和起始点的高程 $H_{始}$ 计算两水准点之间的高差 $\sum h = H_{终} - H_{始}$。

③核对三者计算出的两水准点之间的高差是否一致。

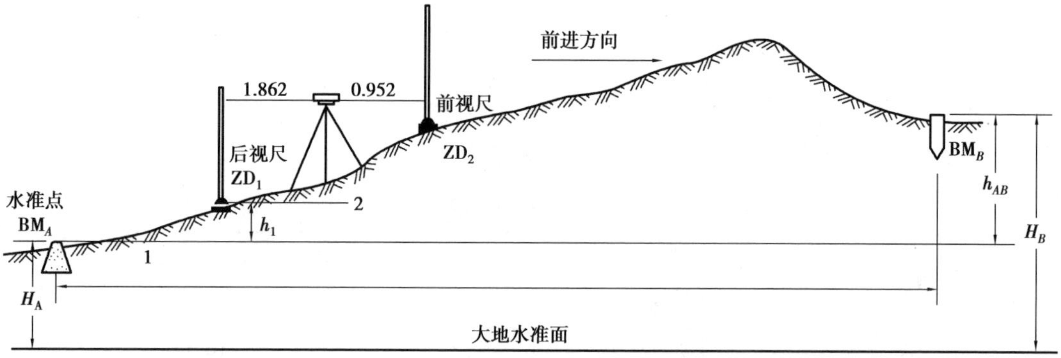

图 2-1-17　水准测量实施示意图

以上 3 项相等与否仅说明计算结果有无错误，但不能发现测量过程中的正误，也无法知道测量误差的大小和是否满足限差要求。为此，施测过程中需进行测站检核、水准路线成果检核和测量成果平差计算，这部分内容会在后面的四等水准测量中学习。

三、注意事项

①为了消除或减弱仪器和尺垫下沉误差对高差的影响，保证高程传递的正确性，在测量过程中，要选择土质坚硬的地方作为转点位置，当转点处土质较软弱时，需要安放尺垫，并且在相邻测站的观测过程中，保持转点稳定不动。

②为了消除或减弱视准轴与水平线不一致所产生的读数误差对高差的影响，要尽可能保持各测站的前、后视距离大致相等，同时还要通过调节前、后视距离，尽可能保持整条水准路线中的前视视距之和与后视视距之和相等。

③水准测量的每一测站作业看似简单，只需重复，但其连续性和衔接性很强，测量过程不得出现转点位置的脱节；当记录员听到观测员的读数后应及时回报读数，记录结果应得到观测员的认可，经检查无误后才可进行下一步观测。

素拓课堂

为有牺牲多壮志，敢教日月换新天

20 世纪 60 年代，河南省林县（现林州市）人民政府为了彻底解决人民群众的缺水问题，决定修建一条水渠，把山西浊漳河的水引入林县。当时国家正值经济最困难时期，物资十分匮乏，机械化程度也很低，但林县人民发扬愚公移山精神，以气壮山河的豪情壮志，用自己勤劳的双手在巍巍太行山上，逢山凿洞，遇沟架桥，一锤一钎，坚持苦干十年，削平了 1 250 座山头，凿通了 211 个隧洞，架设了 152 座渡槽，建成了总长达 1 500 km 的“人工天河”——红旗渠。

在这场波澜壮阔的"'引漳入林'大会战"中先后有81位英雄献出了自己宝贵的生命,为了林县子孙后代早一天过上好日子,他们用生命书写了"为有牺牲多壮志,敢教日月换新天"的英雄赞歌。

被称为勘测英雄的青年学生吴祖太就是这81位英雄中的一个。吴祖太从黄河水利学校毕业后自愿来到林县,投身红旗渠的建设之中,他带着当时仅有的一台水准仪上山开始了渠线测量工作。由于山中昼夜温差较大,吴祖太不仅要面临严寒压迫,还时常要蹚过齐胸深的河水去对岸架设仪器,更有甚者,因为山路崎岖,他有时还需要将自己吊在半空中进行测量,危险程度非常高。尽管如此艰难,吴祖太却从未想过放弃,因为担心数据不准确,在这条长达70 km的干渠线上,吴祖太来来回回测量了两遍,以确保数据真实准确,当将测量好的图纸交到时任林县县委第一书记杨贵手中时,杨贵的眼眶湿润了。然而在1960年3月28日下午,吴祖太听说王家庄隧洞洞顶裂缝掉土严重,出于对人民群众安危的高度负责,他与姚村公社卫生院院长李茂德深入洞内察看险情,不幸洞顶坍塌,夺去了他年轻的生命,终年27岁。吴祖太牺牲的噩耗传到县委,杨贵痛心地流下了眼泪,心情久久不能平复。

为何红旗渠能够成为"世界第八大奇迹"?因为没有人相信在那样的时代、那样的地方、那样的技术水平下,它能够修建成功。它的出现,是人类的奇迹,更是中国的奇迹。然而这份奇迹凝聚了多少人的艰苦卓绝,吴祖太只是其中一个,却不是唯一一个,中国的未来要依靠无数个"吴祖太",而我们能做的,就是成为另一个"吴祖太"。

职业素养提升

保护测量标志　争做守法公民

2017年,测量员小周在一次野外水准测量工作中,发现国家水准点的金属标志不见了,经多方了解得知,该金属标志被一放羊的老农撬出当废铁卖了。小周马上将这一情况报告给了相关市自然资源局。

《中华人民共和国测量标志保护条例》第二十二条规定:

测量标志受国家保护,禁止下列有损测量标志安全和使测量标志失去使用效能的行为:

(一)损毁或者擅自移动地下或者地上的永久性测量标志以及使用中的临时性测量标志的;

(二)在测量标志占地范围内烧荒、耕作、取土、挖沙或者侵占永久性测量标志用地的;

(三)在距永久性测量标志50米范围内采石、爆破、射击、架设高压电线的;

(四)在测量标志的占地范围内,建设影响测量标志使用效能的建筑物的;

(五)在测量标志上架设通讯设施、设置观望台、搭帐篷、拴牲畜或者设置其他有可能损毁测量标志的附着物的;

(六)擅自拆除设有测量标志的建筑物或者拆除建筑物上的测量标志的;

(七)其他有损测量标志安全和使用效能的。

知识闯关与技能训练

一、单选题

1. 水准测量中的转点指的是(　　)。

A. 水准仪安置的位置　　B. 水准尺的立尺点

C. 为传递高程所选的立尺点　　D. 水准路线的转弯点

2. 某站水准测量时，由 A 点向 B 点进行测量，测得 A、B 两点之间的高差为 0.506 m，且 B 点水准尺的读数为 2.376 m，则 A 点水准尺的读数为(　　)m。

A. 1.870　　B. 2.882　　C. 2.880　　D. 1.872

3. 水准测量中，设 A 为后视尺，B 为前视尺，A 尺读数为 1.213 m，B 尺读数为 1.401 m，B 点高程为 21.000 m，则视线高程为(　　)m。

A .22.401　　B. 22.213　　C. 21.812　　D. 20.812

4. 在水准测量记录表中，如果 $\sum h = \sum a - \sum b$，则说明(　　)项是正确的。

A. 记录　　B. 计算　　C. 观测　　D. 读数

5. 水准测量过程中，若水准尺倾斜，则读数(　　)。

A. 偏大　　B. 偏小　　C. 均有可能　　D. 无影响

二、实操比赛

进行两水准点之间的高差测量，4 人一组，每人 2 站，限时 30 分钟。

任务2.1.2 学习任务评价表

任务 2.1.3　自动安平水准仪的检验与校正

【任务导学】

水准仪在出厂前经过严格检校，均能满足轴线间的几何关系要求。但经过长期使用和搬运，轴线间的几何关系有可能被破坏，从而带来误差影响测量成果的精度，或带来操作上的不便。因此，对仪器定期或及时进行检验和校正（简称“检校”），恢复仪器轴线之间的几何关系，是保障高程测量成果精度的重要环节，也是每一位测量人员的职业守则。

【任务描述】

一天，立德树人测绘有限公司的测量队长老黄对测量员小李说：“小李，明天我们要去××工业开发区开展高程控制测量，你今天把水准仪检校一遍。”

小李接到任务后马上带领 2 名同事开展检校工作，他们凭借平时练就的技能，认真细致地完成了任务，保障了测量工作的正常开展。

作为青年学生，一定要学习小李一丝不苟的敬业精神，刻苦学习测量知识和技能，将来为国家的建设发展做出应有贡献。

【知识储备】

水准仪是测量高差的精密仪器，能否用它测量出准确的结果，一方面取决于仪器的精密程度和观测员测量技能水平，另一方面取决于仪器各部分间的几何关系是否正确。

如图 2-1-18 所示，自动安平水准仪轴线间应满足的几何条件有：①圆水准器轴平行于仪器竖轴；②十字丝横丝垂直于仪器竖轴；③视准轴经过补偿后应与水平线一致。

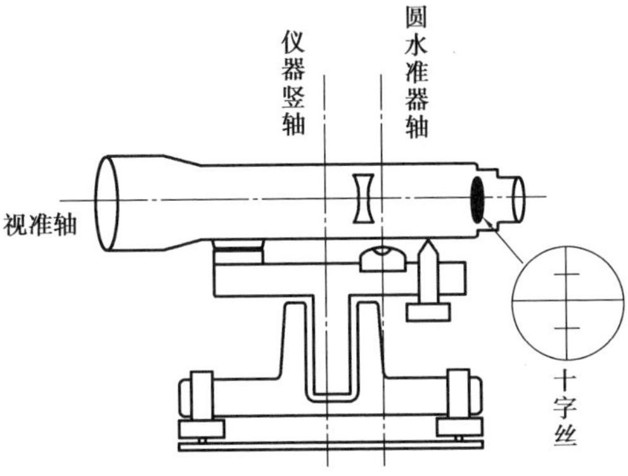

图 2-1-18　自动安平水准仪的主要轴线

由于水准仪在搬运和使用过程中受震动等因素的影响，某些部件可能会松动，其主要轴线间的相对位置可能会发生偏斜，从而影响测量结果的精度。因此，在测量作业前应对水准仪进行检验和校正。

【任务实施】

一、准备工作

自动安平水准仪 1 台，三脚架 1 个，水准尺 2 根，尺垫 2 个，记录板 1 块（含记录表格），校正工具 1 套，计算器 1 台，铅笔等。

4 人一组,1 人观测检查、1 人记录、2 人辅助及立尺。

水准仪圆水准器轴的检校

水准仪十字丝横丝的检校

二、实施步骤

1. 水准仪常规项目的检查

安置水准仪后,首先检查三脚架是否稳固,架腿伸缩和固定是否灵活自如,仪器上的制动和微动螺旋、微倾螺旋、对光螺旋、脚螺旋转动是否灵活有效,望远镜的十字丝、物镜是否清晰,是否有视差现象等;然后再对仪器的主要轴线关系进行检验与校正。

2. 水准仪专项(几何关系)检验与校正

①水准仪圆水准器轴的检验与校正见表 2-1-3。

②水准仪十字丝横丝的检验与校正见表 2-1-4。

③水准仪视准轴的检验与校正见表 2-1-5。

表 2-1-3　自动安平水准仪圆水准器轴平行于竖轴的检验与校正

<table>
<tr><th>工作内容</th><th colspan="2">操作方法及要求</th><th>操作示意图</th></tr>
<tr><td>检验</td><td colspan="2">1. 将仪器置于三脚架上,踩紧三脚架,转动脚螺旋使圆水准器气泡严格居中</td><td>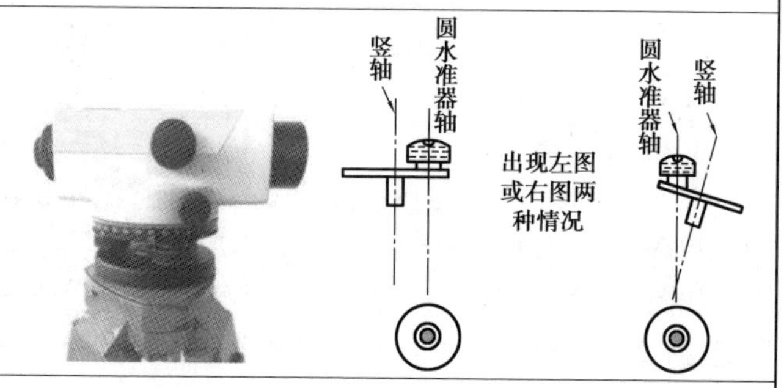
</td></tr>
<tr><td rowspan="2">检验</td><td rowspan="2">2. 仪器绕竖轴旋转 180°</td><td>若气泡未偏离中心位置,则说明圆水准器轴平行于竖轴,无须校正</td><td>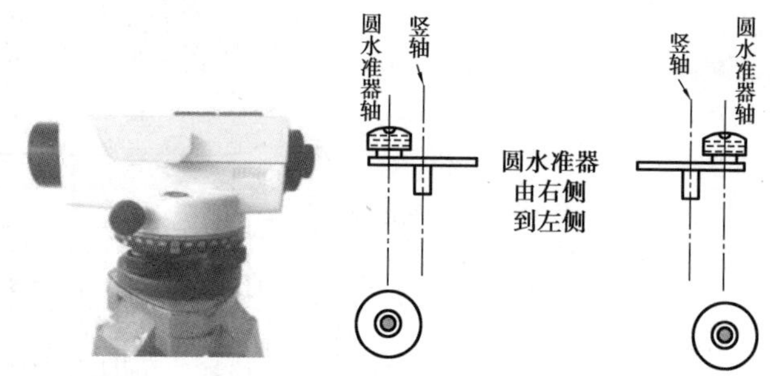
</td></tr>
<tr><td>若气泡偏离中心位置,则说明圆水准器轴不平行于竖轴,须校正</td><td>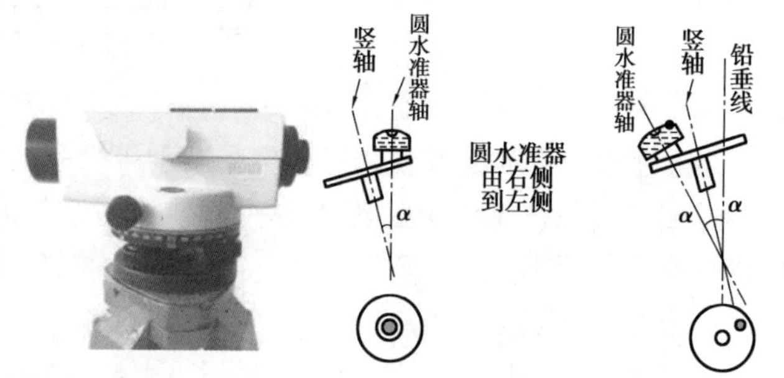
</td></tr>
</table>

续表

工作内容	操作方法及要求	操作示意图
校正	1. 旋转脚螺旋使气泡返回偏离中心的一半，使竖轴处于铅垂状态	 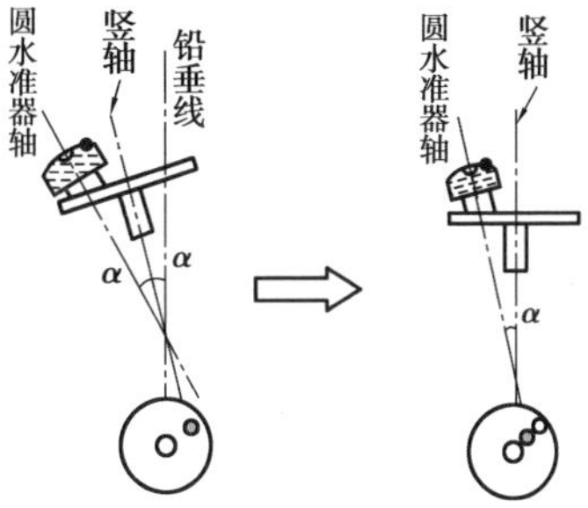
	2. 用校正针拨动圆水准器校正螺丝，使气泡严格居中。注意：校正螺丝一律先松后紧，松紧配合，用力不宜过大，校正完毕后，校正螺丝不能松动	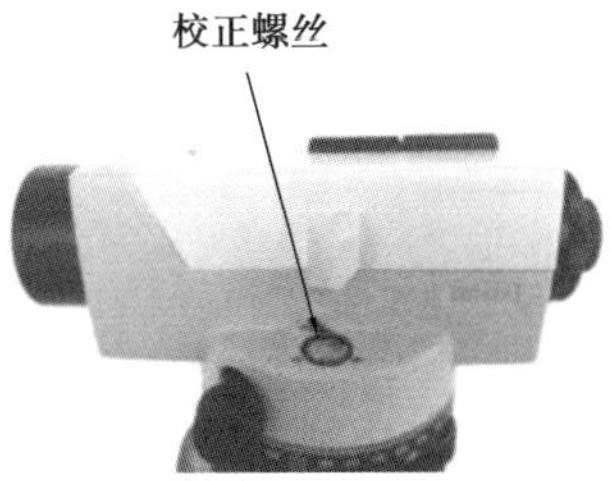 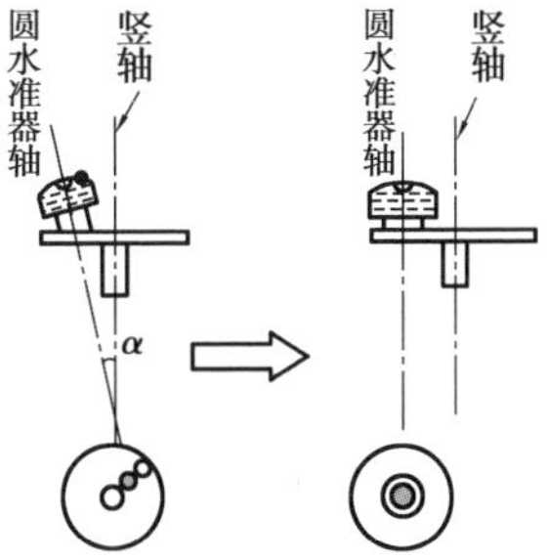

表 2-1-4　水准仪十字丝横丝垂直于竖轴的检验与校正步骤

工作内容	操作方法及要求	操作示意图
检验	1. 整平水准仪，用十字丝横丝一端瞄准一固定小点 P	 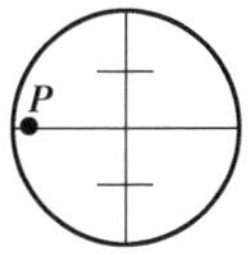
	2. 转动微动螺旋，使望远镜水平移动，如横丝不偏离小点 P，则条件满足，无须校正	 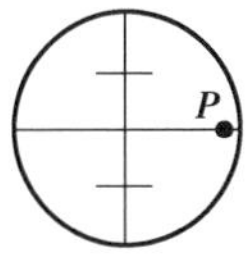
	3. 当转动微动螺旋使望远镜水平移动时，横丝偏离小点 P，则条件不满足，须校正	
校正	1. 取下目镜处护盖，露出十字丝分划板上的 2 个固定校正螺丝	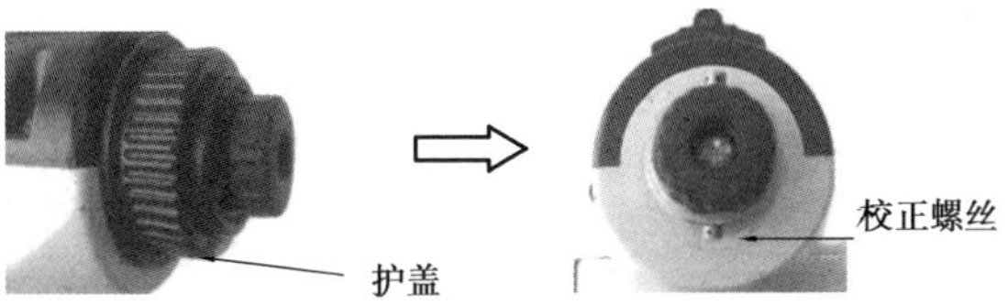

续表

工作内容	操作方法及要求	操作示意图
校正	2. 用校正针松开十字丝分划板上的一个固定校正螺丝，并左右转动十字丝环的固定校正螺丝，带动十字丝环旋转，使末端与小点重合后拧紧固定螺丝	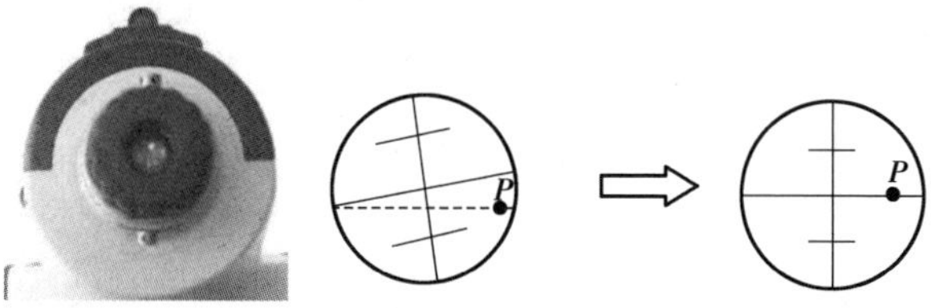

表 2-1-5　水准仪视准轴经过补偿后应与水平线一致的检验与校正步骤

工作内容	操作方法及要求	操作示意图
检验	1. 在平坦地面上选定相距 80 m 的 A、B 两点，做好标识，水准尺竖立其上	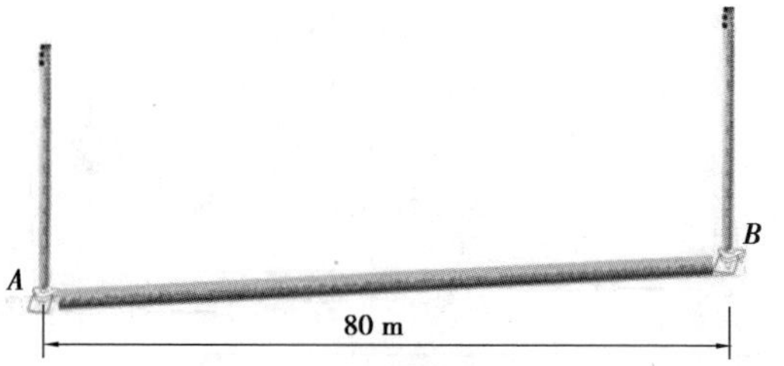
	2. 仪器架设在 A、B 两点中间处，读取 A、B 两点水准尺读数 a_1、b_1。无论此时视线是否水平，均能得到 A、B 两点的正确高差 $h_{AB}=a_1-b_1$	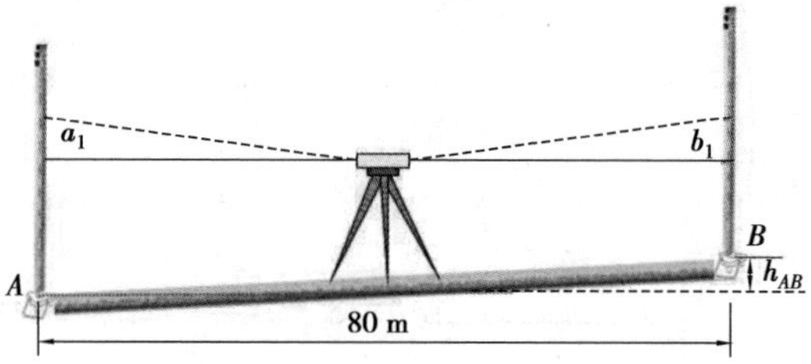
	3. 将水准仪架设在离 A 点 2 m 处，读取 A、B 两点水准尺读数 a_2、b_2。再次计算 A、B 两点的高差 $h'_{AB}=a_2-b_2$	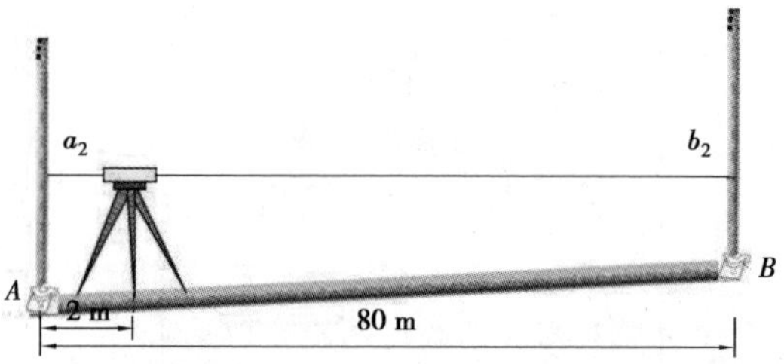
	4. 比较。若 $h'_{AB}=h_{AB}$，则视准轴平行于水平线，说明视准轴与水平线一致，无须校正；若 $h'_{AB}\neq h_{AB}$，则存在视准轴与水平线不一致的 i 角误差。对于 DSZ3 型水准仪，当 i 角误差≥20″时，须校正	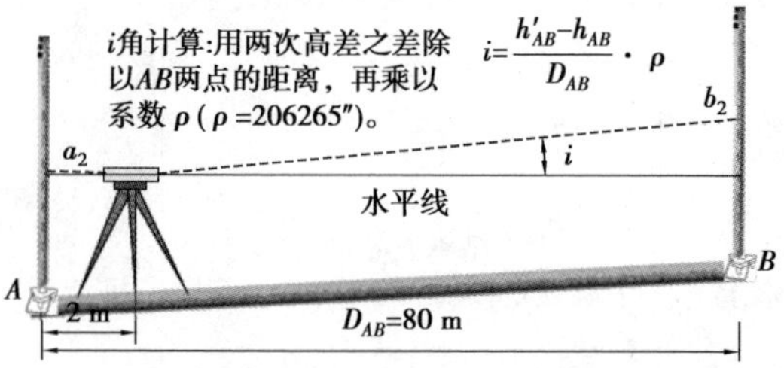

续表

工作内容	操作方法及要求	操作示意图
校正	1. 计算 B 点水准尺正确读数 b_2'，$b_2'=b_2-h_{AB}$，瞄准 B 点水准尺	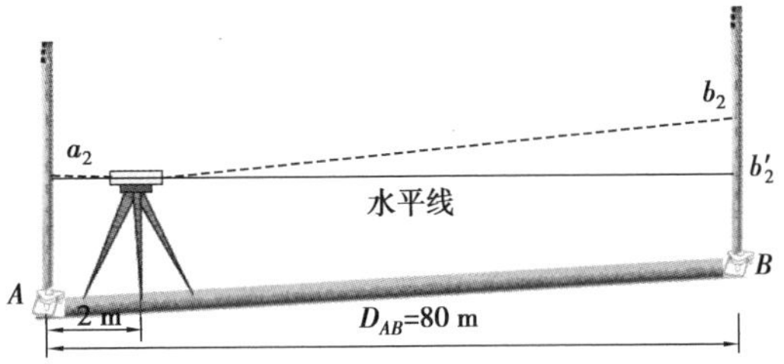
	2. 用校正针调节十字丝分划板的上、下两个校正螺丝，使十字丝横丝切准 B 点水准尺上的正确读数 b_2'（例如，$b_2=1.572$，$b_2'=1.495$）	

三、注意事项

①水准仪检校项目需按顺序进行，不能颠倒。

②检校测量仪器是一项重要而细致的工作，需认真仔细、一丝不苟，每一检校项目都需反复进行 2～3 遍，直到合格为止。

水准仪视准轴的检校

拓展阅读

水准测量误差的来源及消减方法

在水准测量中，由于仪器和外界条件的影响，以及观测员感觉器官反应能力的不同，测量过程中必然产生不可避免的误差。为了使测量结果达到规定的精度要求，对测量中产生误差的原因必须加以分析，以便采取适当的措施和方法，使测量误差尽可能地减小或者消除。在观测中，由于观测员不细心造成的错误，应该完全避免。

一、仪器误差

（一）水准仪 i 角误差

主要原因：水准仪视准轴与水平线不一致。

消减方法：观测时使前、后视距相等，可消除或减弱其影响。

（二）水准尺误差

主要原因：水准尺分划不准确、尺底磨损、尺弯曲等。

消减方法：检验水准尺上的真长与名义长度，加尺长改正数；在一测段中采用偶数站。

二、观测误差

（一）整平误差

主要原因：水准仪视准轴没有严格处于水平位置。

消减方法：认真细致操作，尽可能使视准轴处于水平状态。

（二）读数误差

主要原因：水准尺上毫米估读不准确。

消减方法：按各等级要求控制视线长度并使十字丝清晰，水准尺成像不模糊。

（三）水准尺倾斜误差

主要原因：水准尺竖立不直，前后左右倾斜。

消减方法：扶尺员利用水准尺上安装的圆水准器气泡居中加以控制。

水准尺竖立误差与消减方法

（四）视差的影响

主要原因：水准尺影像与十字丝分划板平面不重合，眼睛观察的位置不同，使得读数不同，因而产生读数误差。

消减方法：转动目镜调焦螺旋使十字丝清晰，再转动物镜调焦螺旋使尺像清晰，并反复几次。

视差影响与消减方法

三、环境的影响

（一）仪器下沉和尺子下沉

主要原因：在软土或植被上安置仪器或水准尺。

消减方法：采用往返观测取观测高差中数的方法可以削弱其影响；四等水准测量采用“后—前—前—后”的观测顺序，可以削弱其影响。

仪器和尺子下沉造成的误差

（二）地球曲率和大气折光影响

主要原因：地球曲率对前、后视尺读数产生影响，大气折光使视线发生弯曲。

消减方法：使前、后视距相等。

（三）温度影响

主要原因：仪器受到烈日照射后水准气泡不稳定，影响水准仪整平，产生误差。

消减方法：观测时撑伞遮阳。

知识闯关与技能训练

一、单选题

1. 水准仪各轴线间的正确几何关系是（　　）。

A. 视准轴平行于水准管轴，竖轴平行于圆水准器轴

B. 视准轴垂直于竖轴，圆水准器轴平行于水准管轴

C. 视准轴垂直于圆水准器轴，竖轴垂直于水准管轴

D. 视准轴垂直于横轴，横轴垂直于竖轴

2. 在水准仪的检校过程中，安置水准仪，转动脚螺旋使圆水准气泡居中，当仪器绕竖轴旋转180°后，气泡偏离零点，说明（　　）。

A. 水准管轴不平行于横轴　　B. 圆水准器轴不平行于仪器的竖轴

C. 水准管轴不垂直于仪器竖轴　　D. 十字丝横丝垂直于竖轴

3. 水准测量中要求前、后视距离大致相等的作用在于削弱（　　）的影响，同时还可削弱地球曲率和大气折光的影响。

A. 圆水准器轴与竖轴不平行的误差　　B. 十字丝横丝不垂直于竖轴的误差

C. 读数误差　　　　　　　　　　D. 水准管轴与视准轴不平行的误差

4. 视准轴是指(　　)的连线。

A. 物镜光心与目镜光心　　　　　B. 目镜光心与十字丝中心

C. 物镜光心与十字丝交点　　　　D. 目标光心与准星

5. 水准测量时要求每测段测站数为偶数,其主要目的是消除(　　)。

A. i 角误差　　B. 标尺零点差　　C. 读数误差　　D. 视差

6. 水准测量中,水准仪的 i 角对测量结果的影响可用(　　)方法消减。

A. 加改正数　　　　　　　　　　B. 多次观测求平均数

C. “后—前—前—后”　　　　　　D. 前、后视距相等

二、技能训练

进行水准仪的圆水准器轴、十字丝横丝和视准轴的检校练习,校正时应在老师的指导下进行。4 人一组,每组配备自动安平水准仪 1 台、三脚架 1 个、水准尺 2 根、尺垫 2 个、记录板 1 块(含记录表格)、铅笔等。

三、想一想

能否在室外悬挂一垂球,使十字丝纵丝与垂线重合,以检查横丝是否水平?

任务2.1.3　学习任务评价表

项目 2.2　角度测量

学习目标

知识目标:熟悉电子经纬仪(全站仪)的构造、操作键盘及其基本功能;理解水平角和竖直角的概念及测量原理;熟悉测回法测量水平角的步骤,知道配置度盘的要求;熟悉经纬仪主要轴线之间应满足的几何条件。

技能目标:能操作全站仪进行角度测量;会使用表格进行记录、计算;会对经纬仪进行检验;能在教师指导下进行经纬仪和全站仪的校正。

素养目标:养成爱护仪器、规范操作的习惯;树立严谨务实、诚实守信的意识;培养团队协作、吃苦耐劳、一丝不苟的职业精神。

内容导航

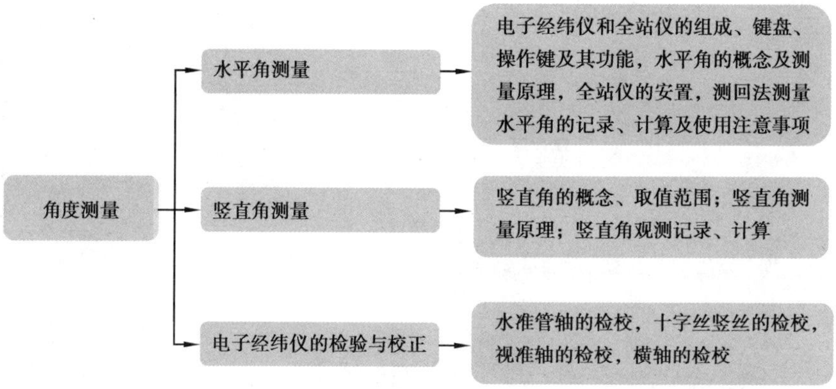

任务 2.2.1　水平角测量

【任务导学】

角度测量是确定地面点位的基本测量工作之一。确定地面点的位置必须进行角度测量,角度有水平角和竖直角之分,光学经纬仪是传统的测量角度的主要仪器,通过读数显微镜读取刻度盘上的读数,测量结果的准确度依赖于操作人员的视力;而电子经纬仪和全站仪则采用电子信号读数和微处理器控制,液晶显数,自动化程度高、准确度高、操作方便,目前在生产工作中应用广泛。因此,了解全站仪的构造,掌握全站仪的使用和水平角测量方法极为重要。

【任务描述】

在线路工程勘测中,设计人员需知道线路转折角的大小,如图 2-2-1 所示,A、O、B 是地面上高程不同的 3 个点,那么两条直线间的水平角 $\angle AOB$ 怎样测量呢?

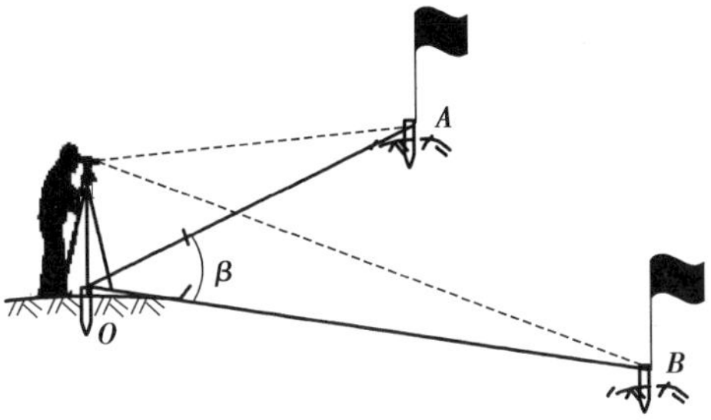

图 2-2-1　测量水平角的大小

【知识储备】

水准测量解决了地面点高程的问题，而要确定地面点的平面位置，还需要知道水平角的大小。

一、水平角测量原理

空间两条相交直线在同一水平面上的投影所形成的夹角，称为水平角，用 β 表示。如图 2-2-2 所示，地面上有高低不同的 A、B、C 三点，直线 BA、BC 在水平面 H 上的投影为 B_1A_1、B_1C_1，B_1A_1 与 B_1C_1 的夹角 $\angle A_1B_1C_1$ 即为水平角 β。

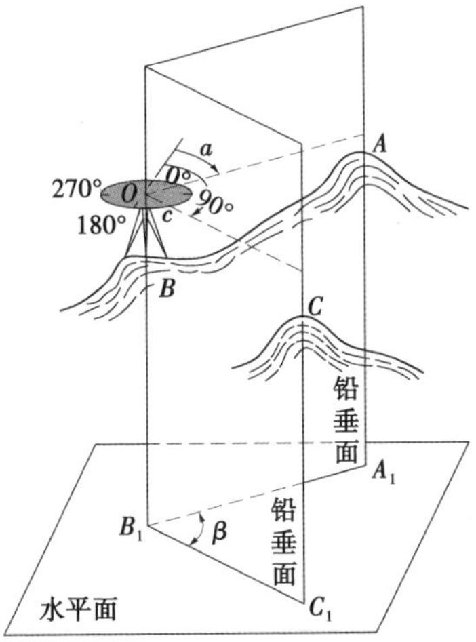

图 2-2-2　水平角测量原理示意图

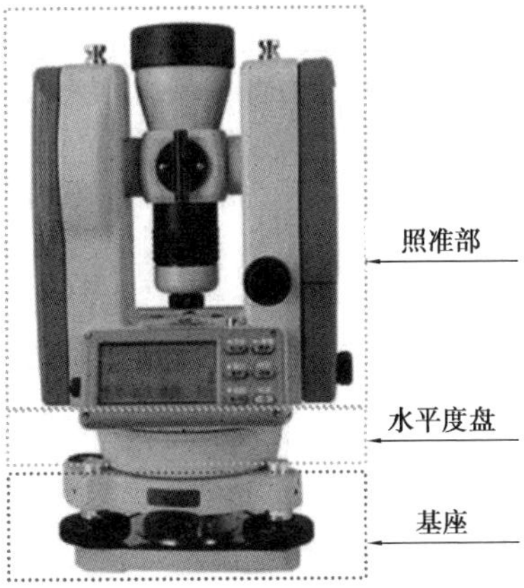

图 2-2-3　电子经纬仪

若在角的顶点 B 的铅垂线上水平地放置一个度量角度的圆盘（电子仪器为光栅度盘），使圆盘中心在过 O 点的铅垂线上；通过 BA 和 BC 两个方向线的竖直面在度盘上的读数分别为 a 和 c，则两读数之差即为两方向线间的水平角值，即 $\beta=c-a$。

水平角按照顺时针方向由角的起始边量至终边，取值范围为 0°～360°。

经纬仪、全站仪就是根据上述基本原理设计制造的。

二、经纬仪简介

经纬仪是一种根据测角原理设计的测量水平角和竖直角的测量仪器，分为光学经纬仪和电子经纬仪两种。目前，建筑工程项目中的角度测量和直线定向常用电子经纬仪或全站仪。

1. 经纬仪的构造

如图 2-2-3 所示，经纬仪从上至下由照准部、水平度盘和基座 3 部分组成。

1)照准部

照准部主要由望远镜、竖直度盘、水准管、竖轴组成。

2)水平度盘

电子经纬仪的水平度盘包括光栅度盘和动态测角系统。

3)基座

基座是支撑仪器的底座。其下的 3 个脚螺旋将水平度盘置于水平位置。基座和三脚架的中心螺旋连接,将仪器固定在三脚架上。

认识电子经纬仪

2. 经纬仪的分类

1)按读数系统分

经纬仪按读数系统分为游标经纬仪、光学经纬仪和电子经纬仪。

2)按精度标准分

经纬仪按精度从高到低分为 DJ07、DJ1、DJ2、DJ6、DJ30 等(D,J 分别为"大地"和"经纬仪"的第一个汉字的拼音首字母)。

三、全站仪简介

1. 全站仪

全站仪是集机械、光学、电子高科技元件于一体的先进测量仪器,具有同时进行角度(水平角、竖直角)测量、距离(斜距、平距、高差)测量和数据处理的功能,一次安置仪器便可以完成测站上所有的测量工作,故称为全站仪。

认识全站仪

2. 全站仪的组成及各部件名称

全站仪一般由照准部、基座、水平度盘等组成。全站仪型号较多,其外形、体积、质量各不相同,但主要部件大致相同。本书以 NTS-360 型全站仪为例,介绍全站仪组成、功能和使用方法。NTS-360 型全站仪各部件名称如图 2-2-4 所示。

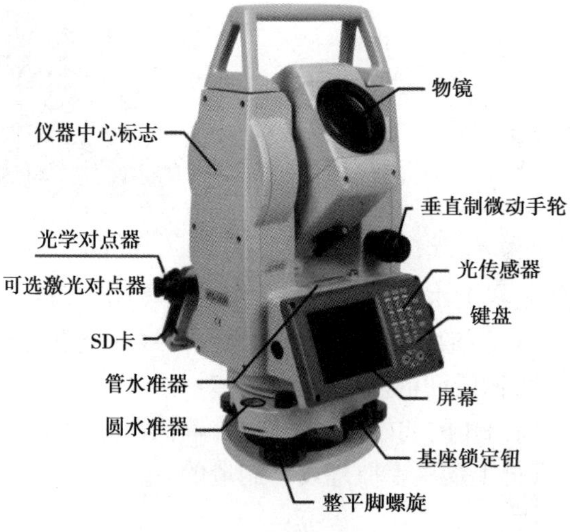

图 2-2-4　NTS-360 型全站仪

全站仪要完成测量工作,须配有必要的辅助设备,包括三脚架、觇牌、棱镜、棱镜基座和对中杆等,如图 2-2-5、图 2-2-6 所示。

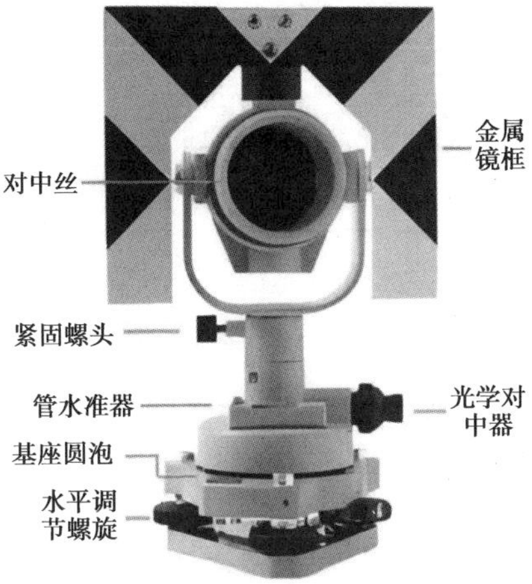

图 2-2-5　棱镜与基座

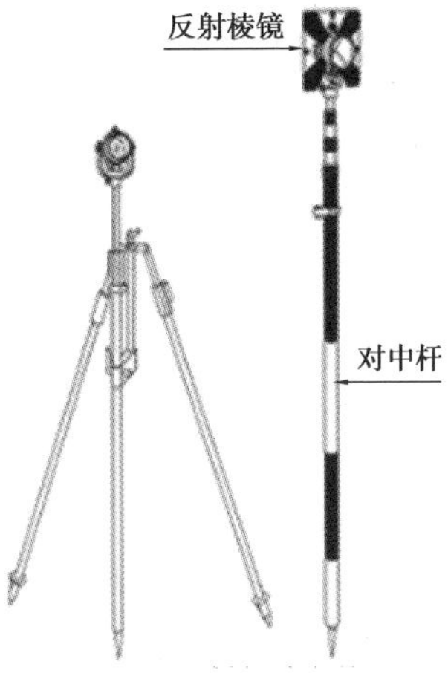

图 2-2-6　棱镜对中杆

3. 全站仪的操作键盘及其基本功能

1) 键盘及操作键

全站仪键盘平面图如图 2-2-7 所示。

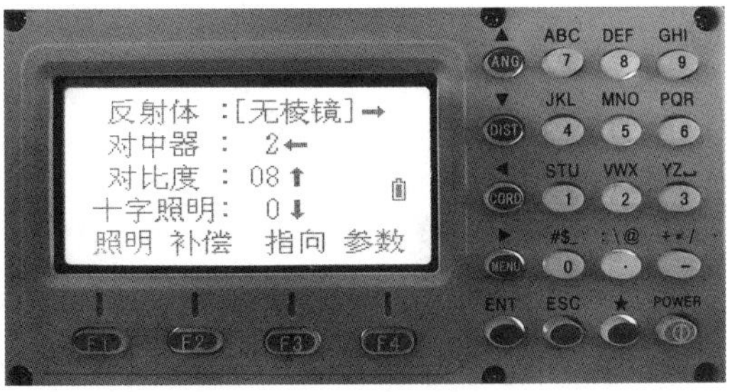

图 2-2-7　全站仪键盘平面图

键盘上各操作键名称及其功能见表 2-2-1。

表 2-2-1　键盘上各操作键的名称及功能

按键	名称	功能
ANG	角度测量键	进入角度测量模式(▲光标上移或向上选取选择项)
DIST	距离测量键	进入距离测量模式(▼光标下移或向下选取选择项)
CORD	坐标测量键	进入坐标测量模式(◀光标左移)
MENU	菜单键	进入菜单模式(▶光标右移)
ENT	回车键	确认数据输入或存入该行数据并换行
ESC	退出键	取消前一项操作,返回到前一个显示屏或前一个模式
POWER	电源键	控制电源的开关
F1 ~ F4	软键	功能参见所显示的信息
0 ~ 9	数字键	输入数字和字母或选取菜单项

续表

按键	名称	功能
0 ~ -	符号键	输入符号、小数点、正负号
★	星键	用于仪器若干常用功能的操作

显示符号的含义见表 2-2-2。

表 2-2-2 显示符号的含义

显示符号	含义	显示符号	含义
V%	垂直角(坡度显示)	E	东向坐标
HR	水平角(右角)	Z	高程
HL	水平角(左角)	*	EDM(电子测距)正在进行
HD	水平距离	m	以米为单位
VD	高差	f_t	以英尺为单位
SD	斜距	f_i	以英尺及英寸为单位
N	北向坐标		

2)功能键

角度测量模式界面(3 个界面菜单)如图 2-2-8 所示。

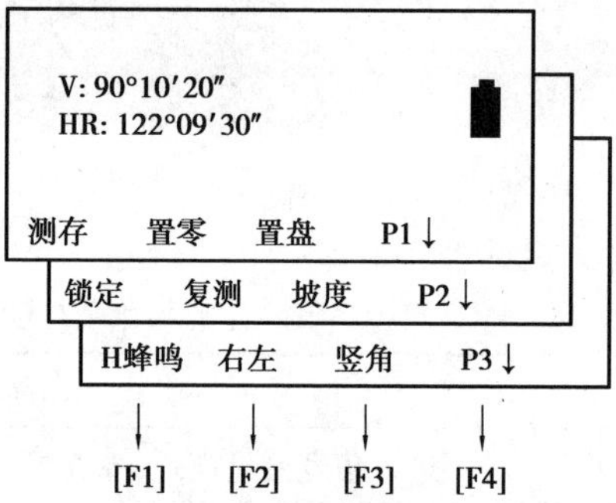

图 2-2-8 角度测量模式界面

角度测量模式(3 个界面菜单)下的软键显示符号及对应的功能见表 2-2-3。

表 2-2-3 角度测量模式(3 个界面菜单)下的软键显示符号及对应的功能

页数	软键	显示符号	功能
P1 (第 1 页)	F1	测存	启动角度测量,将测量数据记录到对应的文件中(测量文件和坐标文件在数据采集功能中选定)
	F2	置零	水平角置零
	F3	置盘	通过键盘输入设置水平角
	F4	P1↓	显示第 2 页(软键功能)

续表

页数	软键	显示符号	功能
P2（第 2 页）	F1	锁定	水平角读数锁定
	F2	复测	水平角重复测量
	F3	坡度	垂直角/百分比坡度的切换
	F4	P2↓	显示第 3 页（软键功能）
P3（第 3 页）	F1	H 蜂鸣	仪器转动至水平角 0°,90°,180°,270° 是否蜂鸣的设置
	F2	右左	水平角右角/左角的转换
	F3	竖直	垂直角显示格式（高度角/天顶距）的切换
	F4	P3↓	显示第 1 页（软键功能）

四、水平角的观测方法

水平角的观测方法应根据测量工作要求的精度、使用的仪器、观测目标的多少而定。常用的方法有测回法和方向观测法。水平角观测通常要在盘左和盘右两个盘位下进行。照准目标时，如果竖盘位于望远镜的左侧，则称为盘左（又叫正镜）；如果竖盘位于望远镜的右侧，则称为盘右（又叫倒镜）。将盘左、盘右的观测结果取平均值，可以抵消部分仪器误差的影响，提高观测质量。如果只用盘左或盘右观测一次，则称为半个测回或半测回；如果盘左、盘右各观测一次，则合称为一个测回或一测回。

【任务实施】

一、准备工作

检查仪器工具，每组配备经纬仪或全站仪 1 台，三脚架 1 个，木桩（长 25～30 cm，顶面 4～6 cm 见方）2 根，小铁钉或测钎 2 根，斧头 1 把，记录板 1 块（含记录表格）等。

4 人一组，1 人观测、1 人记录计算、2 人标定目的点并竖立测钎。

二、实施步骤

经纬仪的操作与使用

1. 安置仪器

安置仪器是指将经纬仪或全站仪安置在测站点上，包括对中和整平两步。

采用光学对中器对中，对中与整平的操作步骤如下：

1）仪器对中

（1）调节光学对中器

光学对中器是一个小型外调焦望远镜，使用前，应先转动光学对中器目镜调焦螺旋使对中器分划板清晰，再通过拉伸光学对中器看清地面上的测点标志。

（2）初步对中

保持三脚架的一条腿固定不动，双手分别握紧三脚架的另外两条腿，眼睛观察光学对中器，移动三脚架使对中器分划板上的对中标志基本对准测站点的中心（应注意保持三脚架架头基本水平），然后将三脚架的脚尖踩实。

（3）精确对中

稍微旋松架头连接螺旋，在架头上平移仪器，眼睛观察光学对中器，使对中标志准确对准测站点的中心,然后旋紧连接螺旋。

2)仪器整平

(1)粗略整平

打开三脚架架腿紧固螺旋,伸缩架腿长度,使圆水准器气泡居中,然后旋紧架腿紧固螺旋,使经纬仪或全站仪大致水平。

(2)精确整平

全站仪精确整平的操作步骤如图 2-2-9 所示。

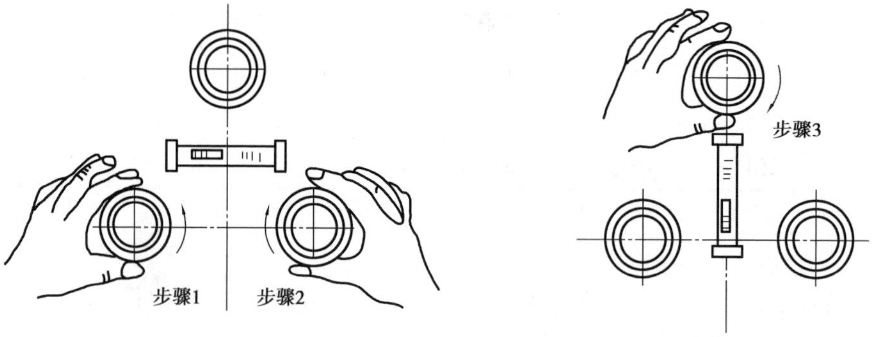

图 2-2-9　全站仪的精确整平操作示意图

①松开水平制动螺旋,转动照准部使水准管平行于任意两个脚螺旋的连线,如图 2-2-9 左图所示;

②两手同时向内或向外转动两个脚螺旋使气泡居中;

③照准部转动 90°,调节第 3 个脚螺旋使水准管气泡居中,如图 2-2-9 右图所示;

④将照准部转回原位置,检查气泡是否居中,若不居中,则按上述步骤反复进行,直至照准部选择到任意位置气泡都居中为止。

3)开机自检、瞄准目标

(1)开机自检

按 POWER 键,开机后仪器进行自检,自检时会听到蜂鸣声,自检结束后显示窗显示水平度盘与竖直度盘的读数,进入测量状态。

(2)瞄准目标

①调节目镜对光螺旋,使十字丝清晰。

②用瞄准器粗略瞄准目标,拧紧制动螺旋。

③调节物镜对光螺旋,使目标影像清晰,消除视差。

④转动微动螺旋,精确瞄准目标,应尽量瞄准目标底部。目标成像较大时,可用十字丝的单丝去平分目标;目标成像较小时,可用十字丝的双丝瞄准目标,如图 2-2-10 所示。

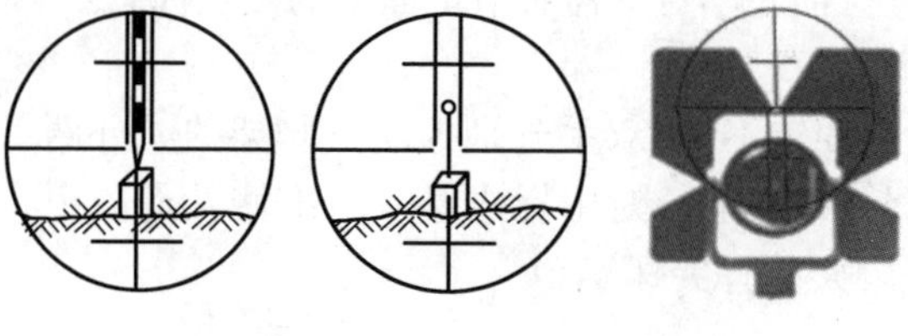

图 2-2-10　照准目标示意图

测回法观测水平角

2. 测回法测量水平角

测回法适用于观测两个方向之间的单角，如图 2-2-1 所示。

测回法的观测步骤(图 2-2-11)如下：

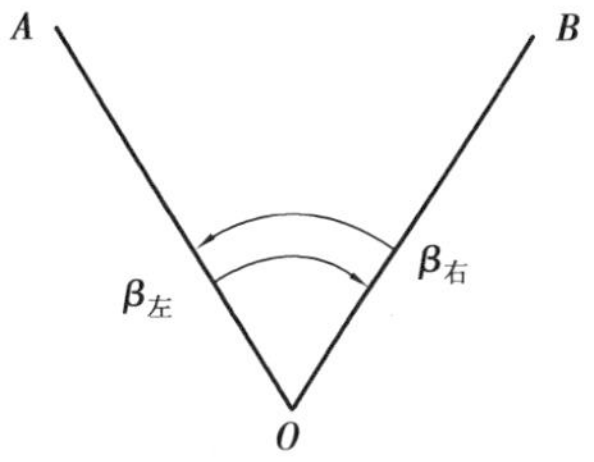

图 2-2-11　测回法测角步骤示意图

①安置仪器，设置观测目标。在测站点 O 安置全站仪，在 A、B 两点竖立测杆。

②正镜瞄准目标，配置度盘。松开水平制动螺旋，转动照准部，盘左先瞄左侧目标 A，置盘 0°00′36″，记录。

③旋转照准部，瞄准目标，读取水平度盘读数。顺时针转动照准部，瞄准右侧目标 B，读取水平度盘读数 68°42′48″，记录。正镜观测称为上半测回。

④计算上半测回角值。$\beta_L = 68°42'48'' - 0°00'36'' = 68°42'12''$。

⑤倒镜观测，瞄准目标，读取水平度盘读数。倒转望远镜盘右瞄准右侧目标 B，读取水平度盘读数 248°42′30″，记录。

⑥旋转照准部，瞄准目标，读取水平度盘读数。逆时针转动照准部瞄准左侧目标 A，读取水平度盘读数 180°00′24″，记录。倒镜观测称为下半测回。

⑦计算下半测回角值。$\beta_R = 248°42'30'' - 180°00'24'' = 68°42'06''$。

⑧计算一测回角值。$\beta_1 = (\beta_L + \beta_R) \times \frac{1}{2} = 68°42'09''$。

将观测数据和计算结果填写在表 2-2-4 中。若上、下半测回角值之差超过±40″，则应检查原因，重测整个测回。

表 2-2-4　测回法观测记录计算表

测站	竖盘位置	目标	水平度盘读数	半测回角值	一测回角值	各测回平均角值
			° ′ ″	° ′ ″	° ′ ″	° ′ ″
第一测回 O	左	A	0 00 36	68 42 12	68 42 09	68 42 15
		B	68 42 48			
	右	A	180 00 24	68 42 06		
		B	248 42 30			
第二测回 O	左	A	90 10 12	68 42 18	68 42 21	
		B	158 52 30			
	右	A	270 10 18	68 42 24		
		B	338 52 42			

为了提高观测精度、减小度盘分划误差的影响，水平角需要观测多个测回，每个测回应改变起始度盘的位置，其改变值为 180/n(n 为测回数)。但应注意，不论观测多少个测回，第一测回的置数均应当为 0°。例如，要观测 2 个测回，第一测回起始方向的置数应为 0°(略大于 0°)，则第二测回起始方向的置数应为 90 °(略大于 90°)。当各测回角值之差不超过±24″时，

取各测回的平均值作为最后结果。若超限,则应重测。

三、注意事项

①仪器安置高度要和观测者的身高相适应;三脚架要踩实,仪器与三脚架连接要牢固,操作仪器时不要用手扶三脚架;转动照准部和望远镜之前,应先松开制动螺旋,转动各种螺旋时用力要适中。

②精确对中,特别是对短边的夹角进行测量时,对中要求应更严格。

③整平仪器后,仪器转动到任意位置时,管水准器气泡偏离中央不能超过 1 格;当测回内照准部水准管气泡偏离中央超过 1 格时,则需重新整平、重新观测。

④测杆要竖直,立点要准确,要尽可能用十字丝交点瞄准测杆底部。

⑤读数要准确,不要混淆水平度盘和竖直度盘的读数。

⑥记录要清晰,并当场计算;计算上、下半测回角值时,均用右侧目标读数减去左侧目标读数。右侧目标读数小于左侧目标读数时,应将右侧目标读数加上 360°再减。

职业素养提升

诚实诚信金不换

在一次角度测量实验课中,第 3 小组的马小伟同学调节物镜对光螺旋时因用力过大,造成调焦透镜滚动齿轮与固定齿轮脱节,使物镜对光失灵,马小伟同学害怕被老师批评,悄悄将仪器放回了仪器箱,小组长郑大星发现后,认为这种做法不对,就劝说马小伟同学主动向老师汇报,做诚实诚信的学生。马小伟同学认为郑大星同学说得有道理,于是就在郑大星同学的陪同下,将物镜对光失灵的情况向指导老师进行了汇报。

知识闯关与技能训练

一、单选题

1. 全站仪在测站上安置时应先对中后整平,通过对中达到(　　)。

A. 水平度盘中心与测站在同一铅垂线上

B. 仪器中心螺旋的中心与测站在同一铅垂线上

C. 仪器基座中心线与测站在同一铅垂线上

D. 视准线与竖轴垂直

2. 用测回法观测水平角,若右侧目标的方向值 $\alpha_{右}$ 小于左侧目标的方向值 $\alpha_{左}$ 时,水平角 β 的计算方法是(　　)。

A. $\beta=\beta_L-\beta_R$　　B. $\beta=\beta_R-180°-\beta_L$

C. $\beta=\beta_R+360°-\beta_L$　　D. $\beta=\beta_R-\beta_L$

3. 水平角观测瞄准目标时,如果竖盘位于望远镜的左边,则称为(　　);如果竖盘位于望远镜右边,则称为(　　);盘左盘右观测一次,称为(　　)。

A. 正镜;倒镜;一个测回　　B. 倒镜;正镜;半个测回

C. 盘右;盘左;一个测回　　D. 盘左;盘右;半个测回

4. 用全站仪观测水平角时,尽量瞄准目标的底部,目的是消除(　　)误差对测角的影响。

A. 对中　　B. 瞄准　　C. 目标偏离中心　　D. 整平

5. 用测回法对某一角度观测 6 测回，第 4 测回的水平度盘起始位置应为(　　)。

A. 30°　　B. 60°　　C. 90°　　D. 120°

6. 下列选项中，不是全站仪能够直接显示的数值是(　　)。

A. 斜距　　B. 天顶距　　C. 水平角　　D. 坐标

二、实操比赛

测角比赛：4 人一组，开展角度测量比赛。

内容：用测回法测量三角形的 3 个内角。

要求：每个角 2 个测回，限差 $\sum\beta - 180° \leqslant 60''$，限时 30 分钟。

任务2.2.1　学习任务评价表

任务 2.2.2　竖直角测量

【任务导学】

地面点的高程也可以用三角高程测量来完成,传统的三角高程测量需要观测竖直角。那么,竖直角的测量原理和观测步骤是怎样的呢?

【任务描述】

如图 2-2-12 所示,在 B 处安置全站仪,一测回观测 A、C 两个方向的竖直角。

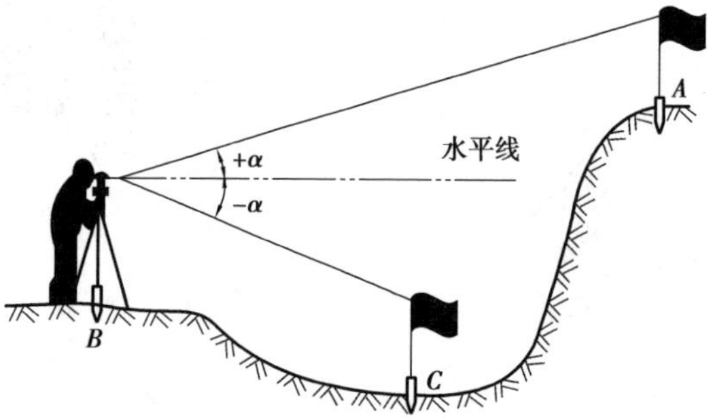

图 2-2-12　竖直角观测示意图

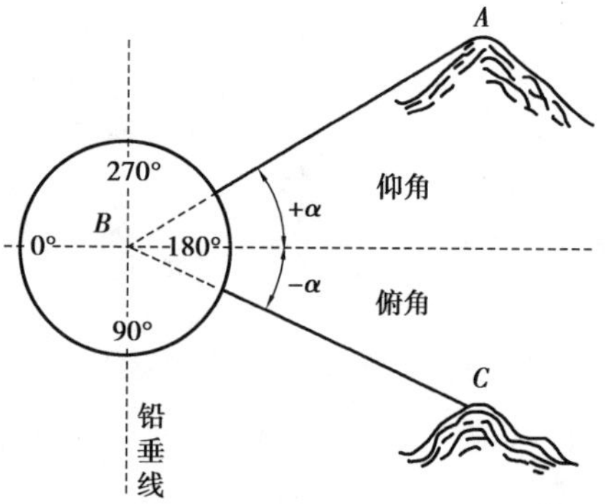

图 2-2-13　竖直角测量原理示意图

【知识储备】

一、竖直角的概念

在同一竖直面内,地面上一点至目标的方向线与水平线的夹角称为竖直角,用 α 表示。如图 2-2-13 所示,目标的方向线在水平线的上方,竖直角为正($+\alpha$),称为仰角;目标的方向线在水平线的下方,竖直角为负($-\alpha$),称为俯角。竖直角的取值范围为$-90°$ ~ $+90°$。

二、竖直角测量原理

为了测得竖直角,必须在全站仪或经纬仪上安置一个可随望远镜一起转动的竖直度盘,电子经纬仪和全站仪,采用的是光栅度盘,开机后显示屏上会自动显示望远镜在任意位置时竖直度盘的读数。大多数生产厂家生产的经纬仪,其竖直度盘构造的特点是:望远镜视线水平时,盘左的竖盘读数为 90°,望远镜逐渐仰起时,读数逐渐减小。望远镜视线水平时,盘右的竖盘读数为 270°,望远镜逐渐仰起时,读数逐渐增加。

如图 2-2-13 所示,测量时,若用正镜瞄准目标 A,设竖直度盘读数为 L,则竖直角值 α 等于望远镜视线水平时竖直度盘的读数 90°减去瞄准目标时竖直度盘读数 L;若用倒镜瞄准目标 A,设竖直度盘读数为 R,则竖直角值 α 等于瞄准目标时竖直度盘读数 R 减去望远镜视线水平时竖直度盘的读数 270°。即:

盘左　　$\alpha_L = 90° - L$

盘右　　$\alpha_R = R - 270°$

取盘左和盘右的平均角值可以消除竖盘指标差的影响,提高测角精度。有关竖盘指标差的概念和计算,请查阅本任务拓展阅读。

$$平均竖直角值\ \alpha=(\alpha_L+\alpha_R)=\frac{R-L-180°}{2}$$

【任务实施】

一、准备工作

检查仪器工具，准备全站仪 1 台，三脚架 1 个，木桩（长 25 ~ 30 cm，顶面 4 ~ 6 cm 见方）2 根，小铁钉 2 根，斧头 1 把，记录板（含记录表格）1 块等。

4 人一组，1 人观测、1 人记录、2 人竖立棱镜。

测量竖直角

二、实施步骤

竖直角一个测回的观测程序如下：

①在测站安置全站仪，对中、整平、开机。

②盘左用中丝精确瞄准目标，读数 L、记录，即为上半测回，并计算出上半测回角值。

③盘右用中丝精确瞄准目标，读数 R、记录，即为下半测回，并计算出下半测回角值。

④最后计算一测回角值，即盘左盘右的平均值，竖直角记录计算见表 2-2-5。

表 2-2-5　竖直角记录计算表

测站	目标	竖盘位置	竖盘读数 ° ′ ″	半测回角值 ° ′ ″	一测回角值 ° ′ ″
B	*A*	盘左	87 52 18	+2 07 42	+2 07 36
		盘右	272 07 30	+2 07 30	
B	*C*	盘左	93 16 54	−3 16 54	−3 16 45
		盘右	266 43 24	−3 16 36	

拓展阅读

经纬仪竖盘指标差

竖盘指标差是指经纬仪竖直度盘读数系统误差，具体表现为竖直度盘读数指标的实际位置与正确位置之差，常用 x 表示。竖盘指标差 x 有正负号，规定竖盘指标偏移方向与竖盘注记方向一致时 x 取正号，反之 x 取负号。

由于安装和使用的原因，竖直度盘的物理零位与水平方向不一致，导致指标差的出现。若竖直角天顶为 0°，则竖盘指标差的计算公式为：

$$x=\frac{1}{2}(\alpha_R-\alpha_L)=\frac{1}{2}(L+R-360°)$$

存在指标差时，单盘位竖直角的计算公式如下：

盘左位置，正确的竖直角计算公式为：

$$\alpha=90°-L+x=\alpha_L+x$$

盘右位置，正确的竖直角计算公式为：

$$\alpha=R-270°-x=\alpha_R-x$$

知识闯关与技能训练

一、单选题

1. 在一个竖直平面内,经纬仪的视线与水平线的夹角称为(　　)。

A. 水平角　　B. 竖直角　　C. 天顶距　　D. 方位角

2. 当全站仪的望远镜上下转动时,竖直度盘(　　)。

A. 不动　　B. 与望远镜相对运动　　C. 与望远镜一起转动　　D. 无法确定

3. 测定一点的竖直角时,若仪器高不同,但都瞄准目标同一位置,则所测竖直角(　　)。

A. 相同　　B. 不同

C. 盘左相同,盘右不同　　D. 盘右相同,盘左不同

4. 全站仪测量竖直角时,盘左盘右读数的理论关系是(　　)。

A. 相差 90°　　B. 相差 180°　　C. 相加得 180°　　D. 相加得 360°

二、实操练习

用经纬仪或全站仪进行竖直角测量,2 人一组,高、低点各一个,完成一测回的观测、记录、计算。

任务2.2.2 学习任务评价表

任务 2.2.3　电子经纬仪的检验与校正

【任务导学】

全站仪和电子经纬仪是测量角度的精密仪器,能否用它测量出准确的结果,一方面取决于仪器本身的精度和观测员测量技术水平,另一方面取决于仪器各部分之间的相互关系是否正确。做好测量前的准备工作,检验和校正仪器是保障测量结果的重要措施之一。

本任务以电子经纬仪为例介绍检验与校正的方法和步骤。

【任务描述】

一天,精益求精测绘有限公司测绘部张主任对测量队长大刘说:“刘队长,明天有测量任务,你今天负责把明天要用的电子经纬仪检校好。”

刘队长马上叫来小田和小唐,半天的工夫他们就完成了张主任交代的任务。你想知道他们检验和校正了哪些项目,是如何操作的吗?

【知识储备】

如图 2-2-14 所示,电子经纬仪各主要轴线之间应满足以下几何条件:①水准管轴 LL 应垂直于竖轴 VV;②十字丝纵丝应垂直于横轴 HH;③视准轴 CC 应垂直于横轴 HH;④横轴 HH 应垂直于竖轴 VV。

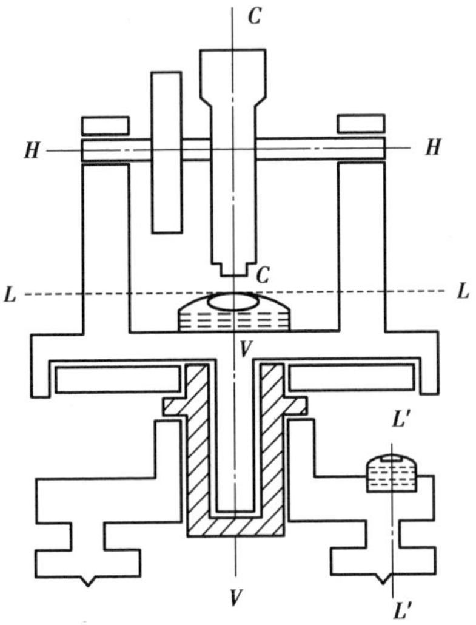

图 2-2-14　电子经纬仪应满足的几何条件示意图

由于电子经纬仪在搬运和使用过程中,受震动的影响,一些部件可能会松动,使得轴线间的相对位置发生偏斜,从而影响测量结果的精度。因此,在测量作业前应对电子经纬仪进行检验和校正。

【任务实施】

一、准备工作

电子经纬仪 1 台，三脚架 3 个，棱镜觇牌 2 套，钢卷尺 1 把，记录板 1 块（含记录表格），校正工具 1 套，计算器 1 台，铅笔等。

4 人一组，1 人观测检查、1 人记录、2 人辅助及立棱镜。

二、实施步骤

1. 电子经纬仪常规项目检查

电子经纬仪安置好后，首先应检查三脚架是否稳固，架腿伸缩和固定是否灵活自如，仪器上的制动和微动螺旋、微倾螺旋、对光螺旋、脚螺旋转动是否灵活有效，望远镜的十字丝、物镜是否清晰等，然后再对仪器的主要轴线关系进行检验与校正。

检校经纬仪水准管轴

2. 电子经纬仪专项（几何关系）检验与校正

①照准部水准管轴的检验与校正见表 2-2-6。

表 2-2-6　照准部水准管轴垂直于竖轴的检验与校正

工作内容	操作方法及要求	操作示意图
检验	1. 将仪器置于三脚架上，踩紧三脚架，粗略整平后，使水准管平行于任意两个脚螺旋（如①、②），转动这两个脚螺旋使水准管气泡严格居中	 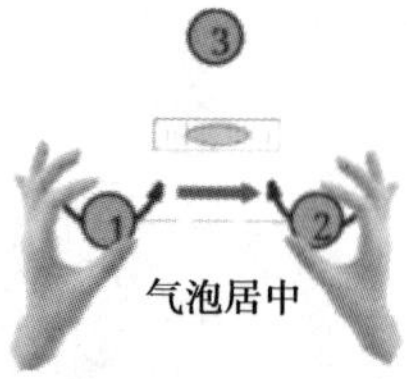 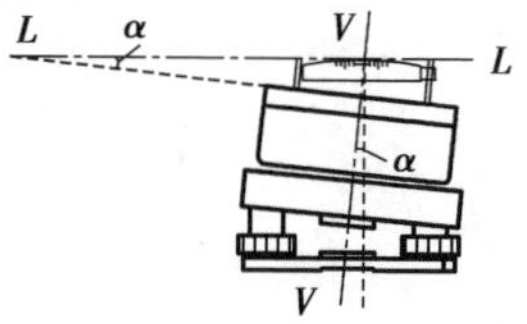
	2. 将照准部绕竖轴旋转 180°，若气泡未偏离中心位置，则说明水准管轴垂直于仪器竖轴，无须校正	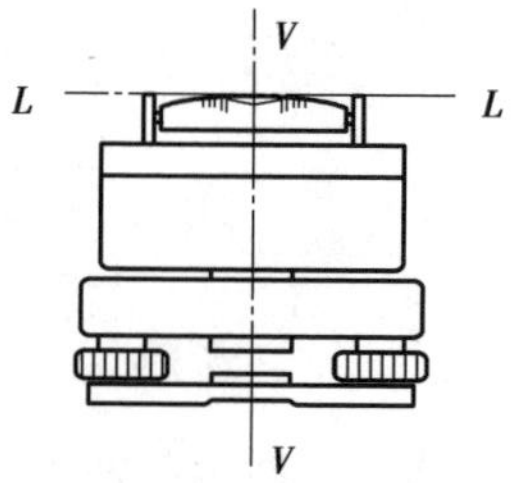
	3. 在上述操作过程中，若气泡偏离中心位置 1 格以上，则说明水准管轴不垂直于仪器竖轴，须校正	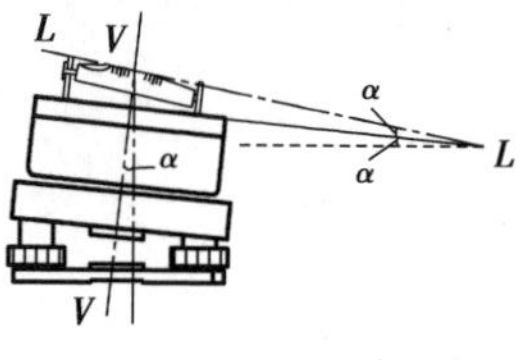

续表

工作内容	操作方法及要求	操作示意图
校正	1. 旋转①、②两个脚螺旋，使气泡返回偏离中心的一半，让竖轴处于铅垂状态	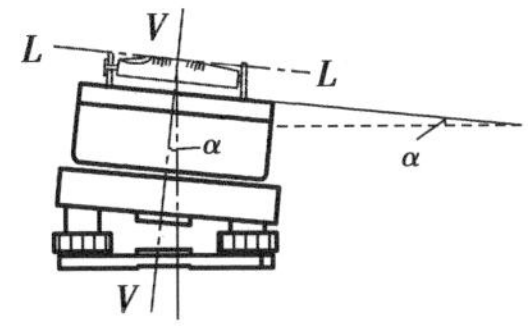
	2. 用校正针拨水准管一端的校正螺丝，使气泡居中；再按上述操作步骤进行检验，直至照准部旋转到任何位置，气泡偏离零点不超过半格为止	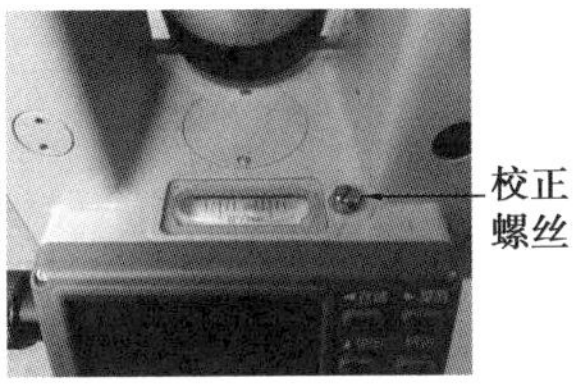 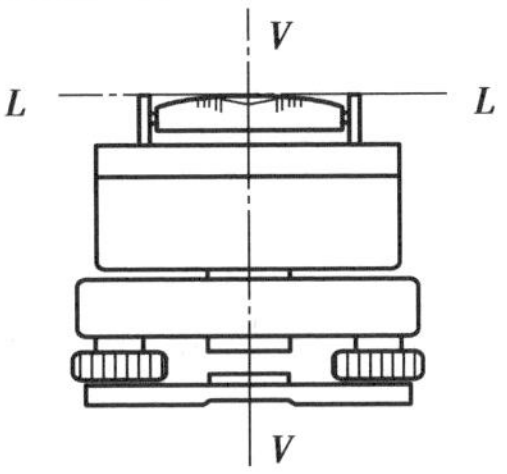

②电子经纬仪十字丝纵丝的检验与校正见表 2-2-7。

表 2-2-7　电子经纬仪十字丝纵丝垂直于横轴 *HH* 的检验与校正

工作内容	操作方法及要求	操作示意图
检验	1. 整平电子经纬仪，用十字丝纵丝一端瞄准墙面一固定小点 *P*	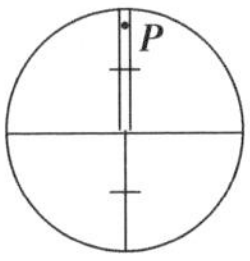
	2. 制动照准部和望远镜，转动望远镜微动螺旋，使望远镜绕横轴作微小俯仰，如目标点始终在纵丝上移动，说明十字丝纵丝垂直于横轴，无须校正	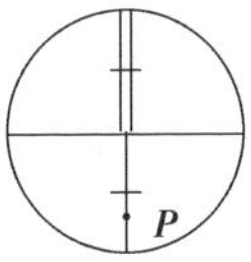
	3. 在上述检查过程中，如小点 *P* 偏离纵丝，则条件不满足，须校正	
校正	1. 取下目镜处护盖，露出十字丝分划板固定螺丝	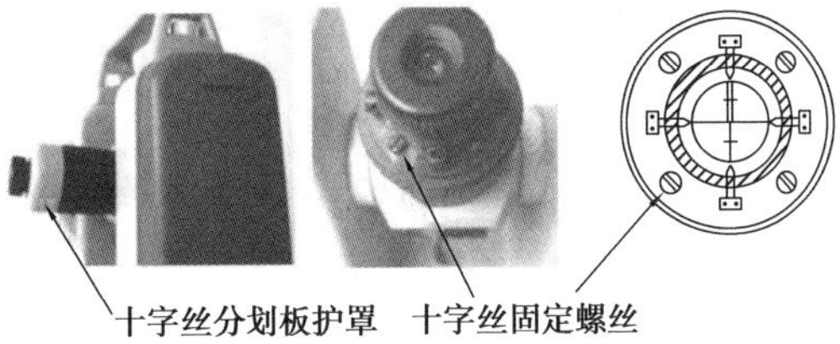
	2. 用小螺丝刀松开十字丝分划板的固定螺丝，按纵丝偏离的反方向微微转动十字丝环，使目标点始终在望远镜十字丝纵丝上移动。检校结束后，拧紧固定螺丝，旋上护盖	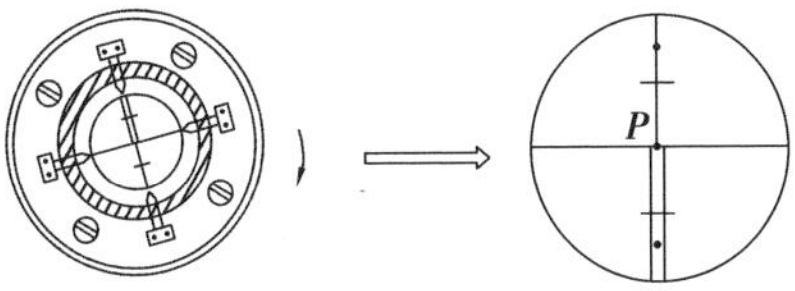

检校经纬仪十字丝　　检校经纬仪视准轴

③电子经纬仪视准轴的检验与校正见表 2-2-8。

表 2-2-8　电子经纬仪视准轴垂直于横轴的检验与校正(四分之一法)

工作内容	操作方法及要求	操作示意图
检验	1. 在平坦地面上定出相距 20 m 的 A、B 两点,并在其中点 O 处安置调平电子经纬仪	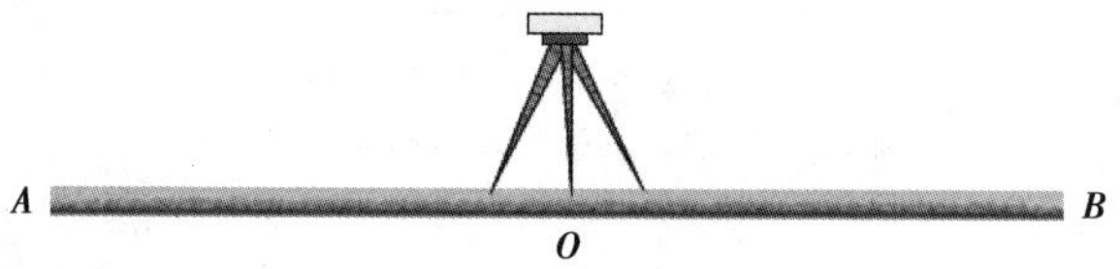
	2. 在 A 点设置与仪器同高的瞄准标志。在 B 点设置与仪器同高且横放刻有毫米分划的直尺并垂直于 AB 连线	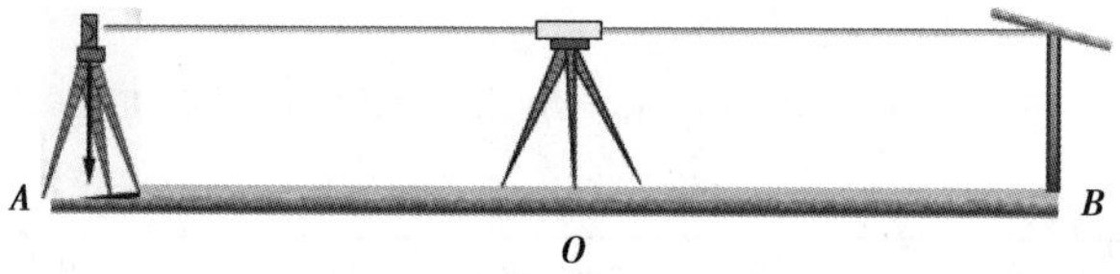
	3. 盘左瞄准 A 点标志,固定照准部,倒转望远镜,在 B 点横尺上读取读数 B_1	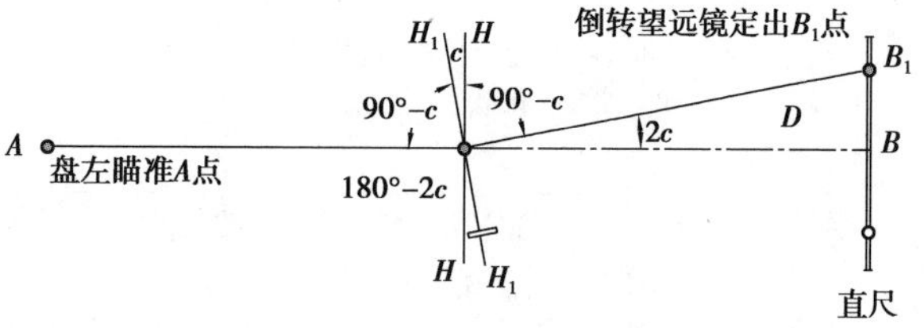
	4. 盘右瞄准 A 点标志,固定照准部,倒转望远镜,在 B 点横尺上读取读数 B_2。若 $B_2=B_1$,说明视准轴与横轴垂直,满足条件,无须校正;若 $B_2\neq B_1$,则视准轴与横轴不垂直,须校正	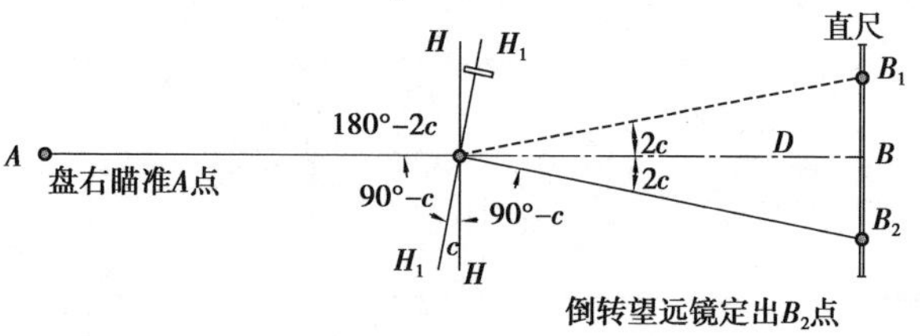
校正	1. 在 B 点的横尺上先标定出 B_1 和 B_2 连线的中点 B;再标定出 B 和 B_2 连线的中点 B_3	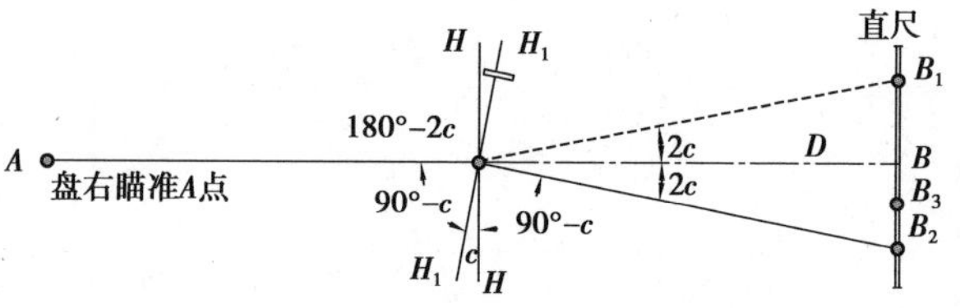

续表

工作内容	操作方法及要求	操作示意图
校正	2. 取下望远镜十字丝环的护罩，用校正针松开上下两个校正螺丝，调节左右两个校正螺丝，使十字丝交点对准 B_3 点。检校结束后，盖上十字丝环的护罩	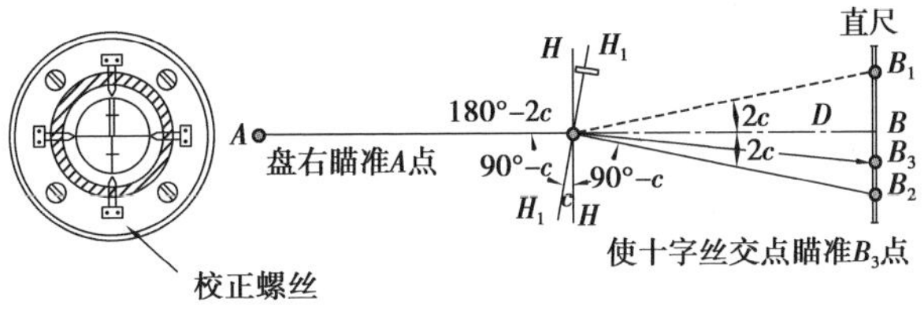

④电子经纬仪横轴的检验与校正见表 2-2-9。

表 2-2-9　电子经纬仪横轴垂直于竖轴的检验与校正

工作内容	操作方法及要求	操作示意图
检验	1. 在距一垂直墙面 10 ~ 20 m 处安置调平电子经纬仪。盘左瞄准墙面高处的明显目标 P	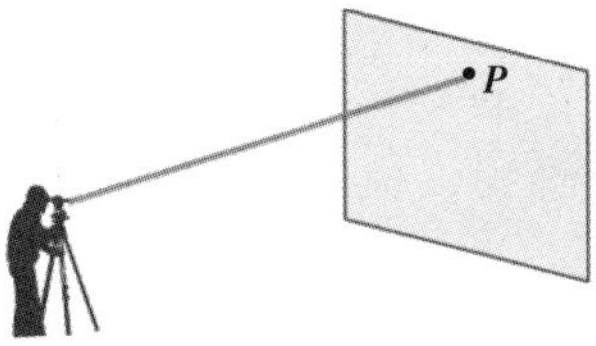
	2. 固定照准部，将望远镜置于水平位置，按十字丝交点在墙上定出 P_1 点	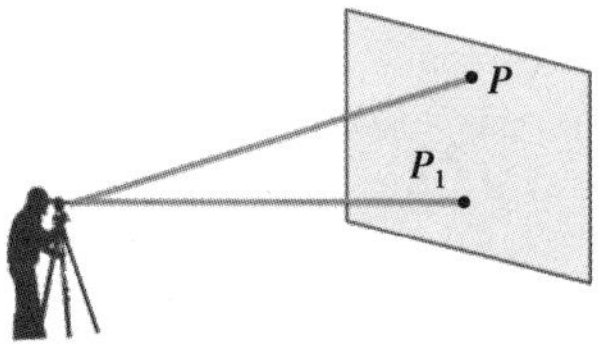
	3. 再用盘右瞄准 P 点，固定照准部，再次将望远镜置于水平位置，定出 P_2 点	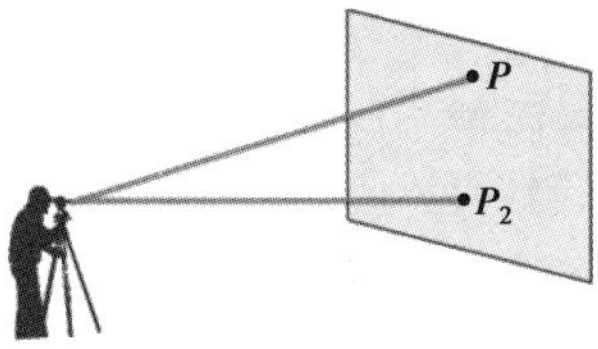
	4. 如果 P_1、P_2 两点重合，说明横轴垂直于竖轴，无须校正；如果 P_1、P_2 两点不重合，说明横轴不垂直于竖轴，须校正	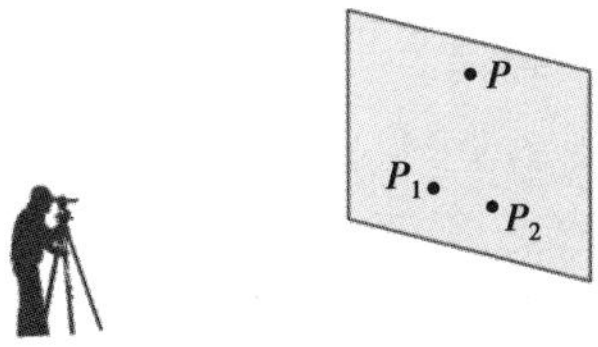
校正	1. 定出 P_1、P_2 两点连线的中点 P_M，以盘右位置转动水平微动螺旋照准 P_M 点	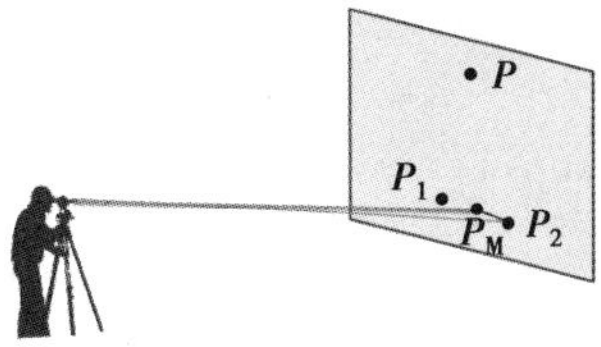

续表

工作内容	操作方法及要求	操作示意图
校正	2. 转动望远镜仰视，十字丝交点必然偏离 P 点，设为 P' 点	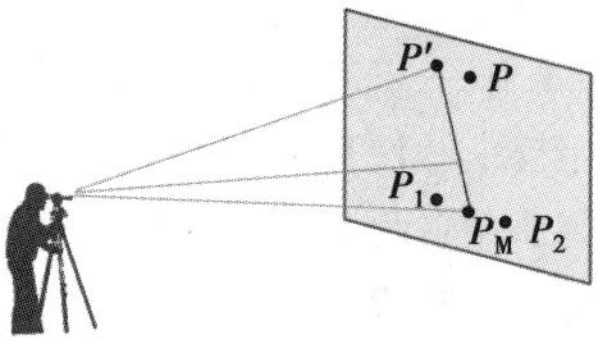
	3. 打开仪器支架的护盖，松开经纬仪横轴的校正螺丝，转动偏心轴承，升高或降低横轴的一端，使十字丝交点瞄准 P 点，拧紧校正螺丝，盖好护盖	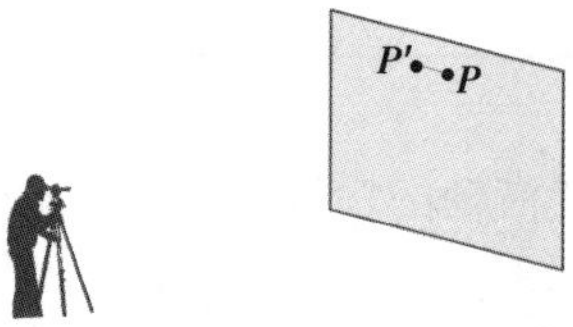 

三、注意事项

①电子经纬仪检校项目需按顺序进行，不能颠倒，否则会影响其他项目的检校。

②进行校正时，对于校正螺丝，应先松后紧，松紧配合。

检校经纬仪横轴

仪器检校是一项重要而细致的工作，要学习老一辈测量员一丝不苟的敬业精神，认真仔细地做好每一项检验校正工作。

拓展阅读

角度测量误差的来源及消减方法

在角度测量中，由于仪器和外界条件的影响，以及测量人员感觉辨别能力的不同，测量结果不可避免地存在误差。测量误差主要有以下几个方面。

一、仪器误差

仪器误差主要包括仪器制造加工不完善引起的误差和仪器校正不完善引起的误差，主要有视准轴误差、横轴误差、竖轴误差、度盘偏心差等。

1. 视准轴误差

主要原因：视准轴与横轴不垂直。

消减方法：采用盘左、盘右观测取平均值的方法予以消减。

2. 横轴误差

主要原因：横轴与竖轴不垂直。

消减方法：采用盘左、盘右观测取平均值的方法予以消减。

3. 竖轴误差

主要原因：水准管轴与竖轴不垂直，或水准管轴不水平。

消减方法：竖轴误差只能通过校正尽量减少残余误差。

4. 度盘偏心差

主要原因：电子经纬仪照准部旋转中心与水平度盘分划中心不完全重合。

消减方法：采用盘左、盘右观测取平均值的方法予以消减。

5. 度盘刻画不均匀误差

主要原因：度盘刻画不均匀引起水平方向读数误差。

消减方法：利用配置度盘各测回起始读数，使读数均匀地分布在度盘各个区域从而减小误差。

二、观测误差

1. 对中误差

消除对中误差

主要原因：安置电子经纬仪时没有严格对中，使仪器中心与测站中心不在同一铅垂线上。

消除方法：在进行水平角观测时，应精确对中。

2. 整平误差

主要原因：仪器未能精确整平或在观测过程中气泡不居中，使得竖轴偏离铅垂位置。

消除方法：在测量过程中发现水准管气泡偏离零点超过 1 格时，应重新整平仪器，重新观测。

3. 目标偏心误差

消除目标偏心误差

主要原因：测点上的测杆倾斜，使得瞄准目标偏离测点中心产生偏心差。

消除方法：观测时测杆要准确竖立在地面测点上，且尽量照准测杆的底部。

4. 照准误差

消除照准误差

主要原因：目标照不准，照准方法不正确，受人眼的分辨能力影响。

消除方法：选择适宜的照准标志，熟练操作仪器，掌握照准方法，水平角观测用竖丝平分目标，竖直角观测用横丝平分目标，并仔细照准目标。

三、外界条件影响

影响角度测量的外界因素很多：刮风、测区土质疏松会影响仪器的稳定；地面辐射热会引起空气的剧烈波动，从而造成物像模糊甚至跳动；空气的透明度和光线的强弱会影响照准的精度和读数等。这些外界因素会在不同程度上影响测角的精度，要想完全避免这些影响是不可能的，大量实践证明：外界条件对误差的影响多数与时间有关。因此，在角度观测时应注意选择有利的观测时间和天气条件，尽可能避开不利条件，以减少外界条件对测量的影响。

知识闯关与技能训练

一、单选题

1. 关于电子经纬仪的轴线关系，下列说法错误的是(　　)。

A. 水准管轴垂直于竖轴，即 $LL \perp VV$　　B. 视准轴垂直于横轴，即 $CC \perp HH$

C. 横轴垂直于竖轴，即 $HH \perp VV$　　D. 视准轴垂直于圆水准器轴，即 $CC \perp L'L'$

2. 检验电子经纬仪水准管，初步整平仪器后，使水准管在一对脚螺旋方向居中，然后将照准部旋转(　　),气泡仍居中,说明水准管轴垂直于竖轴。

A. 45°　　　B. 90°　　　C. 180°　　　D. 270°

3. 电子经纬仪望远镜视准轴检校的目的是(　　)。

A. 使视准轴平行于横轴　　　B. 使视准轴垂直于横轴

C. 使视准轴垂直于水准管轴　　　D. 使视准轴平行于竖轴

4. 电子经纬仪在进行角度观测之前,不必满足的条件是(　　)。

A. 水准管轴垂直于竖轴,即 $LL \perp VV$　　　B. 视准轴垂直于横轴,即 $CC \perp HH$

C. 横轴垂直于竖轴,即 $HH \perp VV$　　　D. 视准轴垂直于圆水准器轴,即 $CC \perp L'L'$

二、技能训练

进行电子经纬仪水准管轴、十字丝纵丝、视准轴和横轴的检校练习,校正时应在老师的指导下进行。4 人一组,每组配备电子经纬仪 1 台、三脚架 3 个、棱镜觇牌 2 套、刻有毫米的直尺 1 把、记录板 1 块(含记录表格)、铅笔等。

任务2.2.3 学习任务评价表

项目 2.3　距离测量

学习目标

知识目标：熟悉距离测量常用的方法，熟悉钢尺量距的工具；掌握直线定线的概念；理解视距测量的原理；熟悉全站仪光电测距操作键的名称。

技能目标：掌握直线定线的方法；会在平坦地面上使用钢尺进行一般方法量距；能用水准仪进行视线水平时的距离测量；能用全站仪进行距离测量。

素养目标：养成爱护仪器、规范操作的习惯；树立严谨求实的意识；培养团队协作、吃苦耐劳、一丝不苟的职业精神。

内容导航

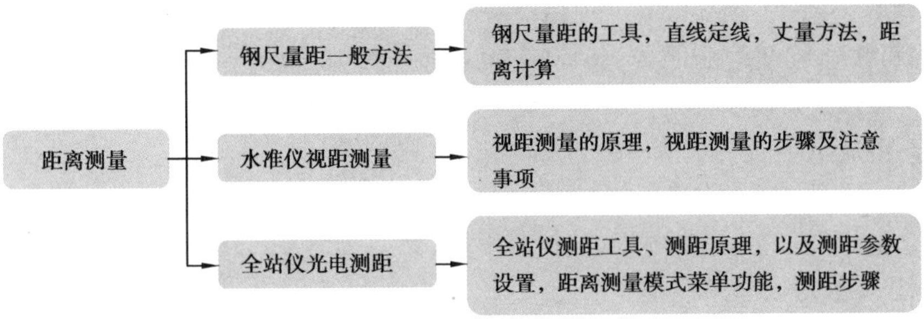

任务 2.3.1　钢尺量距一般方法

【任务导学】

距离测量也是确定地面点位的基本测量工作。距离测量的方法有钢尺量距、视距测量、全站仪光电测距。钢尺量距有一般方法量距和精密方法量距。随着全站仪光电测距技术的普及，钢尺精密方法量距已被淘汰，本任务主要介绍钢尺一般方法量距。

【任务描述】

某建筑工地施工前，需征用一块平坦空地搭建临时设施，要求采用钢尺量距一般方法丈量空地的边长，为计算其面积提供依据。

【知识储备】

钢尺量距的工具有钢尺、测杆、测钎。

一、钢尺

钢尺是丈量地面点间水平距离的主要工具，长度有 20 m，30 m 和 50 m 等几种。钢尺的最小分划为毫米，每厘米、分米及米处都刻有数字注记。钢尺的零分划位置有两种形式：一种是零点位于尺的最外端（拉环的外缘），这种尺称为端点尺；另一种是零分划线在靠近尺端的某一位置，这种尺称为刻线尺，如图 2-3-1 所示。使用钢尺时必须注意钢尺的零点位置，以免产生错误。

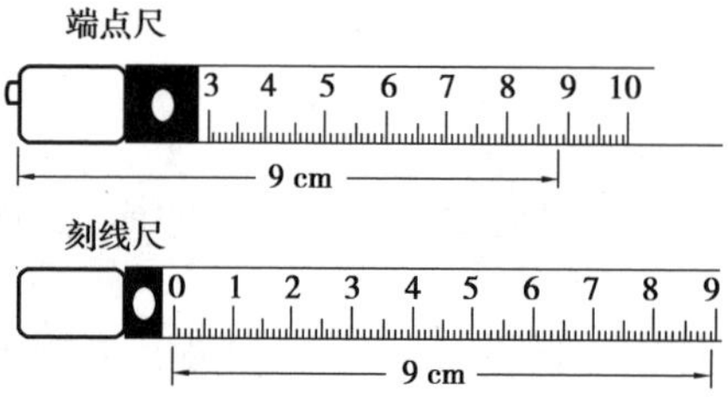

图 2-3-1　钢尺

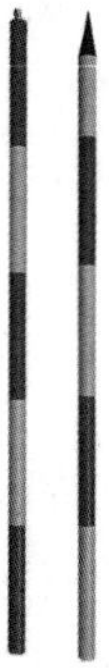

图 2-3-2　测杆

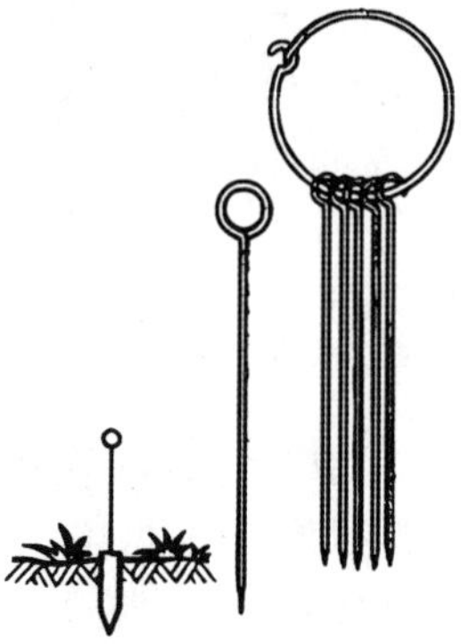

图 2-3-3　测钎

二、测杆

测杆用木料或铝合金制成，直径 2 ~ 3 cm，全长有 2 m 或 3 m。漆成 20 cm 红、白相间的色段，下端装有尖头铁脚，如图 2-3-2 所示。测杆是用来标点和定线的。

三、测钎

测钎用粗铁丝或细钢筋制成，长 30 ~ 40 cm，一般 10 根为一组，套在一个圆环上，如图 2-3-3 所示。测钎主要用来标定尺段端点位置和计算尺段数。

【任务实施】

一、准备工作

准备 50 m 钢尺一把，测杆 3 根，测钎若干根。

4 人一组，2 人定向、2 人丈量。

二、实施步骤

1. 直线定线

当地面上两点间的距离超过一整尺长或地势起伏较大时，需将两点间分成若干尺段丈量。标定各尺段端点在同一直线上的工作称为直线定线。直线定线有目估定线和经纬仪或全站仪定线两种方法。

(1) 目估定线

目估定线是指在互相通视的 A、B 两地面点间的直线上定出 1、2 等分段点，如图 2-3-4 所示。

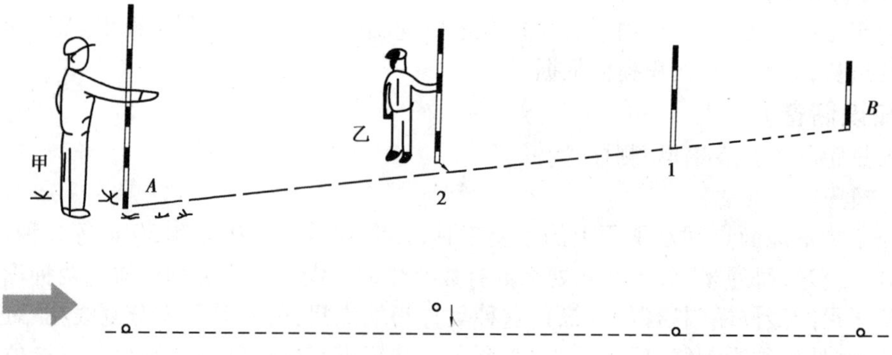

图 2-3-4　两点间目估定线

①在 A、B 点上竖立测杆，甲立于 A 点测杆后面 1 ~ 2m 处，用眼睛自 A 点测杆后瞄准 B 点测杆。

②乙持另一测杆沿 BA 方向走到离 B 点大约一尺段长的 1 点附近，按照甲指挥手势左右移动测杆，直到测杆位于 AB 直线上为止，插下测杆（或测钎），定出 1 点。

③乙又持测杆走到 2 点处，同法在 AB 直线上竖立测杆（或测钎），定出 2 点，以此类推。

（2）经纬仪或全站仪定线

钢尺精密量距须用经纬仪或全站仪定线，如图 2-3-5 所示。

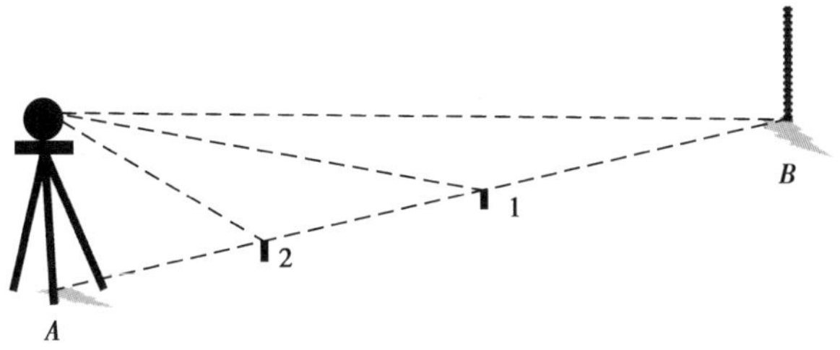

图 2-3-5　电子经纬仪定线

2. 距离丈量

如图 2-3-6 所示，丈量距离时，后尺手持钢尺的零端位于 A 点，前尺手持钢尺的末端和一套测钎沿 AB 方向前进，行至一个尺段处停下。后尺手用手势指挥前尺手将钢尺拉在 AB 直线上，后尺手将钢尺的零点对准 A 点，当两人同时将钢尺拉紧后，前尺手在钢尺末端的整尺段长分划处竖直插下一根测钎，量完一个尺段。前、后尺手抬尺前进，当后尺手到达插测钎或画记号处时停住，重复上述操作，量完第二尺段。后尺手拔起地上的测钎，依次前进，直到量完 AB 直线的最后一段为止。

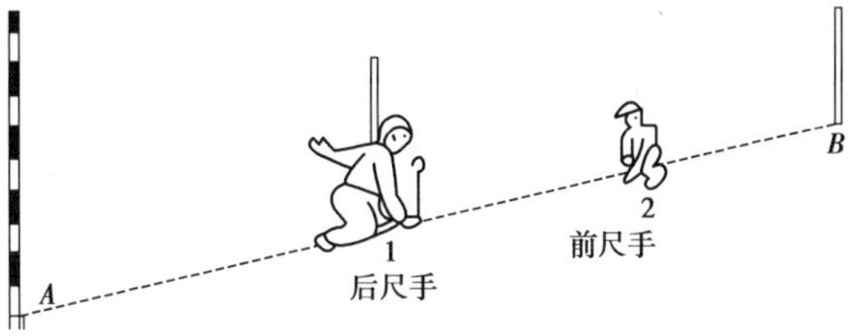

图 2-3-6　平坦地面的距离丈量

3. 成果计算

两点间的水平距离的计算公式为：

$$D=nL+q$$

式中　D——两点间的水平距离，m；

n——丈量的整尺段数；

L——钢尺一整尺的长度，m；

q——不足一整尺段的余尺长，m。

钢尺平地量距

为了检核并提高丈量结果的精度，一般要往、返各丈量一次，测量精度达到要求后取平均值作为最后结果，即：

$$D_{均}=\frac{D_{往}+D_{返}}{2}$$

距离丈量的精度用相对误差 k 来衡量(化成分子为 1 的形式),即:

$$k=\frac{|D_{往}+D_{返}|}{D_{平均}}$$

一般情况下,平坦地区丈量的精度不低于 1/3 000 ,在困难地区也不应低于 1/1 000。

三、注意事项

①在使用钢尺或皮尺前,要认真查看其零点、末端的位置和注记情况。

②丈量距离时,一定要沿直线定线方向,将钢尺(皮尺)拉平、拉直、拉稳,且拉力要均匀;测钎要插竖直、准确,若地面坚硬,也可以在地上做出相应记号。

③避免读错和听错数字,如把“9”看成“6”,或把“4”和“10”听错;丈量最后一段余长时,要注意尺面的注记方向,不要读错。

④使用钢尺时,不得在地面上拖行,更不能让其被车辆碾压或行人践踏;拉尺时,不可生拉硬拽;收尺时,尺面不能有卷曲扭偏现象,摇柄不能逆转;收放钢尺时应避免将手划伤。

⑤钢尺使用完毕,要及时用软布擦去灰尘;如遭雨水浸泡,要在晾干后方可收尺,还要在钢尺表面涂上机油,以免生锈。

知识闯关与技能训练

一、填空题

1. 直线定线的方法有________和________。
2. 丈量距离的精度,一般采用________来衡量。
3. 根据钢尺的零分划位置不同分为________和________两种形式。
4. 丈量一段距离,往、返测为 126.78 m、126.68 m,则相对误差为________。

二、实操练习

4 人一组,用钢尺一般量距法在平坦地面上进行一段水平距离的丈量。

任务2.3.1 学习任务评价表

任务 2.3.2　水准仪视距测量

【任务导学】

视距测量有视线水平和视线倾斜两种测量情况，但不论哪种情况其测距精度都不高（比钢尺量距精度低），一般最高精度只能达到 1/300，但优点是操作简单、效率高。考虑到在后续的四等水准测量任务中会应用到视距测量知识，因此本任务对视线水平时的视距测量进行简单介绍。

【任务描述】

前面已经学习了用水准仪测量高差的方法，实际上用水准仪还可以间接测出两点间的水平距离。那么如何用水准仪测量水平距离呢？

控制点布设完后，为了日后便于寻找，需要测出控制点与附近建（构）筑物的位置关系和距离，为绘制点之记提供依据。如图 2-3-7 所示，需用水准仪测量控制点 A 至电线杆、房屋转角和小土丘的水平距离。

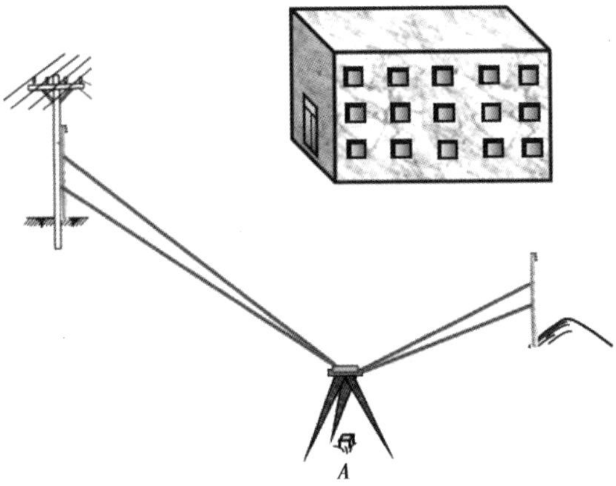

图 2-3-7　水准仪视距测量示意图

【知识储备】

1. 视距测量

视距测量是一种利用水准仪或经纬仪的视距丝和水准尺按几何光学原理间接测量距离的方法，它利用望远镜内视距丝装置，根据几何光学原理同时测定距离和高差。这种方法具有操作简便、迅速，不受地形限制等优点，虽然精度较低，但在传统的碎部测量中能满足测定的一般要求。随着电子技术的发展，目前碎部测量大都被 GNSS 测绘技术和无人机测绘技术取代，本任务仅简单介绍视线水平时视距测量的原理和施测步骤。

2. 视距测量原理

如图 2-3-8 所示，欲测定 A、B 两点间的水平距离 D 及高差 h，可在 A 点安置水准仪，B 点立水准尺，设望远镜视线水平，瞄准 B 点水准尺，此时视线与水准尺相互垂直。若尺上 M、N 点成像在十字丝分划板上的两根视距丝 m、n 处，那么尺上 MN 的长度可由上、下视距丝读数之差求得。上、下视距丝读数之差称为视距间隔或尺间隔 l。

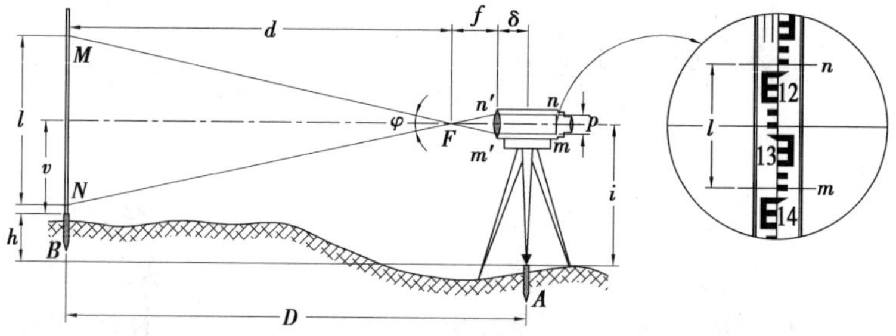

图 2-3-8　视线水平时的视距测量

此处略去视距与高差复杂的推导过程,直接给出计算公式:

视线水平时的距离　　$D=100l$

高差　　$h=i-v$

式中,i 为仪器高,即桩顶到仪器横轴的高度;v 为瞄准目标高,即十字丝中丝在尺上的读数。

【任务实施】

一、准备工作

检查仪器工具,准备自动安平水准仪 1 台、三脚架 1 个、水准尺 2 根、记录表等。

水准仪视距测量

4 人一组,1 人观测、1 人记录、2 人立尺。

二、实施步骤

①在被测点位上竖立水准尺。

②在测站点安置水准仪,整平,量取仪器高 i。

③用望远镜瞄准水准尺,依序读取上丝、下丝和中丝读数 v,计算视距间隔 l。

④计算水平距离 D 及高差 h。

视距测量的算例见表 2-3-1, 表中所示为视线水平时的视距测量。

表 2-3-1　视距测量记录、计算表

测站编号	视距尺上的读数			尺间隔 l /m	仪器高 i /m	水平距离 D /m	高差 h /m
	上丝/m	下丝/m	中丝/m				
1	1.623	1.211	1.416	0.412	1.403	41.2	−0.013
2	1.569	1.178	1.373	0.391	1.506	39.1	+0.133
3	1.726	1.238	1.481	0.488	1.579	48.8	+0.098

三、操作注意事项

①为减少垂直折光的影响,观测时应使视线离地面 0.2 m 以上。

②观测时应使视距尺竖直,为减小它的影响,尽量采用带有圆水准器的视距尺。

③视距尺一般应是厘米刻画的整体尺。如使用塔尺,应检查各节的接头是否准确。

知识闯关与技能训练

一、单选题

1. 视距测量的精度(　　)。

A. 低于钢尺量距　　B. 高于钢尺量距　　C. 等于钢尺量距　　D. 不能确定

2. 视距测量时,同时测定两点间的(　　)。

A. 距离和高差　　B. 水平距离和高差

C. 距离和高程　　D. 倾斜距离和高差

3. 望远镜视线水平时,读的视距间隔为 0.675 m,则仪器至目标的水平距离为(　　)。

A. 0.675 m　　B. 6.75 m　　C. 67.5 m　　D. 675 m

4. 图 2-3-9 中尺间隔为(　　)。

A. 0.172 m　　B. 1.72 m　　C. 17.2 m　　D. 172 m

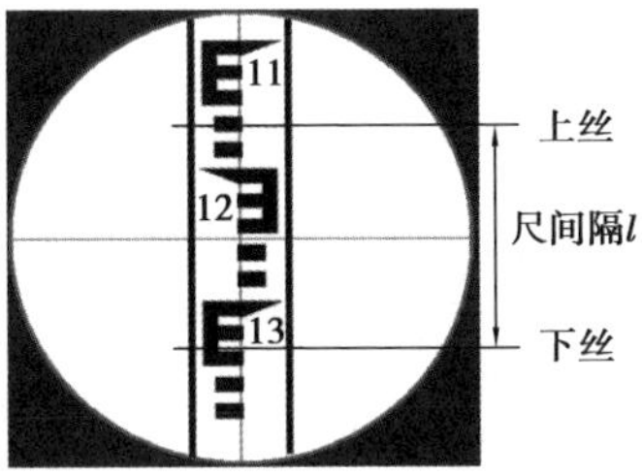

图 2-3-9　题 4 图

二、实操比赛

4 人一组,进行视距测量比赛,看看谁的速度快、数据准。

任务2.3.2　学习任务评价表

任务 2.3.3　全站仪光电测距

【任务导学】

钢尺量距受地形的限制较大、工作效率低，适用于平坦地面较短距离的测量。全站仪光电测距受地形限制小、测量精度和效率都比较高，目前广泛应用于控制测量、地形测量中。

通过本任务的学习，要求理解全站仪光电测距原理，掌握全站仪光电测距的操作方法。

【任务描述】

江湾工地施工前采用导线测量建立平面控制网，因地面起伏较大，用钢尺丈量边长效率低，用视距测量边长精度又达不到要求，施工员给测量员下达了用全站仪测量导线边长的任务。那么，测量员如何操作全站仪进行测量呢？

【知识储备】

一、全站仪测距

全站仪测距是一种用光波或电磁波作为载波传输测距信号，以测定两点间距离的方法。全站仪将光电测距和电子测角功能集于一体，具有体积小、携带方便、测程远、精度高、作业速度快、不受地形影响等优点，因此在现代测量中得到了广泛应用。本任务主要介绍光电测距的基本原理和测距方法。

1. 全站仪光电测距部分的构成

全站仪光电测距部分主要包括光波发射与光波接收两部分。测距时测距部分（测距仪）发射一束红外光或激光束，该光束经过反射装置（棱镜或反射片）反射后返回到全站仪测距部分的接收器。

2. 全站仪测距部分的分类

1）按测程分

测距仪一次能测量的最远距离称为测程。根据全站仪测程的不同，可以将其分为：

①短程测距全站仪：3 km 内；

②中程测距全站仪：3 ~ 15 km；

③远程测距全站仪：15 km 以上。

2）按光波在测段内传播的时间分

全站仪根据光波在测段内传播的时间，可分为脉冲式测距全站仪和相位式测距全站仪。

3. 测距精度

$$m_D = \pm(a + 10^{-6} \times b \times D)$$

式中　m_D——测距中误差，mm；

a——固定误差；

b——比例误差；

D——测距，km。

二、全站仪光电测距的原理

如图 2-3-10 所示，欲测定 A、B 两点间的距离 D，安置仪器于 A 点，安置反射棱镜于 B 点。仪器发出的光束由 A 到达 B，经棱镜反射后又返回到仪器，则 A、B 两点间的水平距离 D 的计算公式为：

$$D=\frac{1}{2}C\times t_{2D}$$

式中，$C=C_0/n$，为光在大气中的传播速度，C_0 为光在真空中的传播速度，$C_0=299\ 792\ 458$ m/s，n 为大气折射率（$n\geqslant1$）；t_{2D} 为光完成一个往返的时间。

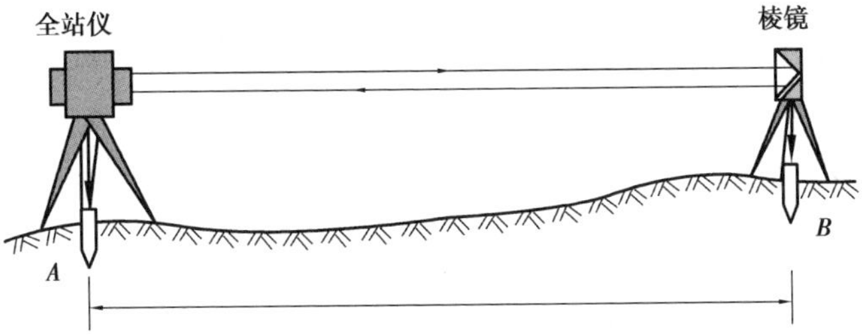

图 2-3-10　全站仪光电测距原理

【任务实施】

一、准备工作

①踏勘现场、研究施测顺序。

②检查仪器工具，准备全站仪 1 台，棱镜 1 个，三脚架 2 个。

全站仪测距

二、实施步骤

①将全站仪安置在 A 点，对中、整平。

②在 B 点安置棱镜，对中、整平。

③开机检索，设置棱镜常数，设置大气改正值或气温、气压值。

a. 设置棱镜常数。当使用棱镜作为反射体时，须在测量前设置好棱镜常数，操作步骤见表 2-3-2。一旦设置了棱镜常数，关机后该常数仍被保存。

表 2-3-2　设置棱镜常数的操作步骤

操作过程	操作键	显示
进入星键（★）模式，按［F4］（参数）键	［★］ ［F4］	温度：20.0 ℃ 气压：1 013.0 hPa 棱镜常数：0.0 mm PPM 值：0.0 ppm 回光信号：［　　］ 回退　　确认
按［▼］键向下移动，移动到棱镜常数的参数栏	［▼］	温度：20.0 ℃ 气压：1 013.0 hPa 棱镜常数：0.0 mm PPM 值：0.0 ppm 回光信号：［　　］ 回退　　确认

续表

操作过程	操作键	显示
输入棱镜常数改正值,并按[F4](确认)键,按[ESC]键,返回到星键模式。※1)	输入数据[F4]	温度:20.0 ℃ 气压:1 013.0 hPa 棱镜常数:15.0 mm PPM 值:0.0 ppm 回光信号:[　　] 回退　　确认

b. 直接设置大气改正值。测定温度和气压,然后从大气改正图上或根据改正公式求得大气改正值(PPM),操作步骤见表2-3-3。

表2-3-3　直接设置大气改正值的操作步骤

操作过程	操作键	显示
进入星键(★)模式,按[F4](参数)键	[★] [F4]	温度:20.0 ℃ 气压:1 013.0 hPa 棱镜常数:0.0 mm PPM 值:0.0 ppm 回光信号:[　　] 回退　　确认
按[▼]键向下移动,移动到PPM值的参数栏	[▼]	温度:20.0 ℃ 气压:1 013.0 hPa 棱镜常数:0.0 mm PPM 值:4.0 ppm 回光信号:[　　] 回退　　确认
输入大气改正值,并按[F4](确认)键,显示屏返回到星键模式。※1)	输入数据 [F4]	反射体:[棱镜]→ 对比度:2 ↕ 照明　补偿　指向　参数

注:如果在测量距离的同时需要测量高差,则应测量仪器高、棱镜高并输入全站仪。

④用望远镜瞄准棱镜,按[DIST]键,进入测距界面,测量开始。

⑤显示测量距离,操作过程和显示结果见表2-3-4。

表 2-3-4　显示测量距离的操作步骤

操作过程	操作	显示
按[DIST]键	[DIST]	V:90°10′20″ HR:170°09′30″ 斜距 * [单次]　<<　█ 平距: 高差: 测存　测量　模式　P1↓
显示测量的距离		V:90°10′20″ HR:170°09′30″ 斜距 * [单次]　241.551 m　█ 平距:235.343 m 高差:36.679 m 测存　测量　模式　P1↓

三、注意事项

①在使用前检查电池电量,确保电池电量充足,以免测量过程中电量不足影响测量结果。

②清洁全站仪镜片,镜片上的灰尘或指纹会影响光的传输和测量准确性。

③温度和湿度对测量结果有一定影响,测量前应注意气温气压的设置。

④在测量时应避免将激光照射到明亮的物体表面。

知识闯关与技能训练

一、填空题

1. 全站仪光电测距原理是:通过光波或电波在待测距离上往返一次所需的________来计算距离。

2. 测距仪按测程可分为:(a)短程测距全站仪,测程为________ km 以内;(b)中程测距全站仪,测程为________至________ km;(c)远程测距全程仪,测程为________ km 以上。

二、实操练习

4 人一组,轮流作业,用全站仪完成一个矩形 4 条边水平距离的测量。

任务2.3.3　学习任务评价表

水准测量练习题　　角度测量练习题　　距离测量练习题

模块3　测图控制网的建立

测量工作可概括为“测定”和“测设”两部分，无论哪部分测量工作，都必须保证一定的精度。由于测量会产生误差，且误差具有传递性和累积性，随着测量范围的扩大，将影响测量结果的准确性。为控制和减弱测量误差的累积和提高测量的精度与速度，以满足地形测量和工程测量的需要，首先要在整个测区范围内均匀选定若干的点（这些点称为控制点），然后以较高的观测精度测出这些点的坐标和高程，作为测图及施工放样的依据。

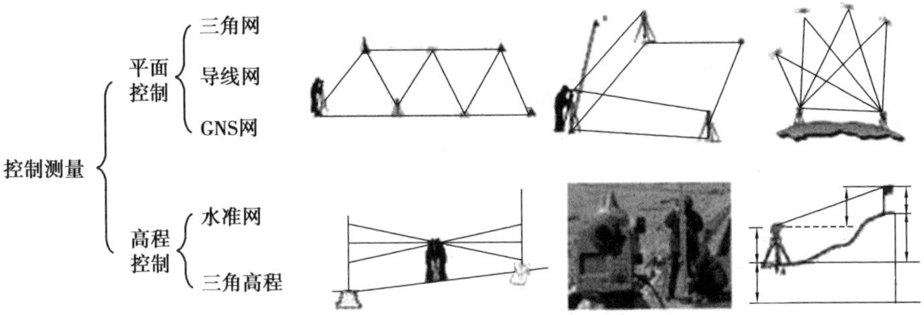

传承工匠精神、追求卓越

中国速度背后的测绘力量

工程测量标准

序号	资源名称	类型	页码
1	传承工匠精神、追求卓越	文本	第 71 页
2	中国速度背后的测绘力量	文本	第 71 页
3	工程测量标准	文本	第 71 页
4	四等水准测量观测记录计算	微视频	第 75 页
5	四等水准测量成果整理	微视频	第 78 页
6	四等水准测量实训	文本	第 78 页
7	坐标方位角推算	微视频	第 99 页
8	坐标正算	微视频	第 100 页
9	三级导线测量记录计算	微视频	第 104 页
10	导线测量成果整理	微视频	第 106 页
11	全站仪三级导线测量实训	文本	第 110 页
12	控制测量练习题	文本	第 114 页
13	任务 3.1.1—3.2.2 学习任务评价表	评价标准	详见各任务后

项目 3.1　高程控制网的建立

学习目标

知识目标：了解小区域高程控制测量的方法；熟悉四等水准测量的主要技术指标，理解四等水准测量的观测程序，理解高差闭合差的含义和分配原则；理解三角高程测量的原理，了解三角高程测量的主要技术要求，掌握闭合路线三角高程测量的记录与计算；熟悉数字水准仪各部件的名称及功能，掌握数字水准仪二等水准测量的观测程序。

技能目标：掌握四等水准测量的观测方法和记录计算表格的使用；能进行四等水准测量外业操作和内业计算；能进行全站仪三角高程测量外业操作和内业计算；会使用数字水准仪进行观测采集数据。

素养目标：养成爱护仪器、规范操作的习惯；树立严谨求实、诚实守信的意识；培养团队协作、吃苦耐劳、一丝不苟的职业精神。

内容导航

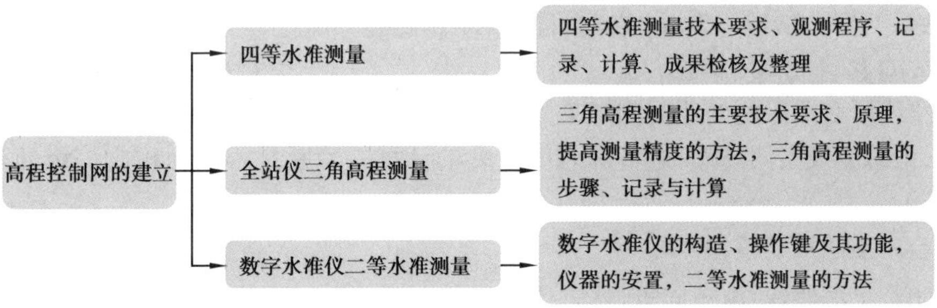

任务 3.1.1　四等水准测量

【任务导学】

不论是在地形测量时，还是在工程施工放样前，都需要事先在测区地面上布设少量的点，用一定的观测方法测定其高程，作为地形测量和工程施工放样的依据。

四等水准测量是建立高程控制网的一种方法。本任务主要学习四等水准测量的技术要求、观测程序、记录、计算、成果检核与整理。

【任务描述】

希望纺织工业园区地形测图前，布设了附合水准路线作为首级高程控制，如图 3-1-1 所示。用四等水准测量方法，测出 BM_A 与 BM_B 之间各相邻两点间的高差，平差计算后，得到各段改正后的高差，最后计算待定点 1、2、3 的高程（说明：为便于介绍学习内容，各测段实测高差和路线长度已标注于图上）。

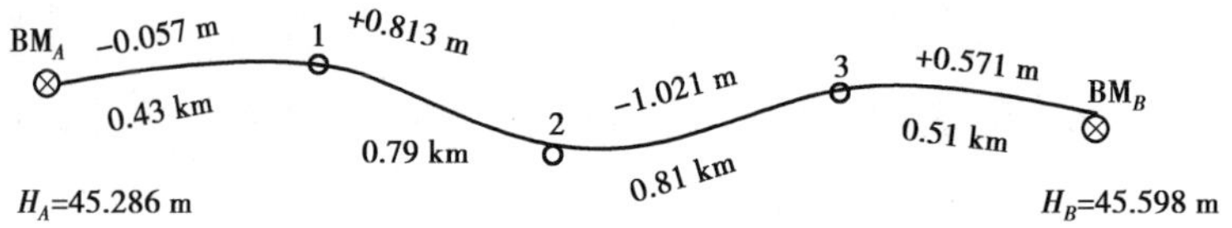

图 3-1-1　附合水准测量路线示意图

【知识储备】

一、测站校核

进行水准测量时，若其中任何一个后视或前视读数有错误，则计算出的高差都将不正确。为了校核每一测站每次水准尺读数有无差错，可采用两次仪器高法或双面尺法进行测站校核。四等水准测量采用双面尺法进行测站检核。

1. 两次仪器高法

在测站测量高差后，改变仪器高度，重新安置与整平仪器（改变仪器高度 0.1 m 以上），再测一次高差，当测得的两次高差差值在±5 mm 以内时，取两次高差平均值作为该站测得的高差值。否则需要检查原因，重新测量。

2. 双面尺法

仪器高度不变，读取每根双面尺的黑面与红面的读数。分别计算双面尺的黑面与红面读数之差，以及两尺黑面高差 $h_{黑}$与两尺红面高差 $h_{红}$，四等水准测量要求同一水准尺红面与黑面（加常数后）读数之差在±3 mm 以内，且 $h_{黑}$和 $h_{红}$之差不超过±5 mm。

二、水准路线成果检核

水准路线所有测段的外业观测结束后，应对各测段的记录手簿进行认真细致的检查，确认无误后，汇总全线实测高差，进行高差闭合差的计算并判断是否达到相应等级的限差要求（即允许值）。

1. 闭合水准路线的检核

对于闭合水准路线，由于起点、终点均为同一水准点，因此，各测段测得的高差总和 $\sum h_{测}$ 的理论值应等于零，同样由于测量误差的存在，$\sum h_{测}$往往不等于零，其差值称为闭合水准路线的高差闭合差 f_h，于是有：

$$f_h = \sum h_{测} - \sum h_{理} = \sum h_{测}$$

2. 附合水准路线的检核

对于附合水准路线，各测段测得的高差总和 $\sum h_{测}$ 应等于两已知水准点的高程之差 $\sum h_{理}$，但由于测量误差的存在，$\sum h_{测} \neq \sum h_{理}$，其差值称为附合水准路线的高差闭合差 f_h，则有：

$$f_h = \sum h_{测} - \sum h_{理} = \sum h_{测} - (H_{终} - H_{始})$$

式中　$H_{终}$——路线终点的已知高程，m；

　　　$H_{始}$——路线起点的已知高程，m。

高差闭合差产生的原因有很多，但其数值必须在一定的限值内。不同等级的水准测量，高差闭合差的限值也不同，具体要求见表 3-1-1。

表 3-1-1　水准测量的主要技术要求[《工程测量标准》(GB 50026—2020)]

等级	每千米高差全中误差/mm	路线长度/km	水准仪型号	水准尺	观测次数		往返较差、附合或环形闭合差	
					与已知点联测	附合或环形	平地/mm	山地/mm
三等	6	≤50	DS1	铟瓦	往返各一次	往一次	$12\sqrt{L}$	$4\sqrt{n}$
			DS3	双面		往返各一次		
四等	10	≤16	DS3	双面	往返各一次	往一次	$20\sqrt{L}$	$6\sqrt{n}$

三、水准测量主要技术要求

三、四等水准测量主要技术要求见表 3-1-1，每一测站的技术要求见表 3-1-2。

表 3-1-2　三、四等水准测量的测站技术要求[《工程测量标准》(GB 50026—2020)]

等级	视线长度/m	前、后视距差/m	前、后视距累积差/m	黑、红面读数差/mm	黑、红面高差之差/mm
三	≤75	≤3	≤6	≤2	≤3
四	≤100	≤5	≤10	≤3	≤5

四、四等水准测量的观测方法

四等水准测量观测记录计算

由于四等水准测量应用更为广泛，因此下面以四等水准测量为例，介绍其观测、记录、计算的方法。

1. 一个测站上的观测程序和记录方法

如图 3-1-2 所示，选择有利地形设站。在测站上安置好水准仪，分别照准前、后视尺，估读视距，使前、后视距之差不超过 5 m，否则，应移动前视尺或水准仪以满足要求。然后按下列顺序观测记录：

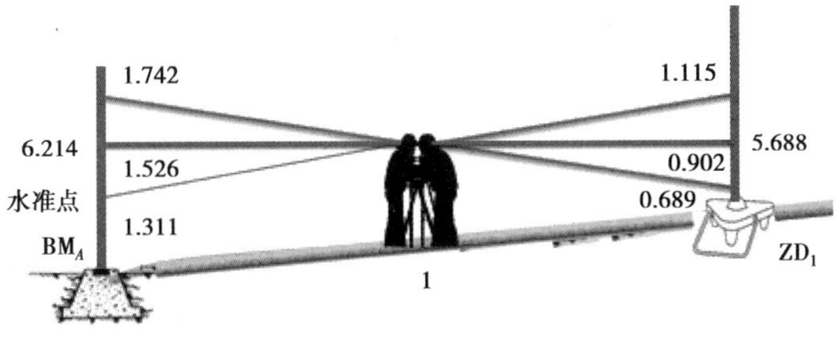

图 3-1-2　四等水准测量(一站观测)示意图

①瞄准后视尺黑面读数：上丝(1)，下丝(2)，中丝(3)；

②瞄准后视尺红面读数：中丝(4)；

③瞄准前视尺黑面读数：上丝(5)，下丝(6)，中丝(7)；

④瞄准前视尺红面读数：中丝(8)。

四等水准测量的观测程序也可以简称为：后(黑)—后(红)—前(黑)—前(红)。

观测结果、计算顺序和计算成果见表 3-1-3。

表 3-1-3　四等水准测量记录表

路线:自 BM_A 至 BM_B　　仪器型号:DSZ3　　观测者:×××　　记录者:×××

时间:2023 年 11 月 26 日　　天气:晴　　呈像:良　　($K_1=4.687$　　$K_2=4.787$)

测站编号	测点	后尺 上丝 / 下丝	前尺 上丝 / 下丝	方向及尺号	水准尺读数/m		K+黑-红/mm	高差中数/m
		后视距/m	前视距/m		黑面	红面		
		视距差 d	累积差 Σd					
1	BM_A—ZD_1	1.742 (1)	1.115 (5)	后 1#	1.526(3)	6.214(4)	-1 (13)	+0.625(18)
		1.311 (2)	0.689 (6)	前 2#	0.902(7)	5.688(8)	+1 (14)	
		43.1 (9)	42.6 (10)	后-前	+0.624(15)	+0.526(16)	-2 (17)	
		+0.5 (11)	+0.5 (12)					
2	ZD_1—ZD_2	0.924	1.036	后 2#	0.642	5.429	0	-0.116
		0.361	0.481	前 1#	0.758	5.446	-1	
		56.3	55.5	后-前	-0.116	-0.017	+1	
		0.8	1.3					
3	ZD_2—ZD_3	1.826	2.062	后 1#	1.545	6.233	-1	-0.233
		1.262	1.493	前 2#	1.778	6.565	0	
		56.4	56.9	后-前	-0.233	-0.332	-1	
		-0.5	+0.8					
4	ZD_3—1	1.502	1.836	后 2#	1.212	5.998	+1	-0.333
		0.924	1.255	前 1#	1.544	6.232	-1	
		57.8	58.1	后-前	-0.332	-0.234	+2	
		-0.3	+0.5					
计算检核	$\sum(9)=213.6$		$\sum(3)=4.925$		$\sum(4)=23.874$			
	$\sum(10)=213.1$		$\sum(7)=4.982$		$\sum(8)=23.899$			
	末站(12) = +0.5		$\sum(15)=-0.057$		$\sum(16)=-0.057$			
	全段总长 $L=426.7$		$\sum(17)=0$		$\sum(18)=\frac{[\sum(15)+\sum(16)]}{2}=-0.057$			

2. 测站计算与检核

在测站上观测记录的同时,应随即进行测站计算与检核,以便及时发现和纠正错误,确认符合要求时才可以迁站继续测量，否则应重新观测。迁站时前视尺和尺垫不允许移动，将后视尺和尺垫移至下一站作为前视尺。

测站上的计算工作有以下 3 个部分：

1）视距部分

$$后视距离(9)=[(1)-(2)]\times 100$$

$$前视距离(10)=[(4)-(5)]\times 100$$

$$前后视距差(11)=(9)-(10)，其绝对值不得超过 3\ \text{m}$$

$$前后视距累积差(12)=本站(11)-上站(12)$$

每测段视距累积差的绝对值应小于 10 m。

2）高差部分

同一水准尺黑红面中丝读数差不得超过 3 mm。

$$后视尺黑红面读数之差(13)=K+黑(3)-红(4)$$

$$前视尺黑红面读数之差(14)=K+黑(7)-红(8)$$

式中，K 为尺常数，即 $1^{\#}$ 尺或 $2^{\#}$ 尺黑面与红面的起点读数之差。K 值分别为 $K_1=4.687$ m，$K_2=4.787$ m。例如，表 3-1-3 中，第一站后视尺为 $1^{\#}$，前视尺为 $2^{\#}$，计算(13)时，K 值取 $K_1=4.687$ m，计算(14)时 K 值取 $K_2=4.787$ m。第二站因两水准尺交替，所以计算(13)时 K 值取 $K_2=4.787$ m，计算(14)时 K 值取 $K_1=4.687$ m。

$$黑面高差(15)=(3)-(7)$$

$$红面高差(16)=(4)-(8)$$

黑红面高差之差(17)=(15)-[(16)±0.100]=(13)-(14)，其绝对值应小于 5 mm（校核使用）。

由于两水准尺的红面起始读数相差 0.100 m，因此，测得的红面高差应加 0.100 m 或减 0.100 m 才等于实际高差，即上式中(16)±0.100，取“+”或“-”应根据前后视尺的 K 值来确定。当后视尺常数 K 为 4.687 时，则红面高差比黑面高差的理论值小 0.100 m，应加上 0.100 m，即取“+”号，反之应减去 0.100 m，即取“-”号。

$$高差中数(18)=\frac{1}{2}[(15)+(16)\pm 0.100]$$

3）检核计算

一测段结束后或整个水准路线测量完毕后，还应逐步检核计算有无错误，方法是：先计算 $\sum(3)$、$\sum(4)$、$\sum(7)$、$\sum(8)$、$\sum(9)$、$\sum(10)$、$\sum(15)$、$\sum(16)$、$\sum(18)$，然后用下式检核：

$$\sum(3)-\sum(7)=\sum(15)$$

$$\sum(4)-\sum(8)=\sum(16)$$

$$\sum(9)-\sum(10)=\sum 末站(12)$$

$$\frac{\sum(15)+\sum(16)}{2}=\sum(18)$$

$$水准路线总长度\ L=\sum(9)+\sum(10)$$

3. 高差闭合差的调整和水准点高程的计算

四等水准路线高差闭合差的限差为 $f_{h允}=\pm 20\sqrt{L}$ mm（L 为路线总长，以 km 计）。如满足要求，则将闭合差反符号按与测段长度成正比例的法则分配到各段高差中，然后计算各水准点的高程。

四等水准测量成果整理

图 3-1-1 和表 3-1-4 为附合水准路线的计算实例，计算步骤如下：

第一步：计算高差闭合差。

$$f_h=\sum h_{测}-(H_B-H_A)=0.306-(45.598-45.286)=-0.006\ (\text{m})$$

第二步：计算限差。

$$f_{h允}=\pm 20\sqrt{L}=\pm 20\sqrt{2.54}=\pm 32\ (\text{mm})$$

因为 $|f_h|<|f_{h允}|$，所以可以进行闭合差分配。

第三步：各测段高差闭合差调整值（改正数）的计算。

$$v_{h_i}=-\frac{f_h}{L}\times L_i$$

$$v_{h_1}=+0.001\ \text{m}\quad v_{h_2}=+0.002\ \text{m}\quad v_{h_3}=+0.002\ \text{m}\quad v_{h_4}=+0.001\ \text{m}$$

第四步：计算改正后各点的高差。

$$h_i'=h_i+v_{h_i}$$

第五步：计算改正后各点的高程。

$$H_i=H_{i-1}+h_i$$

表 3-1-4　附合水准测量路线内业计算表

点号	路线长度 L/km	观测高差 h_i/m	高差改正数 v_i/m	改正后高差 h_i'/m	高程 H/m	备注
BM_A					45.286	已知
	0.43	−0.057	+0.001	−0.056		
1					45.230	
	0.79	+0.813	+0.002	+0.815		
2					45.045	
	0.81	−1.021	+0.002	−1.019		
3					45.026	
	0.51	+0.571	+0.001	+0.572		
BM_B					45.598	已知
求和	2.54	+0.306	+0.006	+0.312		
计算检核	$f_h=\sum h_{测}-(H_B-H_A)=-0.006$ m　$f_{h允}=\pm 20\sqrt{L}=\pm 32$ mm					

【任务实施】

一、准备工作

四等水准测量实训

DSZ3 自动安平水准仪 1 台，三脚架 1 个，双面水准尺 2 根，尺垫 2 块，记录板（含记录表若干）1 块；踏勘现场、埋设水准点，编号，绘制草图。

4 人一组，仪器操作观测 1 人、扶尺 2 人、记录计算 1 人。

二、实施步骤

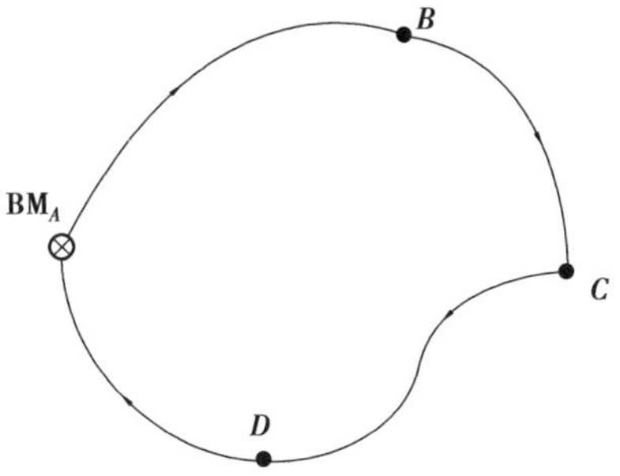

图 3-1-3　闭合水准路线测量示意图

①布设一条如图 3-1-3 所示的闭合水准路线。

②从已知高程的水准点 BM_A 出发，选择合适的位置安置仪器、设置转点，按四等水准测量“后—后—前—前”的观测程序逐站读取水准尺黑面的上、下、中丝读数和红面中丝读数。

③计算两水准点之间的高差。

④按闭合水准路线高差闭合差的计算公式 $f_h = \sum h_{测}$，计算出整条路线的高差闭合差和闭合差允许值。

⑤不超限时，进行闭合差的分配，最后计算 B、C、D 的高程。

三、注意事项

①四等水准测量的技术要求比普通水准测量的技术要求更严，要达到较高的精度，应尽量使前后视距相等。

②借助水准尺上安装的圆水准器使尺子竖直。

③每站观测结束，应立即对各项结果进行检核计算，若有超限要查找原因。外业观测原因，应重测该站。路线观测完毕，闭合差在允许值内方可平差计算。

职业素养提升

踏踏实实学测量　实事求是练技能

某年，某市举办全国测量技能大赛，其中一个参赛队的四等水准测量赛项的比赛成果，20 多站观测数据，每一站“K+黑−红”全部为 0，最终该参赛队的比赛成果被判定为不合格。当时该队带队老师不服，在闭幕式上大闹会场，比赛结果依然没有更改，大赛组委会将该事件通报了该参赛队学校领导。

黑红面读数较差“K+黑−红”，按照常规计算，应该是“黑面中丝读数+4.687 m（或 4.787 m）−红面中丝读数”。按照测量学中“测量误差是不可避免”的理论，该参赛队却把极小概率事件变成了可能，这不符合科学精神。

事后了解得知，该校老师给他们介绍了简便计算方法，即：黑面中丝最后两位数−13，然后与红面中丝最后两位数相减得到“K+黑−红”。

学生掌握了这种计算方法，翻转来伪造数据，如观测了黑面中丝，红面中丝只读前两位，关键的后两位数直接用黑面中丝最后两位数−13 得到，伪造了红面中丝读数，且使“K+黑−红”均为 0。

此事件告诉我们：在学习和工作中，一定要实事求是，不能弄虚作假、投机取巧，违背测绘职业精神，对自己的学习百害而无一利。

拓展阅读

高程控制网基本知识

测定控制点高程或坐标的工作称为控制测量，其目的与作用：一是为工程建设测图或施工建立统一的高程控制网；二是控制误差的积累；三是作为进行各种细部测量的基准。

一、高程控制网的建立方法

高程控制网建立的方法有水准测量法、三角高程测量法，同平面控制网一样也是按照“分级布网，逐级控制”的原则布设。

1. 水准测量法

水准测量法是一种利用几何量测量原理，通过测定地面两点间的高差，进而推算高程的测量方法。水准测量法的优点是精度高，测定的高差具有物理意义，因此在生产中得到了广泛应用。建筑工程施工区域的高程控制网一般用四等水准测量的方法建立。

2. 三角高程测量法

三角高程测量法是一种通过测定地面两点间的竖直角，间接计算出高差，进而求得高程的测量方法。三角高程测量的精度较低，但操作简便，适用于低精度的高程控制。

二、国家高程控制网的布设

国家高程控制网也是按照“分级布网，逐级控制”的原则布设的。与平面控制网相对应，我国的国家高程控制网也划分为一、二、三、四等 4 个等级，一等精度最高，从高级到低级，一级控制一级。

国家高程控制网是采用水准测量方法建立的，故高程控制网又称为水准网，选定的高程控制点又称为水准点。

三、小区域高程控制网的布设

对于小范围测区的地形测图，高程控制网通常分两级布设：基本高程控制（国家四等或四等以上的水准网）、加密高程控制（等外水准或三角高程）。加密高程控制点通常不埋石，在地面上打一大木桩或在坚固地基表面（如屋基、桥墩、岩石等）上标定点位即可。在地形测量中，图根点（直接用于测图的控制点）往往同时又是高程控制点，故亦可称其为平高点。

在小区域地形测图或建筑施工测量中，一般布设成闭合或附合水准路线，采用四等或三等水准测量进行高程控制测量，作为首级高程控制。

知识闯关与技能训练

一、单选题

1. 四等水准测量的观测程序一般为(　　)。

A. 后前前后　　B. 后后前前　　C. 前前后后　　D. 前后后前

2. 四等水准测量的视线长度应小于等于(　　)m。

A. 50　　B. 75　　C. 100　　D. 150

3. 四等水准测量黑、红面读数差应小于等于(　　)mm。

A. 2　　B. 3　　C. 4　　D. 5

二、实操比赛

4 人一组，按国家级比赛要求进行四等闭合水准路线测量比赛，时间 60 min。照全国职业院校技能大赛中职组工程测量赛项评分标准。

任务3.1.1 学习任务评价表

任务3.1.2　全站仪三角高程测量

【任务导学】

水准测量是测量高程的主要方法，但当地面起伏较大时，就会给水准测量工作带来不便，在满足精度要求的情况下，可用三角高程测量代替水准测量以提高工作效率。

本任务主要介绍全站仪三角高程测量的技术要求、测量原理、施测步骤和记录计算。

【任务描述】

某开发区测图控制网如图3-1-4所示，已知高程控制点CP_1和新布设高程控制点JQ_1、JQ_2、JQ_3、JQ_4之间地面起伏较大、距离较远，且分布于河流两侧，用水准仪进行水准测量设站多、工作量大，故用全站仪进行三角高程测量以解决水准测量不便施测的难题。

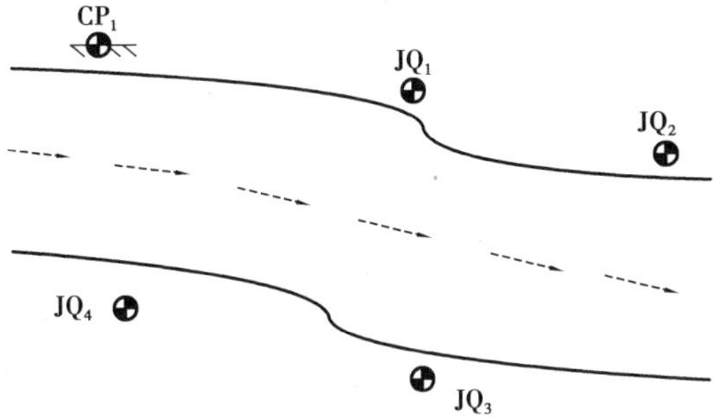

图3-1-4　高程控制网示意图

【知识储备】

一、三角高程测量主要技术要求

三角高程测量主要技术要求见表3-1-5、表3-1-6。

表3-1-5　电磁波测距三角高程测量主要技术要求[《工程测量标准》(GB 50026—2020)]

等级	每千米高差全中误差/mm	边长/km	观测方式	对向观测高差较差/mm	附合或环形闭合差/mm
四等	10	≤1	对向观测	$\pm 40\sqrt{D}$	$\pm 20\sqrt{\sum D}$
五等	15	≤1	对向观测	$\pm 60\sqrt{D}$	$\pm 30\sqrt{\sum D}$

表3-1-6　电磁波测距三角高程观测的主要技术要求[《工程测量标准》(GB 50026—2020)]

等级	垂直角观测				边长测量	
	仪器精度等级	测回数	竖盘指标差/(″)	竖直角较差/(″)	仪器精度等级	观测次数
四等	2″级仪器	3	≤7	≤7		往返各一次
五等	2″级仪器	2	≤7	≤10		往一次

二、三角高程测量原理

三角高程测量是根据两点间的水平距离和竖直角,计算两点间的高差。如图 3-1-5 所示,已知 A 点的高程 H_A,欲测定 B 点的高程 H_B,在已知高程点 A 点安置全站仪,量取仪器高 i(即仪器水平轴至测点的高度),并在 B 点设置棱镜。用望远镜中丝瞄准觇标的顶部 M 点,测出竖直角 α,量取觇标高 v(即觇标顶部 M 至目标点的高度),再根据 A、B 两点间的水平距离 D_{AB} 计算 A、B 两点间的高差 h_{AB},即:

$$h_{AB}=D_{AB}\tan\alpha+i-v$$

则 B 点的高程 H_B 为:

$$H_B=H_A+h_{AB}=H_A+D_{AB}\tan\alpha+i-v$$

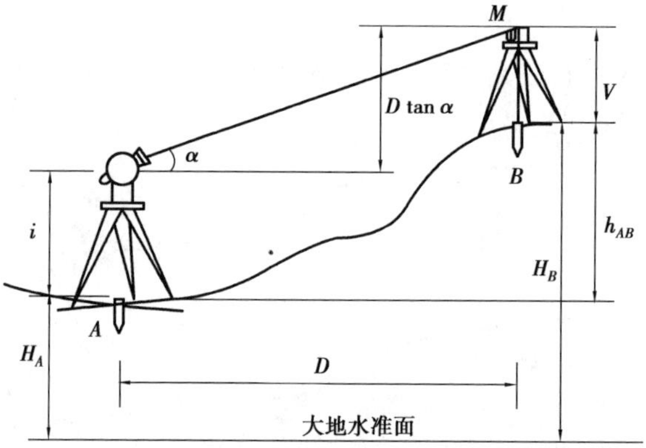

图 3-1-5　三角高程测量示意图

三、提高三角高程测量精度的方法

为了消除或减弱地球曲率差和大气垂直折光差的影响,在三角高程测量的实际工作中,常采用对向观测(亦称直、反觇观测)取平均值的方法来消除球气差①。在已知高程点 A 点安置仪器,观测待定点 B,以计算待定点 B 的高程 H_B,称为直觇;在待定点 B 安置仪器,观测已知高程点 A 点,以计算待定点 B 的高程 H_B,称为反觇。三角高程测量对向观测所求得的高差较差符合相应等级限差要求时,取两次高差的平均值作为最终高差。

【任务实施】

一、准备工作

检校过的全站仪 1 台,三脚架 3 个,棱镜觇牌 2 个,记录板(含记录表若干)1 块;踏勘现场、埋设工程控制点,编号,绘制草图。

3 人一组,操作仪器观测 1 人、架设棱镜 1 人、记录计算 1 人。

二、实施步骤

以已知高程点 CP_1(H=56.137 m)为起点,将 CP_1、JQ_1、JQ_2、JQ_3、JQ_4 构成闭合施测路线,在 5 点间进行三角高程测量,按四等精度要求,将所观测的高差和平距记录在表 3-1-7 中,并将计算出的平均值标注于图 3-1-6 上。求出各待测点高程。

---

① 地球曲率差和大气垂直折光差合并影响的简称。

表 3-1-7　三角高程测量记录计算表

测站点	CP_1	JQ_1	JQ_1	JQ_2	JQ_2	JQ_3	JQ_3	JQ_4	JQ_4	CP_1
目标点	JQ_1	CP_1	JQ_2	JQ_1	JQ_3	JQ_2	JQ_4	JQ_3	CP_1	JQ_4
平距/m	410.302	410.302	407.125	407.127	395.269	395.271	376.331	376.333	400.374	400.372
仪器高 i/m	1.489	1.506	1.523	1.491	1.510	1.499	1.502	1.495	1.535	1.516
觇标高/m	1.367	1.487	1.552	1.456	1.486	1.489	1.537	1.473	1.501	1.505
单向高差/m	+1.293	−1.299	− 6.985	+6.989	−7.804	+7.808	+14.206	14.200	− 0.710	+0.714
高差较差/mm	6		2		4		6		4	
限差值/mm	26		25		25		23		25	
平均高差/m	+1.296		−6.987		−7.806		+14.203		−0.712	

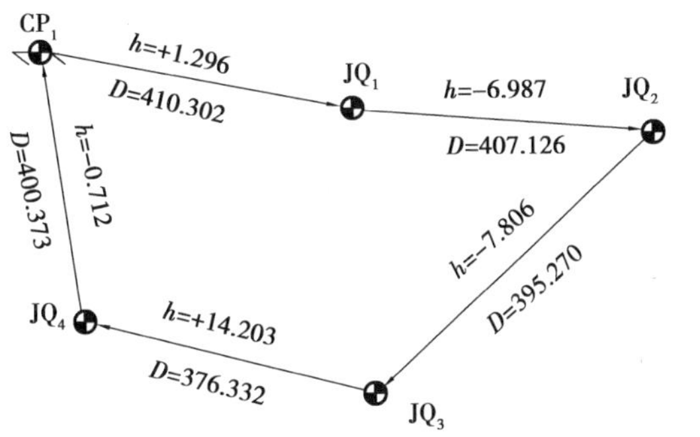

图 3-1-6　闭合路线三角高程测量示意图

1. 三角高程测量的观测步骤

①将全站仪安置在测站 CP_1 上，用钢尺量仪器高 i。

②在 QJ_1 点和 QJ_4 点安置带觇牌的标杆，量取觇标高 v。仪器高 i 和觇标高 v 分别用钢卷尺量取两次，两次的结果之差不大于 2 mm，取其平均值记入表 3-1-7 中。

③用全站仪中丝依次瞄准两目标点上的棱镜，按设计的等级和技术要求确定测回数（一般盘左、盘右观测为一测回），利用全站仪进行数据采集，可直接测量并显示出两点间的高差和平距（不用测量记录竖直角来计算高差），将所测平距和高差记录在表 3-1-7 中。

④将全站仪搬至 QJ_1 点，在 CP_1 点和 QJ_2 点安置觇标，同法对 CP_1 点和 QJ_2 点进行观测。

2. 观测数据的记录与计算

①记录对向观测数据并计算，见表 3-1-7。

②三角高程测量闭合路线高差闭合差计算。高差调整及高程计算见表 3-1-8，高差闭合差按两点间的距离成正比例分配。

表 3-1-8　高差调整及高程计算

点号	路线长度/m	观测高差/m	高差改正数/m	改正后高差/m	高程/m
CP_1					100.365(已知)
	410.302	+1.296	+0.002	+1.298	
JQ_1					101.663
	407.126	−6.987	+0.001	−6.986	
JQ_2					94.677
	395.270	−7.806	+0.001	−7.805	
JQ_3					86.872
	376.332	+14.203	+0.001	+14.204	
JQ_4					101.076
	400.373	−0.712	+0.001	−0.711	
CP_1					100.365(已知)
$\sum$	1 989.403	−0.006	+0.006	0	
计算检核	$f_h = \sum h_{测} = -0.006$ m；$\sum D = 1.989$ km；$f_{h允} = \pm 20\sqrt{D} = \pm 28$ mm $\lvert f_h \rvert < \lvert f_{h允} \rvert$，成果合格				

三、注意事项

①选点时，加密点应取在土质坚实、视野开阔、便于保存点位和使用的地方。

②观测过程中，气泡中心位置偏离不得超过 1 格；气泡偏离接近 1 格时，应在测回间重新整置仪器。

③实际工作中，要选择适宜的自然条件和观测时间，认真对中、整平仪器，仔细瞄准目标。

素拓课堂

哪怕珠峰比天高，怎比英雄志气豪

巍巍珠穆朗玛，屹立青藏高原，精准身高几何？那是所有测绘人的梦想。

1960 年 5 月 25 日，王富洲、贡布和屈银华 3 名平均年龄仅 24 岁的登山勇士，面对气候多变、高寒缺氧、环境复杂的严重考验，凭着“哪怕珠峰比天高，怎比英雄志气豪”的决心，从“飞鸟都无法逾越”的珠峰北坡登顶，向全世界证明：中国人，能行！

此后数年，珠峰测量登山队又多次成功登顶，1975 年，我国测得珠峰海拔高程为 8 848.13 m；2005 年，我国测得珠峰峰顶岩石面的海拔高程为 8 844.43 m。

2020 年 12 月 8 日，珠穆朗玛峰有了最新高程，“8 848.86 m！”为获得这一数字，测量登山队克服了雪崩、风暴等危险。在积雪没过膝盖，前两次冲顶失败后，珠峰高程测量登山队没有退却，终于在第三次冲顶成功。为了方便操作精密仪器、准确观察数据，队员们虽然知道可能会被冻伤，但仍毫不犹豫地摘掉氧气面罩和羽绒手套，心里只有测量任务，在峰顶停留了150分钟，创下了中国人在珠峰峰顶停留时长的新纪录。

在珠穆朗玛峰高程的测量过程中，我国珠峰高程测量登山队员使用了传统水准路线、三角高程测量，同时也采用了引以为豪的北斗卫星导航系统，这是我国测绘技术水平和能力的综合体现。

珠峰高程测量登山队在漫天的风沙、致命的雪崩、难以言表的孤寂中工作，他们用热血和生命凝铸了“热爱祖国、忠诚事业、艰苦奋斗、无私奉献”的“测绘精神”。不论珠峰攀登的道路上多么艰辛，多么危险，都阻挡不了测绘人完成登顶珠峰、精确测量珠峰高度的信念和脚步。

职业素养提升

团结协作出精彩

在一次三角高程测量实训中，A小组的高差闭合差始终超限，指导老师对全站仪进行检查后没有问题。于是组长王守信召集本组成员开会讨论，寻找原因，最后认为：观测误差是造成超限的主要原因，踩实三脚架，严格整平仪器和棱镜基座、仔细照准目标、注意消除视差，每个人都要严格执行。功夫不负有心人，经过1天的苦练，高差闭合差终于达到了要求。实训结束总结时，一位同学说：团结协作是战胜一切困难的秘诀。

知识闯关与技能训练

一、思考题

1. 在三角高程测量中，采用对向观测取平均值的作业方式，能消除哪两项误差的影响？
2. 用全站仪进行三角高程测量，需要输入仪器高 i 和觇标高 v 吗？

二、实操练习

选择4点，布设一条闭合路线，按四等水准测量精度要求，采用全站仪进行三角高程测量。4人一组，每人1站。

任务3.1.2 学习任务评价表

*任务 3.1.3　数字水准仪二等水准测量

【任务导学】

在城市建筑、大型工程施工中需要布设二等水准点进行沉降观测，随着数字水准仪的普及，用数字水准仪进行二等水准测量已成为主流。

本任务主要介绍数字水准仪各部件的名称与功能，二等水准线路测量方法和程序。

【任务描述】

一天，通途路桥工程有限公司京沪高铁项目工程部主任对测量队长小谢下达了测量任务，要求沿高铁线路建立二等水准点，进行基平测量，为后续线路中平测量打下基础。谢队长和同事们决定用数字水准仪进行施测。那么，他们是怎样进行施测的呢？

【知识储备】

数字水准仪也称为电子水准仪，是一种集机械、光学、微电子学、数字图像处理技术于一体的测量仪器。数字水准仪对条码水准尺影像进行图像处理，用安装在望远镜中的传感器代替观测者的眼睛，获取水准尺间隔的测量信息，再由微处理器自动计算出水平视线照准的水准尺高度值和仪器到立尺点的水平距离，并以数字的形式显示出来。数字水准仪具有精度高、效率高、速度快、自动记录等特点，是目前进行高精度水准测量的主要仪器。

1. 仪器部件名称

某型号数字水准仪各部件名称如图 3-1-7 所示。

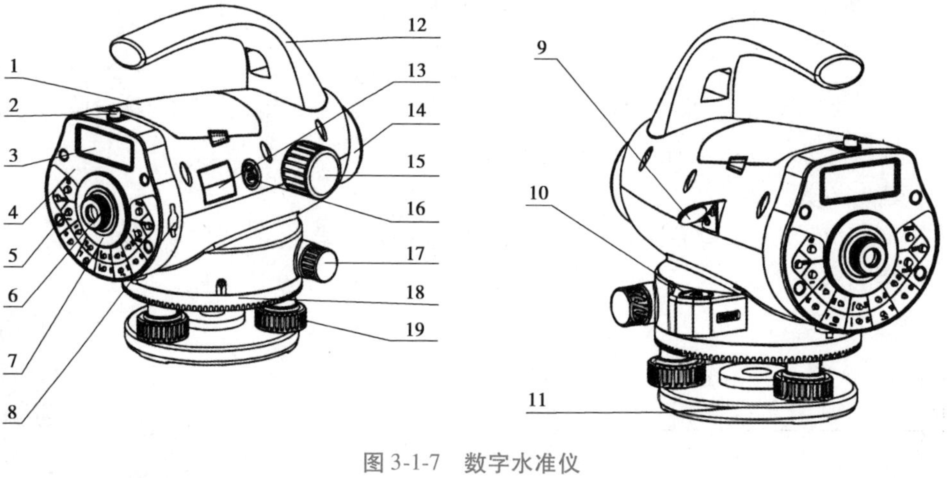

图 3-1-7　数字水准仪

1—电池；2—粗瞄器；3—液晶显示屏；4—面板；5—按键；6—目镜（用于调节十字丝的清晰度）；7—目镜护罩（旋下此目镜护罩，可以根据分划板的机械部分调整光学视准线误差）；8—数据输出插口（用于连接电子手簿或计算机）；9—圆水准器反射镜；10—圆水准器；11—基座；12—提柄；13—型号标贴；14—物镜；15—调焦手轮（用于标尺调焦）；16—电源开关测量键（用于仪器开关机和测量）；17—水平微动手轮（用于仪器水平方向的调整）；18—水平度盘（用于将仪器瞄准方向的水平方向值设置为零或所需值）；19—脚螺旋

2. 操作键及其功能

数字水准仪的操作键及其功能见表 3-1-9。

表 3-1-9 数字水准仪的操作键及其功能

键符	键名	功能
POW/MEAS	电源开关/测量键	仪器开关机和进行测量 开机:仪器待机时轻按一下;关机:长按 5 s 左右
MENU	菜单键	进入菜单模式。菜单模式有下列选择项:标准测量模式、线路测量模式、检校模式、数据管理和格式化内存/数据卡
↑ ↓	选择键	翻页菜单屏幕或数据显示屏幕
→ ←	数字移动键	查询数据时左右翻页或输入状态时左右选择
ENT	确认键	用来确认模式参数或输入显示的数据
ESC	退出键	用来退出菜单模式或任一设置模式,也可作输入数据时的后退清除键
0 ~ 9	数字键	用来输入数字
—	标尺倒置模式	用来进行倒置标尺输入,并应预先在测量参数下,将倒置标尺模式设置为“使用”
☼	背光灯开关	打开或关闭背光灯
.	小数点键	数据输入时输入小数点:在可输入字母或符号时,切换大小写字母和符号输入状态
REC	记录键	记录测量数据
SET	设置键	进入设置模式,用来设置测量参数(条件参数和仪器参数)
SRCH	查询键	用来查询和显示记录的数据
IN/SO	中间点/放样模式键	在连续水准线路测量时,测中间点或放样
MANU	手工输入键	当不能用[DEAS]键进行测量时,可用键盘手工输入数据
REP	重复测量键	在连续水准线路测量时,可用来重测已测过的后视或前视

3. 条码水准尺

数字水准仪应配专用的条码水准尺,如图 3-1-8 所示。尺上的条码常作为参照信号,存储在仪器内。测量时,将测量信号与仪器参考信号进行比较,便可以求得视线高和水平距离。为了保证观测成果的精度,一般情况下立尺时均采用尺撑。

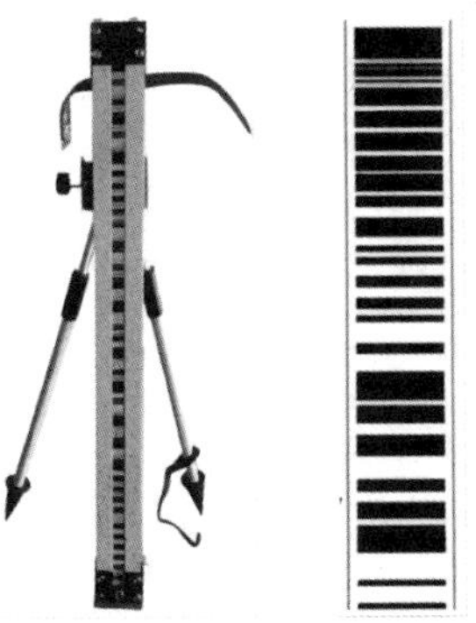

图 3-1-8 条码尺

【任务实施】

一、准备工作

检查仪器工具,每组配备数字水准仪 1 台,三脚架 1 个,条码尺 2 根,尺垫 2 块等;踏勘现场、埋设水准点,编号,绘制草图。

3 人一组、1 人安置仪器和施测、2 人立尺。

二、实施步骤

1. 安置仪器

数字水准仪的安置与自动安平水准仪相同。

2. 开机

按下右侧开关键(POW/MEAS)开机上电。

3. 查看电池剩余电量

电池图标显示电池剩余电量。

4. 设置记录模式(数据输出)

在实施水准测量前,在数据输出模式菜单项须设置为仪器内存或数据卡,默认的记录模式为“关”。

数据存储模式设置操作,以内存设置为例,见表3-1-10。

表3-1-10　数据存储模式设置操作

操作过程	操作	显示
1. 在显示菜单状态下按[SET]键,进入设置模式	[SET]	主菜单　1/2 标准测量模式 线路测量模式 检校模式
2. 按[▲]或[▼]键,进入设置记录模式	[▲]或[▼]	设置 测量参数 ▶条件设置 仪器参数
3. 按[ENT]键	[ENT]	设置条件参数　1/2 点号模式 显示时间 ▶数据输出
4. 按[▲]或[▼]键,选择数据输出,再按[ENT]	[▲]或[▼]	设置数据输出　1/2 ▶ OFF 内存 SD卡
	[ENT]	设置数据输出　1/2 OFF ▶内存 SD卡

5. 字符输入方法

当记录模式打开时,在需要输入的地方可以输入字母和数字等字符。文件名、作业名、点号字符最长8个,注记字符最长16个。

举例:在"注记1"提示时输入"T#7",其操作见表3-1-11。

表3-1-11　字符输入方法操作

操作过程	操作	显示
1. 按[•]键,进入字母输入模式	[•]	标准测量模式 注记#1? =〉
2. 按[◀]或[▶]键,直至光标在字母"T"位置闪烁	[◀]或[▶]	标准测量模式 注记#1? =〉 ABCDYFJLHQP
3. 按[ENT]键,输入字母"T"并显示在底行	[ENT]	标准测量模式 注记#1? =〉 XLSZCLTSDQJU
4. 按[•]键,进入符号输入模式	[•]	标准测量模式 注记#1? =〉T $ γ※&@ §≫〉
5. 按[◀]或[▶]键,直至光标在字母"#"位置闪烁,再按[ENT]键	[◀]或[▶] [ENT]	标准测量模式 注记#1? =〉T ※&#@ §≫〉$
6. 按[ENT]键,进入数字输入模式	[ENT]	标准测量模式 注记#1? =〉T# ※&#@ §≫〉$
7. 按[7]号键,确认显示字符内容后,按[ENT]键	[7] [ENT]	标准测量模式 注记#1? =〉T#7

6. 观测方法

数字水准仪测量模式有标准测量模式和线路测量模式。《工程测量标准》(GB 50026—2020)规定,二水准测量的观测程序是奇数站为“后前前后”,偶数站为“前后后前”。

本任务仅以奇数站为例,介绍线路测量模式中的水准测量操作步骤。

所谓“后前前后”,是指在进行水准测量时一站的观测顺序,即仪器安置好后先瞄准后视尺测量,然后调转望远镜瞄准前视尺测量,再次对前视尺观测,最后调转望远镜转入后视测量。

测量操作过程如下:

①开始线路测量。输入作业名、基准点和基准点高程后开始线路测量,操作步骤见表 3-1-12。

表 3-1-12 开始线路测量的准备工作

操作过程	操作	显示
1. 按[ENT]键	[ENT]	主菜单 1/2 标准测量模式 ▶线路测量模式 检校模式
2. 按[[ENT]键	[ENT]	线路测量模式 ▶开始线路测量 继续线路测量 结束线路测量
3. 输入作业名并按[ENT]	输入作业名 [ENT]	标准测量 作业? =〉J01
4. 按[◀]或[▶]键选择线路测量模式并按[ENT]键	[ENT]	线路测量模式 ▶后前前后(BFFB) 后后前前(BBFF) 后前/后中前(BF/BIF)
5. 按[◀]或[▶]键选择手动输入水准基点高程或者※1)调用已存入的基准点高程并按[ENT]	[ENT]	线路测量模式 ▶输入后视点 调用已存点
6. 输入水准点的点号并按[ENT]	[ENT] 或[ESC]	线路测量模式 BM#? =〉B01

续表

操作过程	操作	显示
7. 输入注记并按[ENT](如果不需要输入直接按[ENT])	[ENT]	线路测量模式 注记:#1? 〓〉1
	[ENT]	线路测量模式 注记:#2? 〓〉2
8. 输入后点高程并按[ENT]	[ENT]	线路测量模式 注记:#3? 〓〉3
		线路测量模式 输入后视点高程? 〓100 m

②观测数据的采集。水准测量“后前前后”的操作过程见表 3-1-13。

表 3-1-13　“后前前后”操作过程

操作过程	操作	显示
1. 紧接着“开始线路测量”,屏幕出现“Bk1”(后视)提示。若前一步为开始线路测量,则显示水准点号	瞄准 Bk1	线路　BFFB Bk1 BM#:B01 按[MEAS]开始测量
2. 瞄准后视点上的标尺[后视 1]	瞄准 Bk1	—
3. 按[MEAS]键	[MEAS]	线路　BFFB Bk1 BM#:B01 >>>>>>
4. 当设置模式为连续测量,则按[ESC]键,显示最后一次测量数据		线路　BFFB B1 标尺:0.825 9 m B1 视距:3.914 m N:3　>>>>>>

续表

操作过程	操作	显示
5. 然后显示屏提示变为“Fr1”,并自动地增加或减少前视点号。此时[ESC]可修改前视点号。瞄准前视点上的标尺[前视 1]	连续测量 [ESC]	线路　　BFFB 1/2 B1 标尺均值:0.825 9 m B1 视距均值:3.914 m N:3　　δ:0.00 m
6. 按[MEAS]键;测量完毕,显示平均值	瞄准 Fr1 [MEAS]	线路　　BFFB Fr1 点号:P01 按[MEAS]开始测量
7. 再次瞄准前视点上的标尺并按[MEAS]键[前视 2]	瞄准 Fr2 [MEAS]	线路　　BFFB　　1/2 F1 标尺均值:0.826 0 m F1 视距均值:3.914 m N:3　　δ:0.02 m
8. 测量完毕,显示平均值	瞄准 Bk2 [MEAS]	线路　　BFFB Fr2 点号:P01 按[MEAS]开始测量 线路　　BFFB　　1/2 F2 标尺均值:0.826 0 m F2 视距均值:3.913 m N:3　　δ:0.02 m
9. 再次瞄准后视点上的标尺,调焦并按[MEAS]键[后视 2]	瞄准 Bk2 [MEAS]	线路　　BFFB Bk2 BM#:B01 按[MEAS]开始测量
10. 若有更多的后视点和前视点需要采集,则进行第二步操作		线路　　BFFB　　1/2 B2 标尺均值:0.826 1 m B2 视距均值:3.915 m N:3　　δ:0.02 m

③显示数据。测量完毕,可显示下列数据。按[▲]或[▼]键可翻页显示。

当后视 1(Bk1)测量完毕,按[▲]或[▼]显示下列屏幕:

线路 BFFB 1/2	只在多次测量的情况下显示
B1 标尺均值:0.825 9 m	到后视点的距离
B1 视距均值:3.914 m	N 次测量:平均值
N:3 δ:0.00 m	连续测量:最后一次测量值
	N:总的测量次数
线路 BFFB 2/2	δ:标准偏差
BM#:B01	后视点

当前视 1(Fr1)测量完毕,按[▲]或[▼]显示下列屏幕:

线路 BFFB 1/2	
F1 标尺均值:0.826 0 m	到前视点的距离
F1 视距均值:3.914 m	N 次测量:平均值
N:3 δ:0.02 m	连续测量:最后一次测量值
	N:总的测量次数
线路 BFFB 2/2	δ:标准偏差
高差 1:-0.000 1 m	后视 1 至前视 1 的高差
Fr GH1:99.999 m	前视点地面高程
点号:P01	

当前视 2(Fr2)测量完毕,按[▲]或[▼]显示下列屏幕:

线路 BFFB 1/2	
F2 标尺均值:0.826 0 m	到前视点的距离
F2 视距均值:3.913 m	N 次测量:平均值
N:3 δ:0.02 m	连续测量:最后一次测量值
	N:总的测量次数
线路 BFFB 2/2	δ:标准偏差
点号:P01	前视点号

当后视 2(Bk2)测量完毕,按[▲]或[▼]显示下列屏幕:

屏幕显示	说明
线路　BFFB　1/3	
B2 标尺均值:0.826 1 m	到后视点的距离
B2 视距均值:3.915 m	N 次测量:平均值
N:3　δ:0.02 m	连续测量:最后一次测量值
线路　BFFB　2/3	N:总的测量次数
E.V 值:0.0 mm	δ:标准偏差
d:0.001 m	E.V:高差之差=(后 1-前 1)-(后 2-前 2)
∑:7.828 m	d:后视距离总和-前视距离总和
	∑ =后视距离总和+前视距离总和
线路　BFFB　3/3	
高差 2:0.000 0 m	后视 2 至前视 2 的高差
Fr GH2:100.000 0 m	前视点地面高程
BM#:B01	后视点号

7. 测量记录与成果整理

①二等水准测量外业观测记录见表 3-1-14。

表 3-1-14　二等水准测量外业观测记录表

测站编号	后距	前距	方向及尺号	标尺读数		两次读数之差	备注
	视距差	累积视距差		第一次读数	第二次读数		
1	31.5	31.6	后 *A*1	153969	153958	+11	
			前	139269	139260	+9	
	-0.1	-0.1	后-前	+014700	+014698	+2	
			h	+0.14699			
2	36.9	37.2	后	137400	137411	-11	测错
			前	114414	114400	+14	
	-0.3	-0.4	后-前	+022986	+023011	-25	
			h	+0.22998			
3	41.5	41.4	后	113916	143906	+10	
			前	109272	139260	+12	
	+0.1	-0.3	后-前	+004644	+004646	-2	
			h	+0.04645			

续表

测站编号	后距 视距差	前距 累积视距差	方向及尺号	标尺读数 第一次读数	标尺读数 第二次读数	两次读数之差	备注
4	46.9	46.5	后	139411	139400	+11	
			前 *B*1	144150	144140	+10	
	+0.4	+0.1	后-前	-004739	-004740	+1	
			h	-0.04740			
5	23.5	24.4	后 *B*1	135306	135815	-9	超限
			前	134615	134506	+109	
	-0.9	-0.8	后-前	+691	+1309		
			h				
	23.4	24.5	后 *B*1	142306	142315	-9	重测
			前	137615	137606	+9	
	-1.1	-1.9	后-前	+004691	+004709	-18	
			h	+0.04700			

②二等水准测量高差闭合差的调整原则和水准点高程的计算方法与四等水准测量相同，只是改正数取位不同，见表 3-1-15。

表 3-1-15　二等水准测量内业计算表

点名	距离/m	观测高差/m	改正数/m	改正后高差/m	高程/m
BM_1					182.034
	435.1	+0.12460	-0.00119	+0.12341	
B_1					182.157
	450.3	-0.01150	-0.00123	-0.01273	
B_2					182.145
	409.6	+0.02380	-0.00112	+0.02268	
B_3					182.167
	607.0	-0.13170	-0.00166	-0.13336	
BM_5					182.034
$\sum$	1902.0	+0.00520	-0.00520	0	
$f_h = +5.21$ mm　$f_{h允} = \pm 5.52$ mm					

三、注意事项

①在亮度足够的地方架设水准尺，确保水准尺上的条码有足够的亮度。

②水准尺被遮挡不会影响测量功能，但若树枝或树叶遮挡了水准尺条码，可能会显示错误并影响测量。

③当因为水准尺处比目镜处暗而发生错误时，用手遮挡一下目镜可以解决这一问题。

④水准尺的歪斜和俯仰会影响测量的精度，测量时要保持水准尺和分划板竖丝平行且对中，并避免通过玻璃窗测量。

⑤水准仪在长时间存放和长途运输后，在使用之前，应首先检验和校正电子及光学的视线误差，然后检验校正圆水准器，同时应保持光学部件的清洁。

工程案例

高程控制网复测质量事故案例

一、事故概况

某工程高程控制网复测，往测时由 *A* 点测至 *B* 点（第一次复测），往测结束后在未换尺的情况下直接进行返测。复测后发现 *A* 点至 *B* 点实测高差的往返测合格（往返测不符值约 3 mm），但与设计高差相差近 2 cm。整体复测完毕后，对 *A*、*B* 点相邻点实测高差进行分析，确定 *B* 点高程变动，进行平差计算时，对 *B* 点高程进行了更改。

一个月后进行了第二次高程复测，复测完毕后发现 *A*、*B* 点间高差与原设计标高基本相同，误差约 2 mm。经过现场重复测量，确定在第一次复测时 *A*、*B* 点高差实测错误。

二、事故原因分析

对第一次高程复测的原始记录进行分析，确定第一次复测时 *B* 点立尺人员没有把水准尺放在 *B* 点（往测时最后一站高差和返测时第一站高差绝对值基本相同，高差绝对值相差小于 1 mm。在往测最后一站与返测第一站，仪器离两水准尺距离基本相同），而是放在了 *B* 点的点槽内，造成标高的往测值错误，而在返测过程中亦没有进行前后视换尺，而是直接进行返测，错过了发现错误的机会。

高程复测建议：在进行完所有高程控制点的往测后，再进行返测，此方法的优点是若新埋设控制点因不稳定而发生下沉，在复测完毕时容易发现错误（下沉后的往返测差值较大）；可以避免扶尺人员因责任心不强或粗心大意造成的水准尺立错位置。

知识闯关与技能训练

一、单选题

1. 数字水准仪键盘上的[ENT]指的是（　　）

A. 退出键　　B. 确认键　　C. 设置键　　D. 记录键

2. 数字水准仪主要优势不包括（　　）

A. 高精度　　B. 高效率　　C. 操作简单　　D. 价格便宜

二、实操练习

用数字水准仪进行线路测量，4 人一组，每人 2 站。

任务3.1.3 学习任务评价表

项目3.2　平面控制网的建立

学习目标

知识目标：了解直线定向的概念和所用标准方向，理解正反方位角的概念和关系，了解象限角的概念，理解方位角与象限角的关系，掌握坐标正反算；了解平面控制网的概念及建立方法，理解导线测量的概念及布设形式，熟悉导线测量的技术要求，理解角度闭合差、坐标增量闭合差的含义。

技能目标：掌握导线测量的观测方法和记录计算、表格的使用；会进行导线测量的外业测量和内业计算。

素养目标：养成爱护仪器、规范操作的习惯；树立严谨求实、一丝不苟、诚实守信的职业精神；养成团队协作、吃苦耐劳的工作态度。

内容导航

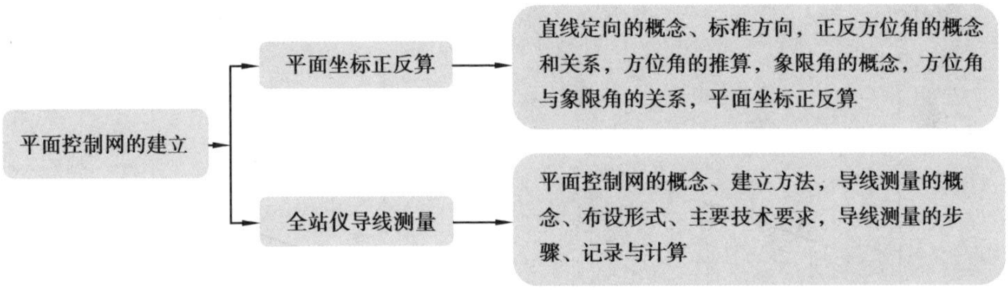

任务3.2.1　平面坐标正反算

【任务导学】

在建立平面控制网、进行导线测量时，要根据测量平距和推算的方位角来计算平面直角坐标。到施工放样时又需要根据已知点的坐标和放样点的坐标反算距离和方位角。

【任务描述】

图3-2-1所示是某测区布设的测图控制网，在测量完角度和距离后需要确定各条直线的方向，才能计算出各点的坐标值。那么，怎样才能确定直线的方向并计算各点的坐标呢？

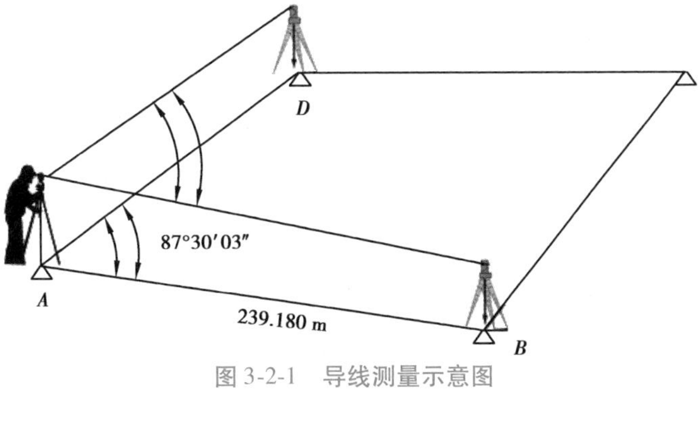

图3-2-1　导线测量示意图

【知识储备】

一、直线定向

一条直线的方向是根据某一标准方向来确定的。确定直线与标准方向之间的夹角，称为直线定向。

二、标准方向

1. 真子午线方向

通过地球表面某点的真子午线的切线方向，称为该点的真子午线方向。

2. 磁子午线方向

在地球磁场作用下，磁针在某点自由静止时其轴线所指的方向，称为磁子午线方向。

3. 坐标纵轴方向

在高斯平面直角坐标系中，坐标纵轴线方向就是地面点所在投影带的中央子午线方向。

三、坐标方位角和象限角

1. 坐标方位角

测量工作中，常采用坐标方位角表示直线的方向。如图 3-2-2 所示，从直线起点的标准方向北端起，顺时针方向量至该直线的水平夹角，称为该直线的方位角，通常用 α 表示，取值范围为 0° ~ 360°。

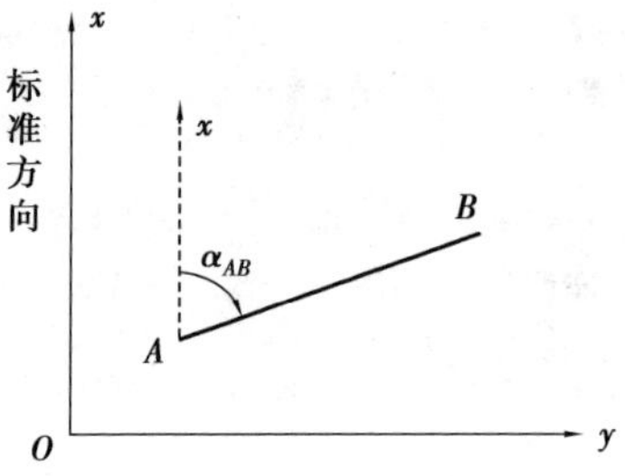

图 3-2-2　方位角示意图

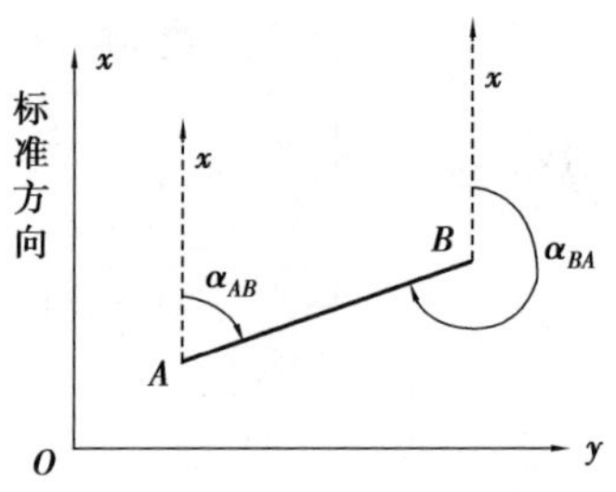

图 3-2-3　直线正、反坐标方位角

直线有两个方向，如图 3-2-3 所示，设从 A 到 B 的方向为正方向，则从 B 到 A 的方向为反方向，相应的直线 AB 的方位角 α_{AB} 称为正方位角，直线 BA 的方位角 α_{BA} 称为反方位角。从图中可以看出，α_{AB} 与 α_{BA} 存在下述关系：

$$\alpha_{BA}=\alpha_{AB}\pm180°$$

2. 象限角

如图 3-2-4 所示，由坐标纵轴的北端或南端起，沿顺时针或逆时针方向量至直线的锐角，称为该直线的象限角，用 R 表示，其取值范围为 0° ~90°。

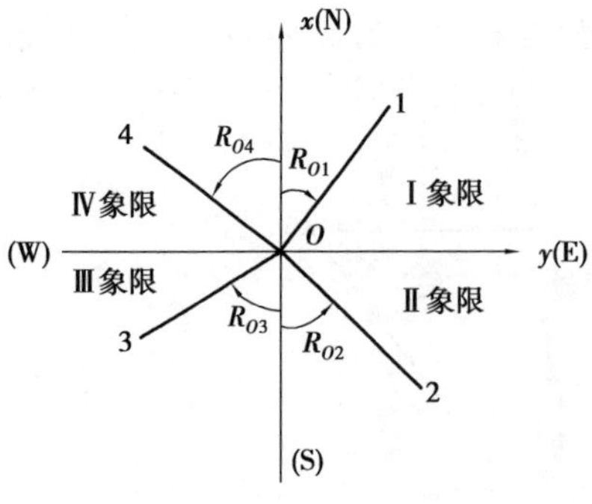

图 3-2-4　象限角

3. 坐标方位角与象限角的关系

如图 3-2-5 所示，直线的方位角与象限角存在如下关系：

①在第Ⅰ象限，$R_{O1}=\alpha_{O1}$；

②在第Ⅱ象限，$R_{O2}=180°-A_{O2}$；

③在第Ⅲ象限，$R_{O3}=A_{O3}-180°$；

④在第Ⅳ象限，$R_{04}=360°-\alpha_{04}$。

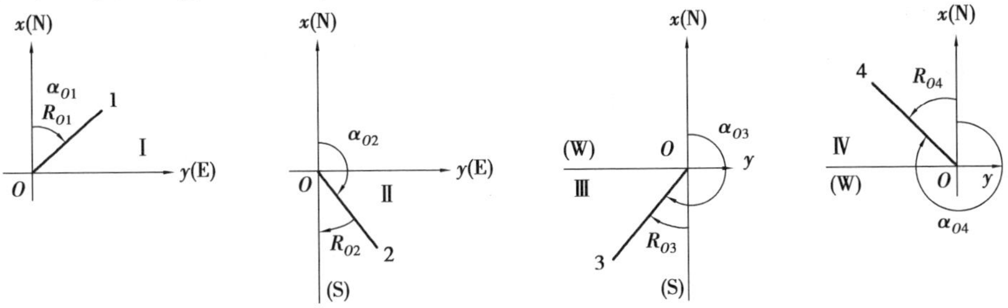

图 3-2-5　坐标方位角与象限角的关系图

【任务实施】

一、准备工作

2 人一组，每组准备学生用计算器一块，草稿纸 2 张，任务书（见实操练习）。

二、实施步骤

1. 坐标方位角的推算

坐标方位角推算

在导线测量实际工作中，未知边的方位角是根据已知边的方位角和观测的水平角来推算的。如图 3-2-6 所示，从 1 点到 4 点是一条折线，假定 α_{12} 已知，在转折点 2、3 上设站安置全站仪观测水平角 β_2（右角）和 β_3（左角），观测的水平角在推算边右边时称为右角，在推算边左边时称为左角。

现在来推算 23 边的方位角 α_{23} 和 34 边的方位角 α_{34}。由图 3-2-6 可以看出：

$$\alpha_{23}=\alpha_{21}-\beta_2=\alpha_{12}+180°-\beta_2$$
$$\alpha_{34}=\alpha_{32}+\beta_3=\alpha_{23}+180°+\beta_3$$
$$\alpha_{23}=\alpha_{21}-\beta_2=\alpha_{12}+180°-\beta_2$$
$$\alpha_{34}=\alpha_{32}+\beta_3=\alpha_{23}+180°+\beta_3$$

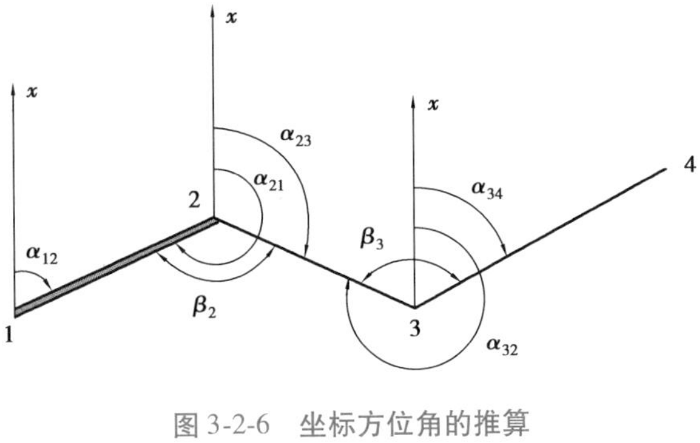

图 3-2-6　坐标方位角的推算

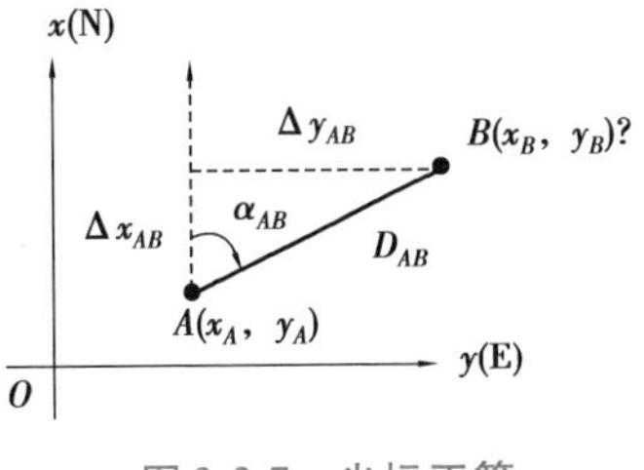

图 3-2-7　坐标正算

归纳总结后得出坐标方位角推算的一般公式为：

$$\alpha_{前}=\alpha_{后}+180°+\beta_{左}$$
$$\alpha_{前}=\alpha_{后}+180°-\beta_{右}$$

如果 $\alpha_{前}>360°$，则应减去 360°；如果 $\alpha_{前}<0°$，则应加上 360°。

2. 坐标正算

根据已知点的坐标、边长及该边的坐标方位角计算未知点的坐标的方法，称为坐标正算。

如图 3-2-7 所示，设 A 点的坐标已知，测得 A、B 两点间水平距离为 D_{AB}，方位角为 α_{AB}，直线 AB 的坐标增量用下式计算：

坐标正算

纵坐标增量：　　$\Delta x_{AB}=D_{AB}\cos\alpha_{AB}$

横坐标增量：　　$\Delta y_{AB}=D_{AB}\sin\alpha_{AB}$

则 B 点的坐标用下式计算：

B 点纵坐标：　　$x_B=x_A+\Delta x_{AB}$

B 点横坐标：　　$y_B=y_A+\Delta y_{AB}$

3. 坐标反算

根据两点的平面坐标，反过来计算两点的坐标方位角与水平距离，称为坐标反算。

如图 3-2-8 所示，设 A、B 两点的坐标已知，则两点的方位角可按下式计算：

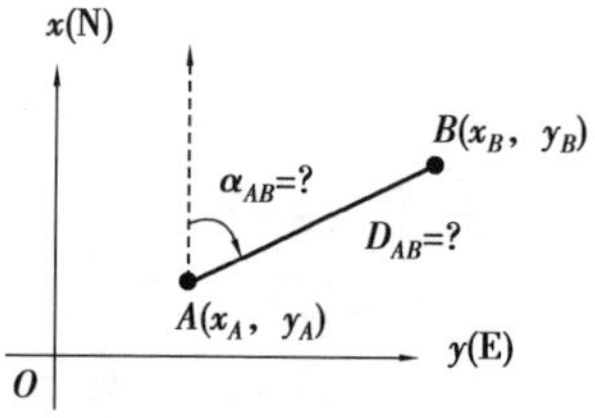

图 3-2-8　坐标反算

$$\alpha_{AB}=\arctan\left(\frac{\Delta y_{AB}}{\Delta x_{AB}}\right)$$

式中，$\Delta y_{AB}=y_B-y_A$，$\Delta x_{AB}=x_B-x_A$。

计算时如果不用计算器上的专用程序键，而直接按上面的公式计算，则由反函数求得的角度为象限角 R，应根据 Δx、Δy 的正负确定该边所在的象限，然后将象限角换算成方位角。

方位角与坐标增量符号的关系见表 3-2-1。

表 3-2-1　方位角与坐标增量符号的关系

α 的大小	所在象限	增量符号	
		Δx	Δy
0° ~ 90°	Ⅰ	+	+
90° ~ 180°	Ⅱ	−	+
180° ~ 270°	Ⅲ	−	−
270° ~ 360°	Ⅳ	+	−

A、B 两点间的水平距离 D_{AB} 按下式计算：

$$D_{AB}=\sqrt{\Delta x_{AB}^{2}+\Delta y_{AB}^{2}}$$

拓展阅读

控制测量的分类和建立方法

控制测量分为平面控制测量和高程控制测量两种。测定控制点平面位置（坐标）的控制测量称为平面控制测量；测定控制点高程位置的控制测量称为高程控制测量。无论是平面控制还是高程控制，选择的控制点必须按照规则相互连接起来组成网络，否则将无法实施观测、检核及坐标或高程的推算，这样的网络称为控制网。只是解决控制点平面位置的控制网称为平面控制网，只是解决控制点高程位置的控制网称为高程控制网。

直线定向和坐标正算为学习平面控制测量奠定了基础。

平面控制网的建立方法有导线测量、三角测量、三边测量、边角测量、GNSS 测量。目前，国家平面控制网主要采用 GNSS 测量的方法建立，按照“分级布网，逐级控制”的原则布设，按精度从高级到低级将控制网依次划分为一、二、三、四等和一、二、三级；工程平面控制网常采用的测量方法有导线测量、交会定点、卫星定位测量等。

知识闯关与技能训练

一、填空题

1. 直线定向所用的标准方向主要有________、________、________。

2. 一条直线的正反坐标方位角相差________。

3. 已知直线 AB 的坐标方位角为 186°，则直线 BA 的坐标方位角为________。

4. 一条指向正西方向直线的方位角和象限角分别为________和________。

5. 由一条线段的边长、方位角和一点坐标计算另一点坐标的计算称为________。

6. 已知某直线的象限角为北西 30°，则其坐标方位角为________。

7. 坐标反算是根据直线的起、终点平面坐标，计算直线的________和________。

二、实操练习

2 人一组，计算图 3-2-9 中 CD 边的方位角。已知直线 AB 的坐标方位角为 $\alpha_{AB}=135°26'46''$，$\beta_B=134°56'28''$，$\beta_C=138°12'16''$。

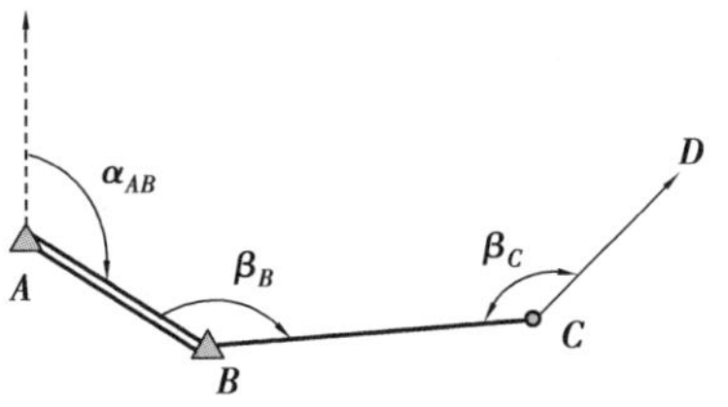

图 3-2-9　方位角计算图

任务3.2.1 学习任务评价表

任务 3.2.2　全站仪导线测量

【任务导学】

导线测量是建立平面控制网常用的方法，具有布设灵活、适应性强、在隐蔽地区容易克服地形障碍、两点通视即可、便于组织观测等优点。

本任务主要学习导线测量的布设形式、技术要求，以及全站仪导线测量的外业和内业。

【任务描述】

如图 3-2-10 所示是××学校重建平面图，为启动重建工作，要求在区域内布设一条以 AB 为基线边的非独立闭合导线，并计算各导线点的坐标值。已知基线 AB 的坐标方位角 α_{AB} 为 $313°21'02''$，B 点坐标为(609.654,1170.780)。

图 3-2-10　××学校平面图

该学校是一块不规则的有部分建筑物的区域。该地区地形起伏较大，最大高差达 36 m，植被稀少、通视良好，以 AB 为基线沿着规划区外围设点，注意边长均匀，用全站仪按三级导线技术要求施测。

【知识储备】

一、导线测量概述

测量中所讲的导线是将测区内选择的相邻控制点依次连接而成的连续折线。组成导线的控制点称为导线点，每条折线称为导线边，相邻两条折线间所夹的水平角称为转折角。导线测量的过程就是用测量仪器观测这些折线的水平距离、转折角及起始边的方位角。根据已知点坐标和观测数据，推算未知点的平面坐标。

导线测量的优点：可单线布设，坐标传递迅速；且只需前、后两个相邻导线点通视，易于越过地形、地物障碍，布设灵活；各导线边均直接测定，精度均匀；导线纵向误差较小。导线测量的缺点：控制面积小，检核观测成果质量的几何条件少；横向误差较大。

导线测量布设灵活、计算简单、适应面广，是平面控制测量常用的一种方法，主要用于带状地区、隐蔽地区、城建地区、地下工程、线路工程等的控制测量。

按使用仪器和工具的不同，导线可分为经纬仪视距导线、经纬仪量距导线、光电测距导线和全站仪导线 4 种。用经纬仪测量转折角的同时采用视距测量方法测定边长的导线，称为经纬仪视距导线。用经纬仪测量转折角，用钢尺测定边长的导线，称为经纬仪量距导线。用光电测距仪测定导线边长，用经纬仪测量转折角，称为光电测距导线。用全站仪测量边长和角度，称为全站仪导线。

1. 导线的布设形式

在测量生产实际工作中，按照不同的情况和要求，单一导线可以布设成闭合导线、附合导线、支导线 3 种形式。

1）闭合导线

起始于同一导线点的多边形导线，称为闭合导线。如图 3-2-11 所示，从一导线点 B（高级点或假定已知点）出发，经过若干条折线和一系列未知导线点 1、2、3、4，最后又回到 A 点上结束，构成一个闭合多边形。闭合导线有 3 个检核条件：一个多边形内角和条件、两个坐标增量条件。闭合导线一般适用于较宽阔地区的测图控制。

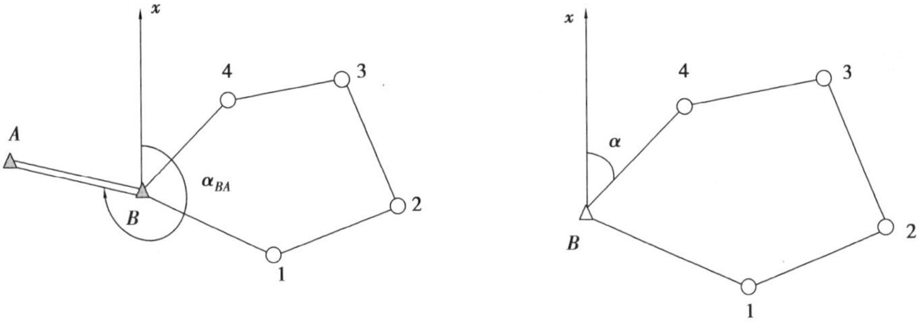

（a）与高级边相连的闭合导线示意图　　（b）独立闭合导线示意图

图 3-2-11　闭合导线示意图

2）附合导线

布设在两高级边之间的导线，称为附合导线。如图 3-2-12 所示，从一已知边 AB 出发，经过 1、2、3 点，最后附合到另一已知边 CD。附合导线有 3 个检核条件：一个坐标方向条件、两个坐标增量条件。附合导线一般适用于带状地区的测图控制，也广泛用于线形工程的施工中。

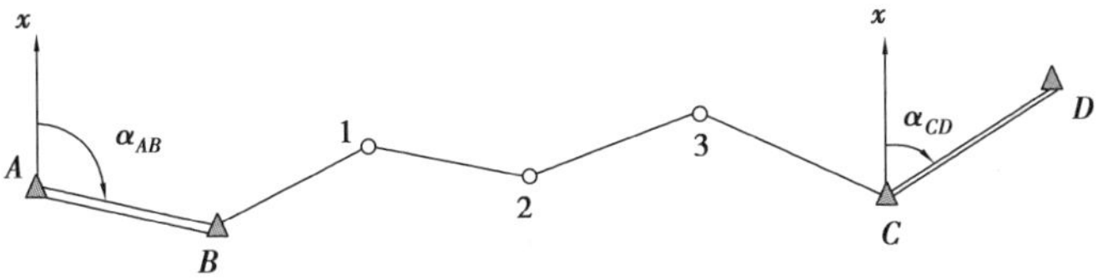

图 3-2-12　附合导线示意图

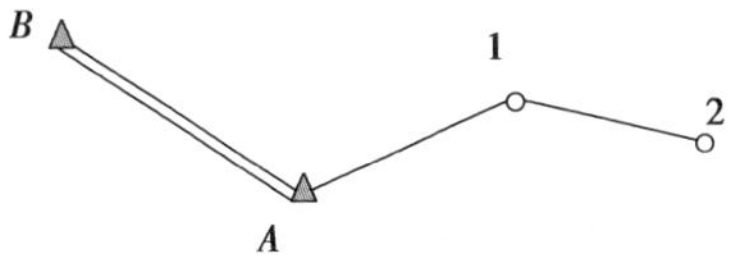

图 3-2-13　支导线示意图

3）支导线

从一高级控制边 AB 出发，既不闭合到起始边 AB，又不附合到另一已知边的导线，称为支导线。

如图 3-2-13 所示，支导线只有必要的起算数据，无检核条件，它只限于在图根导线中使用，且支导线的点数一般不超过 2 个。

2. 导线测量主要技术要求

导线测量主要技术要求见表 3-2-2。

表 3-2-2　导线测量的主要技术要求[《工程测量标准》(GB 50026—2020)]

等级	导线长度/km	平均边长/km	测角中误差/(″)	测距中误差/mm	测距相对中误差	测回数			方位角闭合差	导线全长相对闭合差
						1″级仪器	2级仪器	6″级仪器		
三等	14	3	1.8	20	1/150 000	6	10	—	$3.6''\sqrt{n}$	≤1/55 000
四等	9	1.5	2.5	18	1/80 000	4	6	—	$5''\sqrt{n}$	≤1/35 000
一级	4	0.5	5	15	1/30 000	—	2	4	$10''\sqrt{n}$	≤1/15 000
二级	2.4	0.25	8	15	1/14 000	—	1	3	$16''\sqrt{n}$	≤1/10 000
三级	1.2	0.1	12	15	1/7 000	—	1	2	$24''\sqrt{n}$	≤1/5 000

注:1. 表中 n 为测站数。

2. 当测区测图的最大比例尺为 1∶1 000 时,一、二、三级导线的导线长度、平均边长可适当放大,但最大长度不应大于表中规定的相应长度的 2 倍。

二、导线测量的外业工作

三级导线测量记录计算

导线测量分为外业和内业两大部分。在野外选定导线点的位置,测量导线各转折角和边长及独立导线时测定起始方位角的工作,称为导线测量的外业。外业主要包括踏勘选点和建立测量标志、测角、测量边长和导线定向 4 个方面。

1. 踏勘选点和建立测量标志

踏勘选点的主要任务是根据实地情况和测图比例尺,在测区内选择一定数量的导线点。踏勘选点之前要先搜集测区内和测区附近已有控制点成果资料和各种比例尺地形图,把控制点展绘在地形图上,然后在地形图上拟定导线的布设方案,并到测区实地勘察测区范围大小、地形起伏、交通条件、物资供应及已有控制点保存等情况,以便修改、落实点位和建立标志。如果测区范围很小,或测区没有地形图资料,则要详细踏勘现场,根据已有控制点、测区地形条件及测图和施工测量的要求等具体情况,合理地选择导线点的位置。

实地选点时需注意下列事项:

①导线点选在土质坚实,便于保存和安置仪器之处。

②相邻导线点之间通视良好,便于观测水平角和测量边长。

③导线点应选在周围视野开阔的地方,便于碎部测量。

④导线各边长度大致相等,以减小调焦引起的观测误差。

⑤导线点分布要均匀,有足够的密度,便于控制整个测区。

导线点选定后,应按规范埋设点位标志和编号。临时性的导线点一般在地面上打入木桩[图 3-2-14(a)],为完全牢固,可在其周围浇灌一些混凝土[图 3-2-14(b)],并在桩顶中心钉一小钉,钉头表示导线点标志;也可在水泥地面上用红油漆画一圆,圆内点一小点,作为临时标志。

对于长期保存的永久性导线点,应埋设石桩或混凝土桩,桩顶刻“十”字或埋设刻“十”字的圆帽钉，作为永久性标志，图 3-2-15 所示。

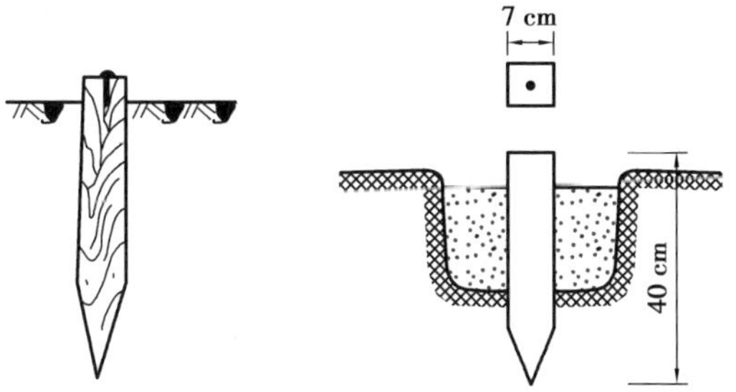

(a) 打入木桩　(b) 浇灌混凝土

图 3-2-14　木桩临时性标志

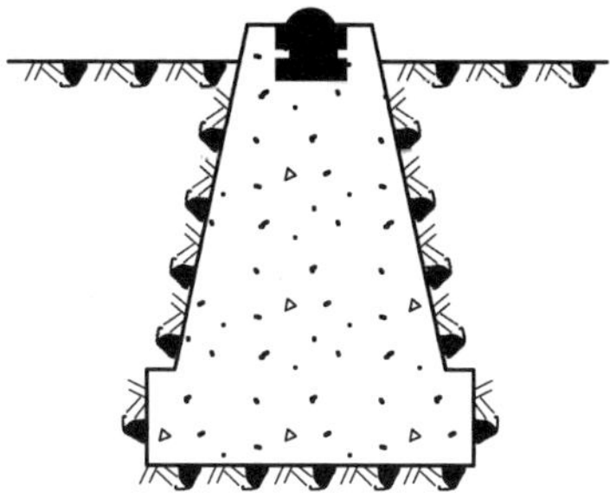

图 3-2-15　永久性标志

导线点应统一编号。为了便于寻找，应绘出导线点与附近固定且明显的地物的关系草图，注明尺寸，如图 3-2-16 所示，该图称为“点之记”。

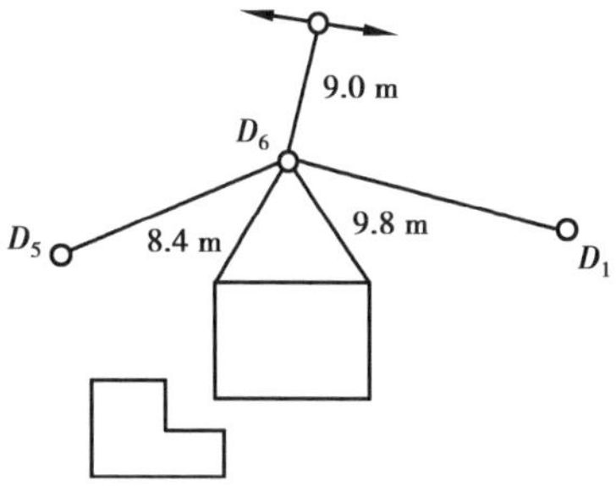

图 3-2-16　点之记略图

2. 测角

导线的转折角有左、右角之分，在导线前进方向左侧的水平角称为左角，右侧的水平角称为右角，一般采用测回法观测。

为防止差错，测角时应统一规定左角或右角，习惯上都观测左角。对于闭合导线应按逆时针方向编号，内角即为左角。

3. 测量边长

导线的边长（即控制点之间的水平距离）既可用鉴定过的钢尺丈量，也可用光电测距仪或全站仪测定。测距的主要技术要求见表 3-2-3。

表 3-2-3　测距的主要技术要求[《工程测量标准》(GB 50026—2020)]

平面控制网等级	仪器精度等级	每边测回数		一测回读数较差 /mm	单程各测回较差 /mm	往返测距较差 /mm
		往	返			
三等	5 mm 级仪器	3	3	≤5	≤7	≤2($a+b\times D$)
	10 mm 级仪器	4	4	≤10	≤15	
四等	5 mm 级仪器	2	2	≤5	≤7	
	10 mm 级仪器	3	3	≤10	≤15	
一级	10 mm 级仪器	2	—	≤10	≤15	—
二、三级	10 mm 级仪器	1	—	≤10	≤15	

4. 导线定向

为了传递方位角和推算导线点的坐标，需测定导线起始边的方位角。确定导线起始边方位角的工作称为导线定向。

如图 3-2-17 所示，当导线与高级控制点相连时，必须观测连接角 β_{A1}。

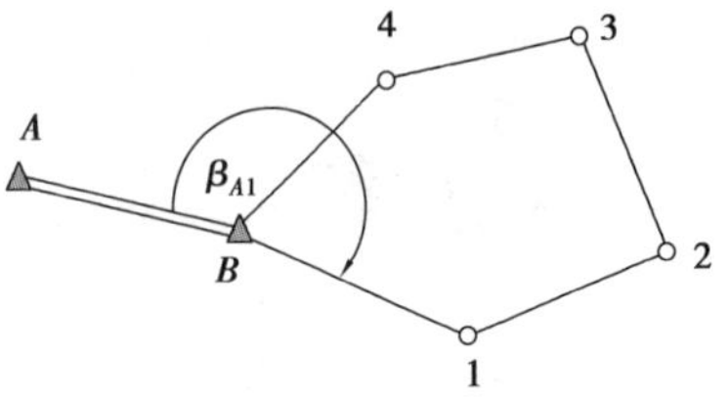

图 3-2-17　连接角

若为无高级控制点连接的闭合导线，可假定起始点的坐标和起始边的方位角，建立独立控制网，如图 3-2-11(b)所示。

三、导线测量的内业

传统的内业是指在室内进行数据处理，主要包括检查观测数据、平差计算、资料整理等，由于计算机的广泛应用，目前传统的内业也可在现场完成。

计算前必须全面检查导线测量的外业记录，查看数据是否齐全正确、成果是否符合规定的精度要求、起算数据是否准确；然后绘制导线略图、坐标点号，弄清起始点和连接边的关系。

由于测量工作不可避免地存在误差，因此实际测角和测距的结果与理论数值往往不符，致使导线的方位角和坐标增量不能满足已知条件，而产生角度闭合差和坐标增量闭合差。内业计算时须先进行闭合差的计算和调整，然后再计算各导线点的坐标。

下面重点介绍闭合导线的坐标计算方法。现以图 3-2-18 为例，介绍闭合导线的计算步骤。

导线测量成果整理

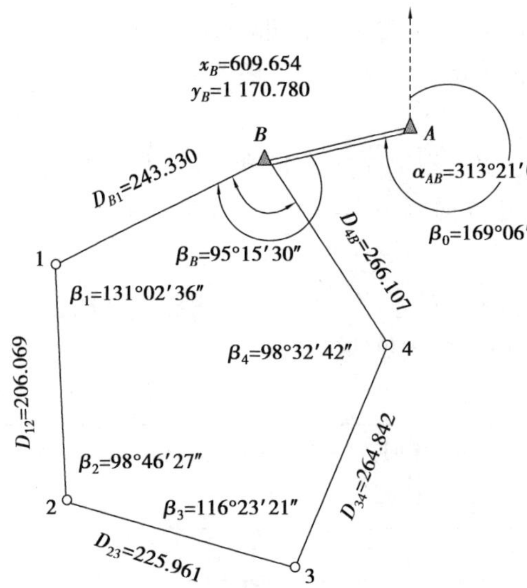

图 3-2-18　闭合导线示意图

1. 准备

将已校核过的数据和点号按顺序填入“闭合导线坐标计算表”(表 3-2-4)中。已知数据用下划线标注。

2. 角度闭合差的计算与调整

1) 角度闭合差的计算

由几何定理可知，n 边闭合多边形内角和的理论值为：

$$\sum \beta_{理} = (n-2) \times 180°$$

由于测角存在误差，实测的内角和不等于内角理论值，两者的差值称为角度闭合差，以 f_β 表示，即：

$$f_\beta = \sum \beta_{测} - \sum \beta_{理} = \sum \beta_{测} - (n-2) \times 180°$$

不同等级的导线，规范中规定了不同的限差，见表 3-2-2。对于三级导线，有

$$f_\beta \leqslant f_{\beta允} = \pm 24'' \sqrt{n}$$

2）角度闭合差的调整

当 $|f_\beta| \leqslant |f_{\beta允}|$ 时，可以对所测角度进行调整。调整方法是：把 f_β 反号平均分配到每一个角度上，每一个角度分得的调整值为 $V_i = -f_\beta / n$，角值取至整秒。如果数值不能被整除，可将余数分配在短边的两个邻角上，见表 3-2-4 第 3 列。

表 3-2-4　闭合导线坐标计算表

点号	观测角 ° ′ ″	角度改正数 /(″)	改正后角度值 ° ′ ″	坐标方位角 ° ′ ″	距离 /m	纵坐标增量 Δx			横坐标增量 Δy			纵坐标 x/m	横坐标 y/m
						计算值 /m	改正值 /mm	改正后的值/m	计算值 /m	改正值 /mm	改正后的值/m		
1	2	3	4	5	6	7	8	9	10	11	12	13	14
A													
				313 21 02									
B	169 06 33	连接角	169 06 33									609.654	1170.780
				302 27 35	243.330	+130.597	−20	+130.577	−205.314	−11	−205.325		
1	131 02 36	−7	131 02 29									740.231	965.455
				253 30 04	206.069	−58.523	−17	−58.550	−197.584	−9	−197.593		
2	98 46 27	−8	98 46 19									681.691	767.862
				172 16 23	225.961	−223.909	−19	−223.928	+30.381	−10	+30.371		
3	116 2321	−7	116 23 14									457.763	798.233
				180 39 37	264.842	−84.738	−22	−84.760	+250.920	−12	+250.908		
4	98 32 42	−7	98 32 35									373.003	1049.141
				27 12 12	266.107	+236.673	−22	+236.651	+121.651	−12	+121.639		
B	95 15 30	−7	95 15 23									609.654	1170.780
				302 37 25									
1													
辅助计算	$f_\beta = \sum \beta_{测} - 540° = +36''$　$f_x = \sum \Delta x = +0.100$ m　$f_y = \sum \Delta y = +0.054$ m $f_{\beta允} = \pm 24'' \sqrt{n} = \pm 54''$　$f = \sqrt{f_x^2 + f_y^2} = 0.114$ m　$k = \frac{f}{\sum D} = 1/10\ 508 < k_{允} = 1/5\ 000$												

改正后的各角度为：$\beta_i' = \beta_i + V_i = \beta_i - f_\beta / n$，填在表 3-2-4 第 4 列。

水平角的改正数之和应与角度闭合差的大小相等符号相反，即 $\sum V_i = -f_\beta$，使改正后的内角和等于 $(n-2) \times 180°$，作为计算校核。

3. 导线各边方位角的推算

用改正后的角值和起始边的方位角按下式进行推算：

$$\alpha_{前} = \alpha_{后} + \beta'_{左} \pm 180°$$

如 $\alpha_{后} + \beta'_{左} \geqslant 180°$，则式中的"±"取"−"；如 $\alpha_{后} + \beta'_{左} < 180°$，则式中的"±"取"+"。

为了校核计算是否有误，最后再经起点 B 推算 B 点至 1 点的方位角 α_{B1}，看是否与起初的

方位角相等，否则重新检查计算，直到符合要求为止，将计算结果填入表 3-2-4 第 5 列。

4. 坐标增量计算

计算前将各边的长度按点号对应填入表 3-2-4 第 6 列，边长取值至 mm。纵横坐标增量根据本项目任务 3.2.1 介绍的公式 $\Delta x_{12}=D_{12}\cos\alpha_{12}$ 和 $\Delta y_{12}=D_{12}\sin\alpha_{12}$ 分别计算。算出的纵坐标增量 Δx 填入表 3-2-3 第 7 列，横坐标增量 Δy 填入表 3-2-4 第 10 列。坐标增量有正有负，在表中增量前要标明正负号，坐标增量计算取值至 mm。

5. 坐标增量闭合差的计算与调整

1）坐标增量闭合差的计算

由于闭合导线的起点和终点为同一点，假如测角和测距都没有误差，由图 3-2-19 可知，纵坐标增量 Δx 的代数和、横坐标增量 Δy 的代数和的理论值等于零，即：

$$\left.\begin{aligned}\sum \Delta x_{理} &= 0\\ \sum \Delta y_{理} &= 0\end{aligned}\right\}$$

由于测角和量边都存在误差，角度虽经改正满足了多边形图形条件，但仍然存在残余误差，使得边角对应关系不能完全符合。因此，计算的纵坐标增量、横坐标增量的代数和不等于其理论值，二者之间产生一个差数，分别称为纵坐标增量闭合差和横坐标增量闭合差，分别用 f_x 和 f_y 表示，即：

$$\left.\begin{aligned}f_x &= \sum \Delta x_{测} - \sum \Delta x_{理} = \sum \Delta x_{理}\\ f_y &= \sum \Delta y_{测} - \sum \Delta y_{理} = \sum \Delta y_{测}\end{aligned}\right\}$$

2）坐标增量闭合差的调整

由于存在坐标增量闭合差 f_x、f_y，闭合导线不能闭合形成封闭的多边形，如图 3-2-20 所示，将出现一个缺口 1—1′，缺口的长度 f_D 称导线全长闭合差，即：

$$f_D=\sqrt{fx^2+fy^2}$$

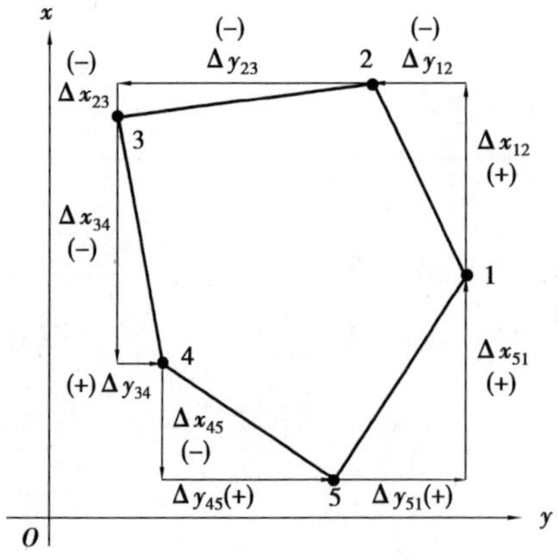

图 3-2-19　坐标增量示意图

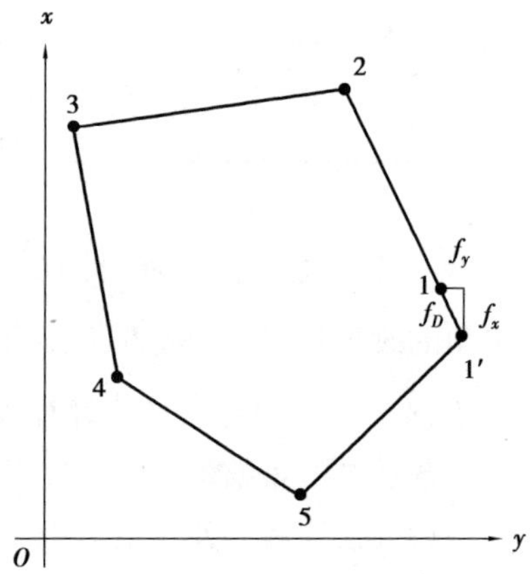

图 3-2-20　导线全长闭合差示意图

f_D 的大小与导线的总长 $\sum D$ 成正比,但f_D 本身的大小不能反映导线测量的精度,因此通常用导线全长相对闭合差(K) 来衡量导线测量的精度,即将f_D 值与导线的总长度 $\sum D$ 之比,以分子为 1 的分数形式表示,即:

$$K=\frac{f_D}{\sum D}=\frac{1}{\sum D/f_D}$$

K 值越小,导线测量精度越高。不同等级的导线全长相对闭合差的允许值应满足表 3-2-1 的规定,三级导线的 K 值不应超过1/5 000。若 K 值符合精度要求,须将坐标增量闭合差f_x、f_y 以相反的符号,按与边长成正比例分配到各坐标增量上,使改正后的坐标增量等于其理论值。

以 $V_{\Delta x_i}$、$V_{\Delta y_i}$ 分别表示第 i 边的纵横坐标增量改正数;D_i 表示第 i 边的边长,即:

$$\left.\begin{aligned}V_{\Delta x_i}&=-\frac{f_x}{\sum D}D_i\\V_{\Delta y_i}&=-\frac{f_y}{\sum D}D_i\end{aligned}\right\}$$

计算的纵横坐标增量改正数(取位至 mm)分别填入表 3-2-4 第 8、第 11 列。然后计算各边改正后坐标增量,用各边纵横增量值加相应的改正数,即得各边改正后的纵横坐标增量:

$$\left.\begin{aligned}\Delta\hat{x}_i&=\Delta x+V_{\Delta x_i}\\\Delta\hat{y}_i&=\Delta y+V_{\Delta y_i}\end{aligned}\right\}$$

将结果分别填入表 3-2-3 第 9、第 12 列中。

坐标增量改正检核方法:

①纵横坐标增量改正数之和应满足下式:

$$\left.\begin{aligned}V_{\Delta x_i}&=-f_x\\V_{\Delta y_i}&=-f_y\end{aligned}\right\}$$

②改正后的坐标增量总和应等于其理论值,即:

$$\left.\begin{aligned}\sum\Delta\hat{x}_i&=\sum\Delta x_{理}\\\sum\Delta\hat{y}_i&=\sum\Delta y_{理}\end{aligned}\right\}$$

6. 导线点的坐标计算

由起始点 B 的已知坐标 x_B、y_B 和改正后的坐标增量 $\Delta\hat{x}_i$、$\Delta\hat{y}_i$,依次取代数和求得,填入表 3-2-4 第 13、第 14 列中,计算公式为:

$$\left.\begin{aligned}x_{前}&=x_{后}+\Delta\hat{x}_i\\y_{前}&=y_{后}+\Delta\hat{y}_i\end{aligned}\right\}$$

最后还要推算起点 B 的坐标,看是否与已知坐标相等,以作检核。

闭合导线本身虽有严格的检核条件,但如果起始点的坐标和起算方位角弄错了,单从整个计算过程就很难发现,直至测图时才可能知道,所以闭合导线测量前一定要认真核对已知条件。

【任务实施】

一、准备工作

检查仪器工具，每组配备全站仪 1 台，棱镜 2 个，三脚架 3 个，测量标志 5 个，学生自备计算器 1 块，记录板 1 个，导线测量记录、计算表若干；踏勘现场、埋设导线点，编号，绘制草图。

4 人一组，1 人观测、1 人记录、2 人架设棱镜。

二、实施步骤

①导线点 1、2、3、4、5 按图 3-2-21 所示布设，已知 $\alpha_{AB}=289°20'30''$，$x_B=2\ 000.698$ m，$y_B=3\ 620.651$ m。

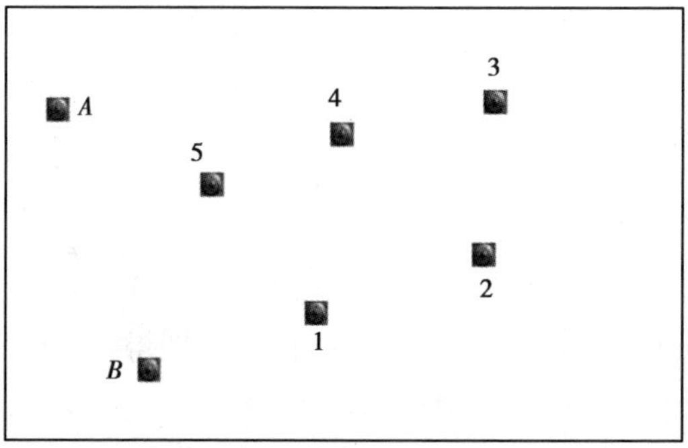

图 3-2-21　导线点布设示意图

②用全站仪测量边长 D_{B1}，D_{12}，D_{23}，D_{34}，D_{45}，D_{5B}。

③用全站仪测量导线边的水平夹角（左角）∠AB1（连接角）、∠B12、∠123、∠234、∠345、∠451、∠512。

④计算角度闭合差、角度闭合差限差，判断是否超限，若不超限，进行角度闭合差的调整。

⑤推算各导线边坐标方位角。

⑥计算坐标增量。$\Delta x=D\cos\alpha$，$\Delta y=D\sin\alpha$。

⑦计算坐标增量闭合差 f_x、f_y，导线全长闭合差 f_D 和导线全长相对闭合差 K。

⑧坐标增量闭合差的调整。按与边长成正比例的原则反符号改正。

⑨计算导线点 1、2、3、4、5 的坐标。

拓展阅读

附合导线的内业计算

附合导线的坐标计算步骤与闭合导线基本相同，但由于两者几何条件不同，因此角度闭合差及坐标增量闭合差的计算与闭合导线有些区别。下面着重介绍其不同点。

附合导线示意图如图 3-2-22 所示，BA 和 CD 为导线两端的高级连接边，其方位角为 α_{BA}、α_{CD}，起讫点的坐标为 x_A、y_A 和 x_C、y_C，已知观测数据（水平角和导线边长）均已在图中标出。

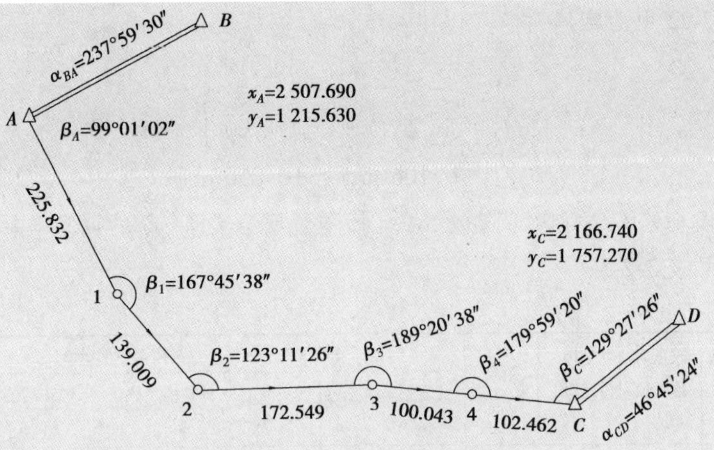

图 3-2-22　附合导线示意图

1. 角度闭合差的计算

由起始边 BA 的坐标方位角 α_{BA} 和观测角，依次推算各导线边的方位角，最终可以算出终边 CD 的坐标方位角 α'_{CD}。

$$\alpha'_{CD}=\alpha_{BA}+\sum\beta_{测}-6\times180°$$

写成一般公式为：

$$\alpha'_{终}=\alpha_{始}+\sum\beta_{测}-n\times180°$$

式中，n 为参与推算方位角的观测角个数。

由于附合导线终边的坐标方位角 α_{CD} 为已知值，若由观测角 $\beta_{测}$ 算出的终边方位角 α'_{CD} 与已知终边方位角 α_{CD} 不相等，则产生角度闭和差 f_β，即：

$$f_\beta=\alpha'_{CD}-\alpha_{CD}$$

写成一般公式为：

$$f_\beta=\alpha'_{终}-\alpha_{始}=\alpha_{始}+\sum\beta_{测}-n\times180°-\alpha_{终}$$

在图 3-2-22 的算例中，$f_\beta=-24''$，f_β 的允许值以及调整方法与闭合导线相同。

2. 坐标增量闭合差的计算

由附合导线的几何图形可知，各边坐标增量代数和的理论值应等于终、始两点的坐标值之差，即：

$$\left.\begin{aligned}\sum\Delta x_{理}&=x_{终}-x_{始}\\\sum\Delta y_{理}&=y_{终}-y_{始}\end{aligned}\right\}$$

如果不等，其差数应为坐标增量闭合差，用 f_x、f_y 分别表示纵、横坐标增量闭合差，即：

$$\left.\begin{aligned}f_x&=\sum\Delta x_{测}-\sum\Delta x_{理}=\sum\Delta x_{测}-(x_{终}-x_{始})\\f_y&=\sum\Delta y_{测}-\sum\Delta y_{理}=\sum\Delta y_{测}-(y_{终}-y_{始})\end{aligned}\right\}$$

对于图 3-2-22 中的算例，有

$$\left.\begin{aligned} f_x &= \sum \Delta x_{测} - (x_C - x_D) \\ f_y &= \sum \Delta y_{测} - (y_C - y_D) \end{aligned}\right\}$$

$$f_x = -0.106\ \text{m}, f_y = +0.050\ \text{m}$$

导线全长闭合差 f_D 和相对闭合差 K，坐标增量闭合差 f_x、f_y 的调整与闭合导线完全相同。计算结果见表 3-2-5。

表 3-2-5 附合导线坐标计算

点号	观测角 ° ′ ″	角度改正数 /(°)	改正后角度值 ° ′ ″	坐标方位角 ° ′ ″	距离 /m	纵坐标增量 Δx 计算值 /m	纵坐标增量 Δx 改正值 /mm	纵坐标增量 Δx 改正后的值/m	横坐标增量 Δy 计算值 /m	横坐标增量 Δy 改正值 /mm	横坐标增量 Δy 改正后的值/m	纵坐标 x/m	横坐标 y/ m
B													
				237 59 30									
A	99 01 02	+4	99 01 06									2 507.690	1 215.630
				157 00 36	225.832	-207.895	+33	-207.862	+88.203	-15	+88.188		
1	167 45 38	+4	167 45 42									2 299.828	1 202.818
				144 46 18	139.009	-113.551	+20	-113.531	+80.185	-10	+80.175		
2	123 11 26	+4	123 11 30									2 186.297	1 383.993
				87 57 48	172.549	+3.132	+24	+6.156	+172.440	-12	+172.428		
3	189 20 38	+4	189 20 42									2 192.453	1 556.421
				97 18 30	100.043	-12.726	+14	-12.712	+99.230	-6	+99.224		
4	179 59 20	+4	179 59 24									2 179.741	1 655.145
				97 1754	102.462	-13.016	+15	-13.001	+101.632	-7	+101.625		
C	129 27 26	+4	129 27 30									2 166.740	1 757.270
				46 45 24									
D													
$\sum$	888 45 30	+24	888 45 54		739.895	-341.056	+106	-340.950	+541.690	-50	541.640		
辅助计算	$\alpha'_{CD} = \alpha_{AB} + \sum\beta_{测} - 6\times180° = 46°45'00''$ $f_\beta = \alpha'_{CD} - \alpha_{CD} = -24''$ $f_x = \sum\Delta x = -0.106\ \text{m}$ $f_y = \sum\Delta y = +0.050\ \text{m}$ $f_{\beta允} = \pm24''\sqrt{n} = \pm59''$ $f = \sqrt{f_x^2 + f_y^2} = 0.117\ \text{m}$ $k = \frac{f}{\sum D} = 1/6\ 285$ $k_{允} = 1/5\ 000$												

工程案例

观测不细心导致的事故案例

事故经过：某测量人员对××工程进行导线观测并进行中线标定，进行导线资料计算时发现，其中有一站导线边长比第一次导线观测长了 8.000 m。

原因分析：经过检查仪器发现，测距仪显示面板上第四位中间有一横长线污渍，恰好位于 0 的中间（原测距仪显示面板数据以 8 为底数），致使仪器观测人员在测距读数时，把 0 读成了 8。

预防措施：在观测前，应对仪器进行必要的检查，用软布擦拭镜头污物，完工后要擦净仪器表面浮尘，放在室内干燥通风处，打开仪器箱自然晾干。

职业素养提升

齐心协力渡难关

在导线测量实训中，C 小组多次测量的水平角度值均超出规定限差，指导老师检查仪器没有发现问题。于是小组长王齐心召集本组成员开会讨论，他们认为：只有每个人都从仪器、棱镜的对中整平、调焦、瞄准、消除视差等环节上认真作业，才能完成本次实训任务。功夫不负有心人，经过 2 天的苦练，C 小组终于把角度闭合差限制在允许误差范围内。

知识闯关与技能训练

一、单选题

1. 导线的布设形式有(　　)。

A. 一级导线、二级导线、图根导线　　B. 单向导线、往返导线、多边形导线
C. 闭合导线、附合导线、支导线　　D. 单向导线、附合导线、图根导线

2. 不属于导线测量外业的是(　　)。

A. 选点　　B. 测角　　C. 测高差　　D. 量边

3. 导线测量属于(　　)。

A. 高程控制测量　　B. 平面控制测量　　C. 碎部测量　　D. 施工测量

4. 导线计算中使用的距离应该是(　　)。

A. 任意距离均可　　B. 倾斜距离
C. 水平距离　　D. 大地水准面上的距离

5. 下列选项中，不属于导线坐标计算步骤的是(　　)。

A. 半测回角值计算　　B. 角度闭合差计算
C. 方位角推算　　D. 坐标增量闭合差计算

6. 导线坐标增量闭合差调整的方法是(　　)分配。

A. 按边长比例　　B. 按边数平均
C. 反符号按边长比例　　D. 反符号按边数平均

7. 衡量导线测量精度的一个重要指标是(　　)。

A. 坐标增量闭合差　　B. 导线全长闭合差

C. 导线全长相对闭合差　　　　　　　　D. 相对闭合差

8. 导线的坐标增量闭合差调整后，应使纵、横坐标增量改正数之和等于(　　)。

A. 纵、横坐标增量闭合差，符号相同　　　B. 导线全长闭合差，符号相同

C. 纵、横坐标增量闭合差，符号相反　　　D. 导线全长闭合差，符号相反

二、技能竞赛

闭合导线测量竞赛，4 人一组，时间 70 min。比赛要求和评分标准请查阅全国职业院校技能大赛中职组工程测量赛项评分标准。

任务3.2.2 学习任务评价表

控制测量练习题

模块4 工程建设中的地形图测绘与应用

地形图为工程建设提供了详细的地形信息，有助于减少现场勘察的时间成本，提高工程规划和设计的效率，使设计人员更好地理解地形地貌，合理规划工程布局，优化设计方案，提高工程质量，辅助管理人员合理安排施工进度和资源，减少浪费和损失。识读地形图、测绘地图、应用地形图是工程测量人员必须掌握的技能。

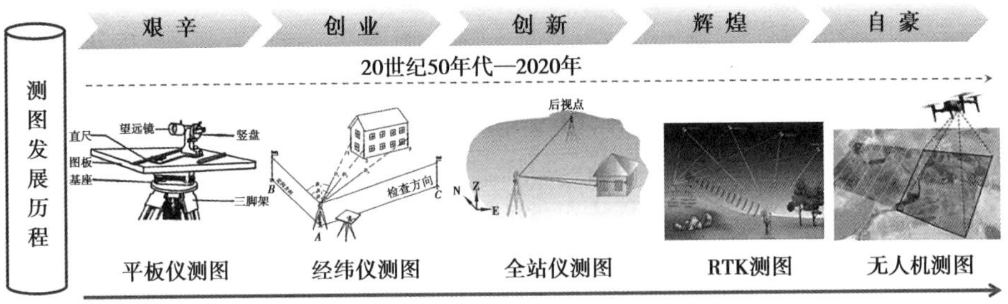

我国测绘技术迈出国门引领世界

淡泊名利 匠心报国

无悔足迹里书写至诚至爱

吹尽狂沙始到金

序号	资源名称	类型	二维码索引
1	淡泊名利　匠心报国	文本	第 115 页
2	无悔足迹里书写至诚至爱	文本	第 115 页
3	吹尽狂沙始到金	文本	第 115 页
4	地形图图式	文本	第 119 页
5	大比例尺地形图测绘基本要求	文本	第 125 页
6	绘制等高线	微视频	第 145 页
7	RTK 野外数据采集	虚拟仿真	第 148 页
8	方格网法土方计算	微视频	第 163 页
9	纵断面的绘制	微视频	第 167 页
10	地形测量练习题	文本	第 168 页
11	任务 4.1.1—4.2.3 学习任务评价表	评价标准	详见各任务后

项目 4.1 大比例尺数字地形图的测绘

学习目标

知识目标:理解地形图、比例尺、地物、地貌、注记等概念;掌握地物、地貌、注记等在地形图上的表示方法,理解地形图分幅、编号方法;了解数字化测图基本过程,熟悉地形测图的主要工作内容,熟悉 CASS10.0 地形图绘制的基本流程,熟悉 CASS 软件的界面及主要菜单的作用;掌握数字化测图的准备工作。

技能目标:能解读等高线平距 D 的大小与地面坡度的关系,能描述等高线的特性,能判读典型地貌等高线,会进行矩形图幅的分幅和编号;能使用全站仪进行数据采集,会选择地形、地物点的特征点,能绘制草图,会进行数据的传输、展点和成图。

素养目标:养成爱护仪器、规范操作的习惯;树立诚实守信、遵纪守法的意识;培养团队协作、吃苦耐劳、一丝不苟的精神。

内容导航

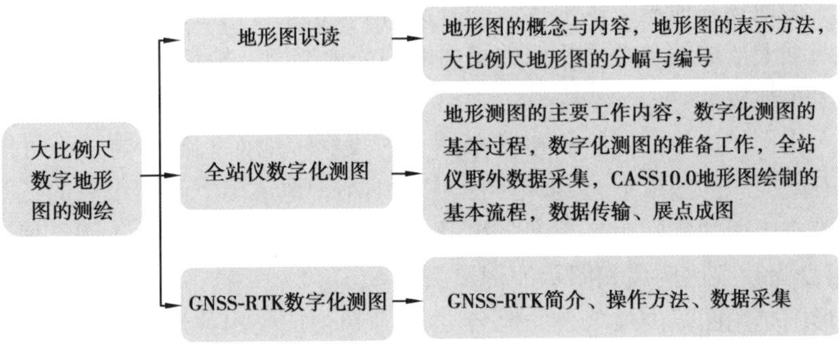

任务 4.1.1 地形图识读

【任务导学】

地形图信息量大、内容丰富,识读地形图须遵循一定的步骤和原则。地形图识读的关键有以下几点:了解基本信息,理解地形图要素,判读地形类型。

【任务描述】

在城市建设过程中,需要在地形图上进行规划设计,如图 4-1-1 所示。那么,什么是地形图?地形图上有哪些内容?地形图上地物、地貌如何表示?你能说出来吗?

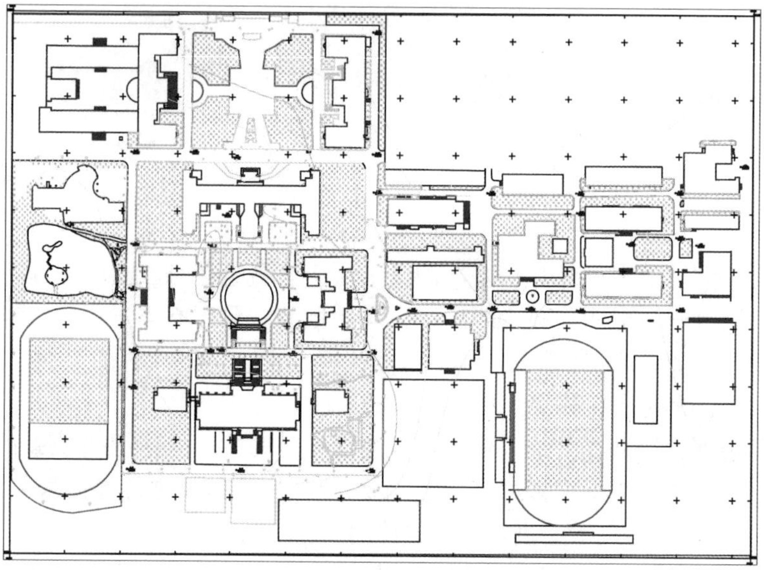

图 4-1-1 ××中学规划总平面示意图

【知识储备】

一、地形图的概念与内容

将地面上的地物和地貌按水平投影的方法(沿着铅垂方向投影到水平面上),以一定的比例尺缩绘到图纸上形成的与地面相似的平面图称为地形图。地形图既表示地物的平面位置,又用等高线表示地貌。

小区域大比例尺地形图的绘制通常采用正射投影。地面上各种要素不可能按其真实的大小描绘在有限面积的图纸上,必须不同程度地缩小。地形图上经缩小后的任意一线段的长度与地面上相应线段的实际水平长度之比,称为该地形图的比例尺。比例尺根据表示方法的不同,一般可分为数字比例尺和图示比例尺两种。

一幅地形图是用图幅内最著名的地名、企事业单位或突出的地物、地貌的名称来命名的,图号按统一的分幅编号法进行编写。图名和图号均注写在北外图廓的中央上方,图号注写在图名下方。

为了反映本幅图与相邻图幅之间的邻接关系,在外图廓的左上方绘有接图表。中间画有斜线的一格代表本幅图,四周八格分别注明了相邻图幅的图名,利用接图表可方便地进行地形图的拼接。

图廓是地形图的边界,分为内图廓和外图廓。内图廓线是由经纬线或坐标格网线组成的图幅边界线,在内图廓外侧距内图廓 1 cm 处,再画一平行框线,称为外图廓。在内图廓外四角处注有以千米为单位的坐标值,外图廓左下方注明测图方法、坐标系统、高程系统、基本等高距、测图年月、地形图图式版式,外图廓右方注明测绘人员姓名,如图 4-1-2 所示。

二、地形图的表示方法

地球表面的复杂形态总体上可以分为两大类:地物和地貌。地物是指地球表面各种自然形成的和人工修建的固定物体,如房屋、道路、桥涵、江河湖海、农田、植被等;地貌是指地球表面的高低起伏形态,如高山、丘陵、深谷、平原、洼地等。所谓地形就是地物和地貌的总称。地物和地貌的平面位置和高程需按一定的数学法则、用统一规定的符号和注记表示在地形图上。

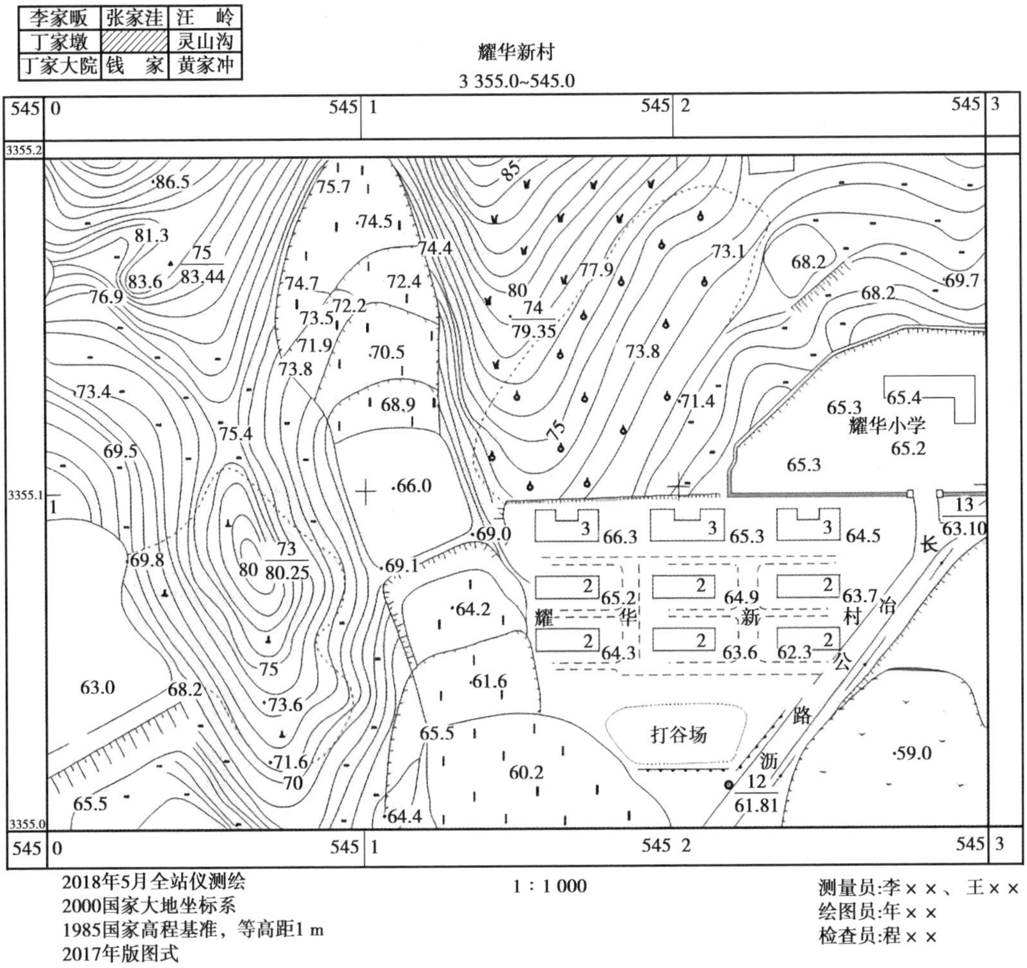

图 4-1-2　地形图

1. 地物在地形图上的表示方法

地物在地形图上是用地物符号来表示的。根据地物符号与地物的比例关系，可将其分为依比例符号、半依比例符号、不依比例符号。

地形图图式

(1) 依比例符号

较大的地物，其长宽均有比例，表示大小和形状，如房屋、农田、草地、花圃等。

(2) 半依比例符号

窄长的地物，其长有比例，宽无比例，如铁路、输电线、管线、围墙等。其中，心线或底线就是地物位置。

(3) 不依比例符号

点状地物，只有位置，不表示大小，如导线点、水准点、路灯、水龙头、岗亭等。不依比例符号定位点应遵循以下原则：

①规则的几何图形符号（圆形、三角形、正方形），其定位点在图形的几何中心点；

②宽底符号，如烟囱、水塔等，其定位点在符号底部中心点；

③底为直角形的符号，如独立树、风车、路标等，其定位点在符号的直角顶点；

④合成符号，如气象站、消火栓、旗杆、路灯等，其定位点在符号下方的几何中心；

⑤下方没有底线的符号，如亭、窑洞等，其定位点在符号下方两个端点连线的中心。

用文字、数字或特定符号（如箭头）对地物加以说明，称为地物注记。地物种类繁多，测图比例尺也各不相同，这里不能对所有符号进行一一介绍，仅列举部分常用居民地符号，见表4-1-1。

表 4-1-1　常用居民地符号一览

名称	符号	名称	符号	名称	符号
四点简单房屋	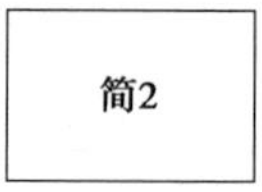	四点房屋	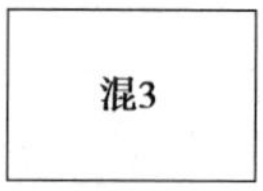	四点破坏房屋	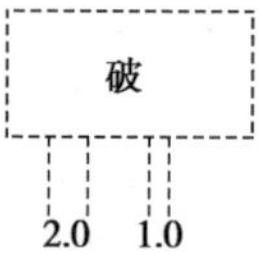
四点建筑中房屋	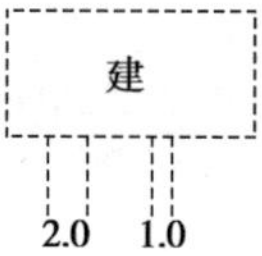	四点棚房	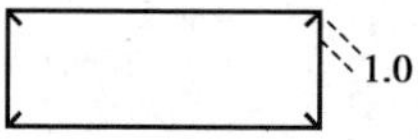	四点钢房屋	
飘楼	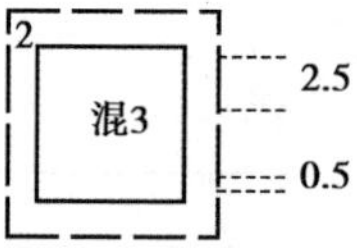	廊房	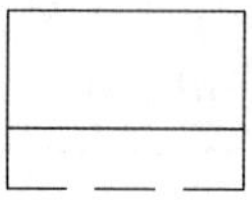	台阶	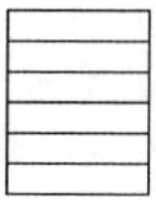
依比例围墙	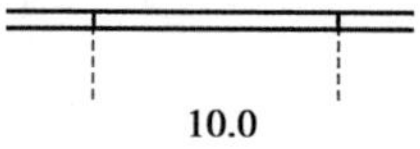	不依比例围墙		室外楼梯	
门顶		路灯	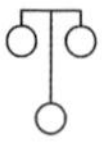	假石山	
门洞	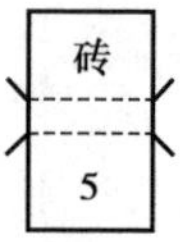	围墙门		门墩	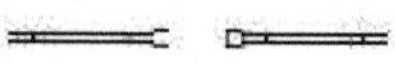

续表

名称	符号	名称	符号	名称	符号
栅栏	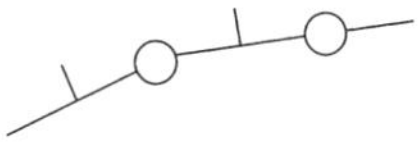	篱笆		钻孔	
学校		医院	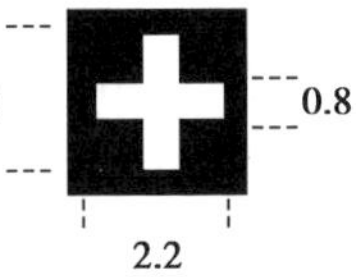	体育场	

2. 地貌在地形图上的表示方法

1) 地貌的基本形态

地表高低起伏的自然形态，如山地、平地、丘陵、盆地、悬崖等称为地貌。地貌可以归纳为以下几种典型地貌：①山丘；②洼地；③山脊；④山谷；⑤鞍部；⑥绝壁等，如图 4-1-3 所示。

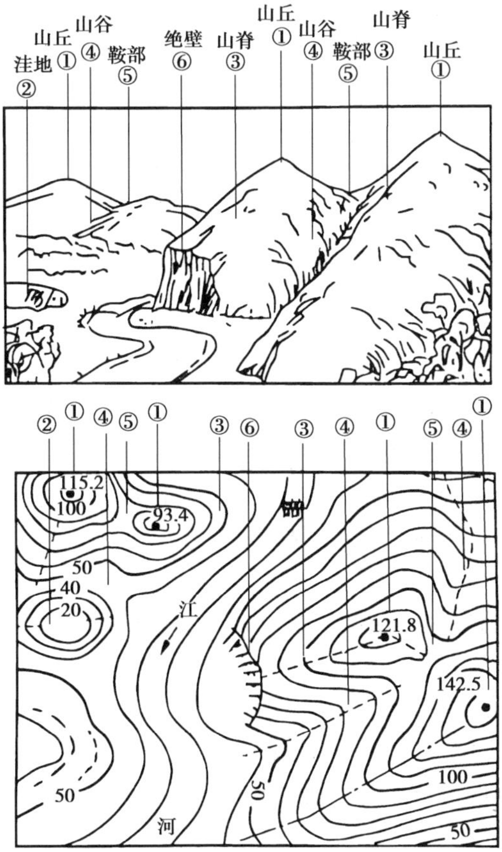

图 4-1-3　地貌及其等高线表示方法

地形图中是用等高线、特殊地貌符号和注记来表示地貌的。当存在一些特殊的地貌形态不能用等高线表示时,可用特殊地貌符号表示,如图 4-1-3 中的绝壁。

2)等高线

(1)等高线的概念

等高线是地面上高程相同的相邻各点所连接而成的闭合曲线。水面静止的池塘的水边线,实际上就是一条闭合的等高线。如图 4-1-4 所示,设有一座位于平静湖水中的小山丘,湖水淹没到仅见山顶时的水面高程为 100 m,此时水面与山坡有一条交线,而且是闭合曲线,曲线上各点的高程是相等的,这就是高程为 100 m 的等高线。随后水位下降 10 m,山坡与水面又有一条水迹线,这就是高程为 90 m 的等高线。水位再下降 10 m,又可得高程为 80 m 的等高线。以此类推,水位每下降 10 m,水面就与地表相交留下一条等高线,从而得到一组相邻高差为 10 m 的等高线。设想把这组实地上的等高线沿铅垂线方向投影到水平面上,并按规定的比例尺缩绘到图上,就得到表示山丘地貌的等高线。

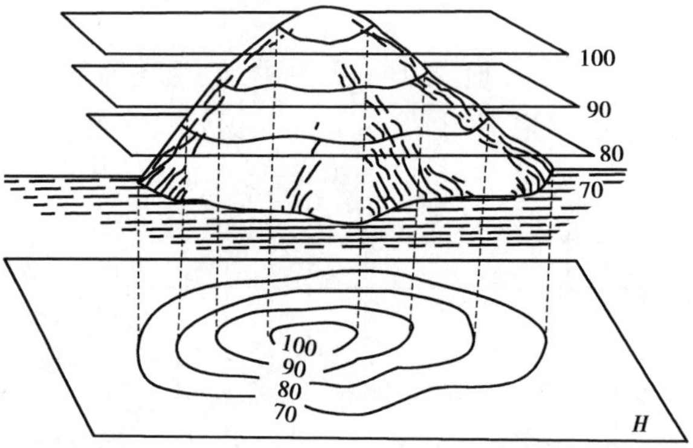

图 4-1-4 用等高线表示地貌的原理

(2)等高线的参数

①等高距。地形图上相邻两条等高线之间的高差称为等高距,用 h 表示。

②等高线平距。地形图上相邻两条等高线之间的水平距离称为等高线平距,用 D 表示。

③地面坡度。等高距与平距之比称为地面坡度,用 i 表示,$i=h/D$。

由于同一幅地形图中的等高距相同,所以等高线平距 D 的大小与地面坡度有关。等高线平距越小,地面坡度越大;平距越大,坡度越小;坡度相等,则平距相等。因此,由地形图上等高线的疏密可以判定地面坡度的陡缓。

为了帮助读者判读地势走向,在地形图等高线上加绘指示斜坡降落方向的短小线,称为示坡线,如图 4-1-5 所示。示坡线是一种地图符号,通常绘在沿山脊及山谷线的方向上,它垂直于等高线并指向斜坡降低的方向。示坡线的主要作用是帮助读者理解地形的起伏和坡度的变化。特别是在山头、谷地和斜坡方向不易判读的地方,以及凹地的最低和最高等高线上,通过示坡线的指示可以更加清晰地理解地形的特征和走向。

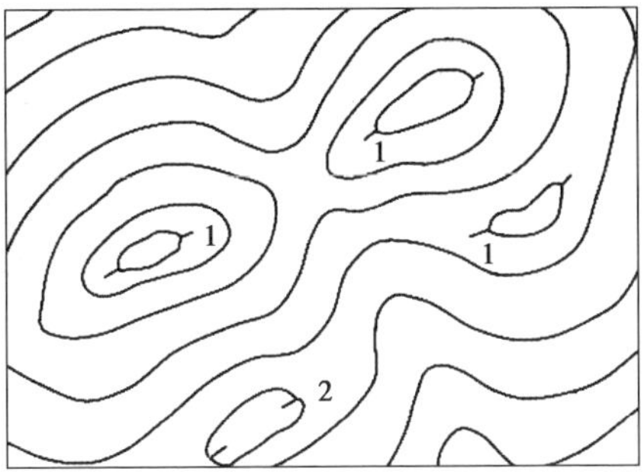

1—山头示坡线；2—凹地示坡线

图4-1-5　示坡线

(3)等高线的种类

①首曲线。按基本等高距 h 描绘的等高线称为首曲线,用粗0.15 mm的实线绘制。

②计曲线。为读图方便,规定从高程起算面开始,每隔4条首曲线加粗绘制的一条等高线称为计曲线,用粗0.3 mm的实线绘制。须在适当位置用阿拉伯数字注记高程,字头凸向高处。

③间曲线。为了表示首曲线显示不出的局部地貌形态,按基本等高距的1/2描绘的等高线称为间曲线,用粗0.15 mm的长虚线绘制。

④助曲线。在缓坡地段,为了表示首曲线和间曲线显示不出的局部地貌形态,按基本等高距的1/4描绘的等高线称为助曲线,用粗0.15 mm的短虚线绘制。

(4)等高线的特性

①同一条等高线上的点高程相等,但高程相等的点不一定在同一条线上。

②等高线是连续的封闭曲线,只在地物边、图框边上或遇注记、其他符号可以过渡性断开。

③除了悬崖、峭壁等特殊地貌,相邻等高线不会相交或重合。

④等高线通过山脊线时,与山脊线正交并凸向低处;等高线通过山谷线时,与山谷线正交并凸向高处。

⑤在等高距一定时,坡度与等高线平距成反比。

3. 典型地貌的等高线形状

(1)山丘

山丘是指中间高、四周低的地形。等高线图形是一组闭合曲线,如图4-1-4所示。

(2)洼地

洼地是指中间低、四周高的地形。其等高线图形也是一组闭合曲线,示坡线在等高线的内侧,如图4-1-6所示。

(3)山脊

山脊是山体延伸的最高棱线,它的最高部分的连线称为山体的分水线,它与等高线正交。山脊的等高线图形是一组凸向下坡方向的曲线,两侧对称,如图4-1-7所示。

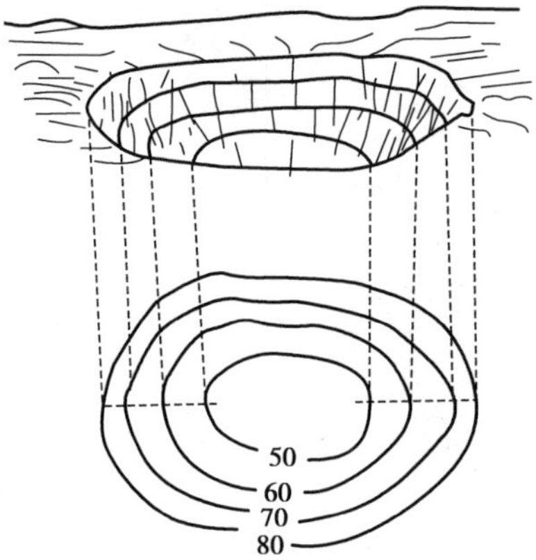

图 4-1-6　洼地等高线

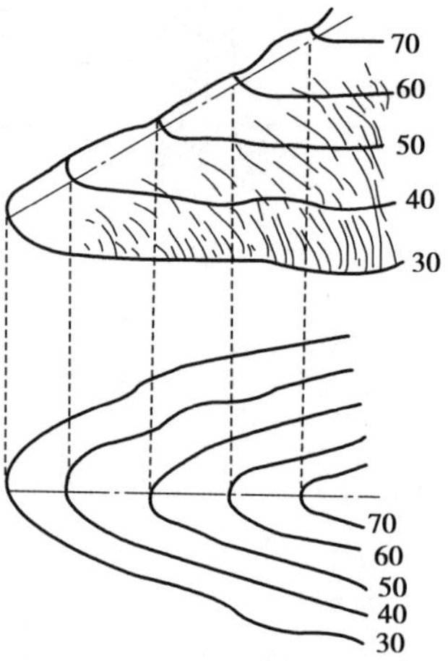

图 4-1-7　山脊等高线

(4)山谷

山谷是两山脊间的向一定方向倾斜延伸的低凹部分,其最低部分的连线称为合水线,它与等高线正交。山谷的等高线图形是一组凸向上坡方向的曲线,两侧对称,如图 4-1-8 所示。

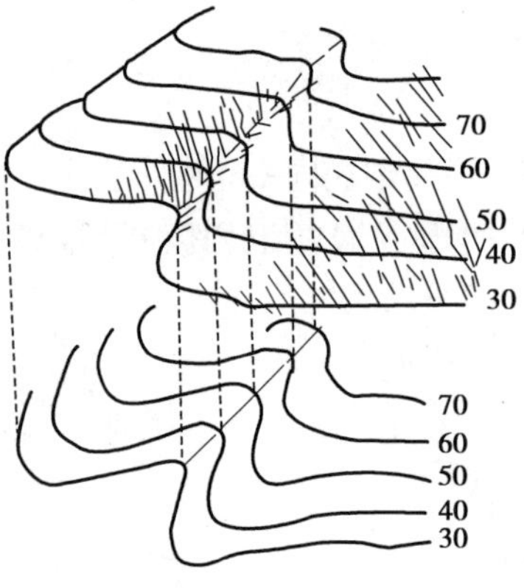

图 4-1-8　山谷地等高线

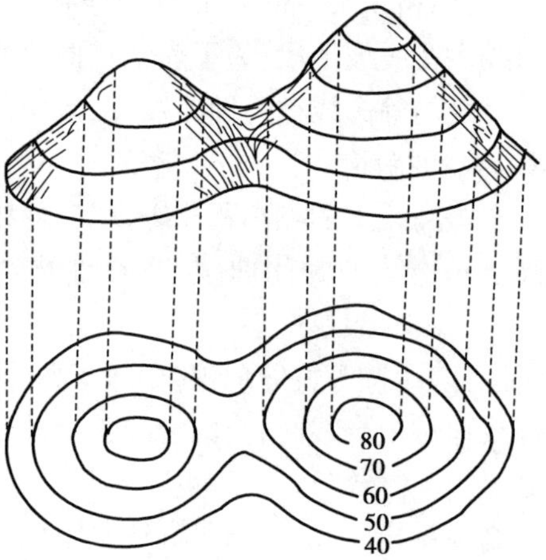

图 4-1-9　鞍部等高线

(5)鞍部

鞍部是连接两个山顶之间的低洼部分,形如马鞍。鞍部的等高线图形由两组凸向鞍部中心的对称曲线组成,如图 4-1-9 所示。

4. 注记

地物和地貌符号只能表示各类地物和地貌的位置、大小及形态,但不能反映其名称、属性、高度等特征,因此必须用文字和数字对这些特征加以说明。这些在地形图上起补充和说明作用的文字及数字称为地形图注记,如居民地名称、道路名称、植被种类、河流的流速、等高线的高程等。在各种比例尺的地形图图式中,对各种地形图注记的字体、字号大小及其使用均作了明确规定。

三、大比例尺地形图的分幅与编号

大比例尺地形图测绘基本要求

为便于测绘、使用与保管地形图,需将地形图按一定的规则进行分幅和编号。中小比例尺地形图一般采用国际上统一的按经纬线划分的梯形分幅法;大比例尺 1∶5 000、1∶2 000、1∶1 000、1∶500 的地形图是采用坐标格网分幅的矩形分幅法或正方形分幅法。

1. 矩形图幅的分幅

大比例尺地形图是以平面直角坐标的纵、横坐标线为界线来分幅的,图幅的大小通常为 40 cm×40 cm、40 cm×50 cm、50 cm×50 cm,每幅图中以 10 cm×10 cm 为基本方格。大比例尺地形图的图幅大小见表 4-1-2。

表 4-1-2 大比例尺地形图的图幅大小

比例尺	图幅大小/cm	实地面积/km^2	1∶5 000 图幅内的分幅数	每 km^2 图幅数
1∶5 000	40×40	4	1	0.25
1∶2 000	50×50	1	4	1
1∶1 000	50×50	0.25	16	4
1∶500	50×50	0.062 5	64	16

以上采用的是正方形分幅法,对于 1∶500、1∶1 000、1∶2 000 大比例尺地形图也可采用 40 cm×50 cm 的矩形图幅。

2. 矩形图幅的编号

1)坐标编号法

以每幅图的图幅西南角原点坐标 *X*、*Y* 的千米数为图幅的编号。编号时,1∶500 地形图的原点坐标取至 0.01 km;1∶1000、1∶2 000 地形图的原点坐标取至 0.1 km;1∶5 000 地形图的原点坐标取至 1 km。如图 4-1-10 所示为 1∶1 000 比例尺的地形图,按图幅西南角坐标编号法,其中画阴影线的两幅图的编号分别为 3.0-1.5、2.5-2.5。

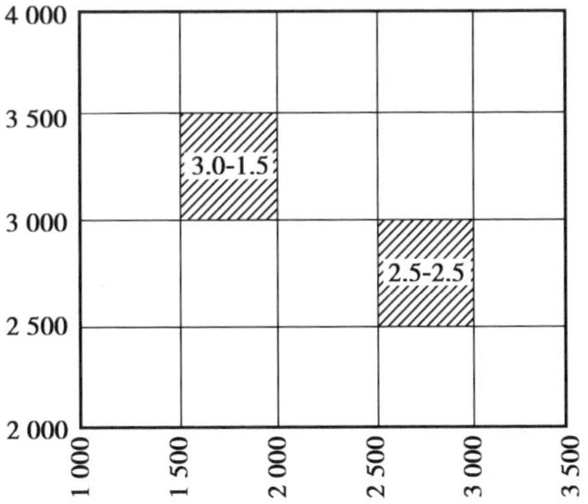

图 4-1-10 图幅西南角坐标编号法

2)行列编号法

行编号采用 *A*,*B*,*C*…字母,列编号采用阿拉伯数字,行列共同构成地形图编号,如 *A*-3、*B*-1、*D*-6 等。

3. 顺序编号法

对带状测区、小面积测区，可按测区统一顺序，从左向右、由上到下用阿拉伯数字编号。

【任务实施】

一、准备工作

4 人一组，每组配备地形图一张。

二、实施步骤

①讨论地形图识读的内容，提交书面文字资料。

②分析识读地形图的基本顺序，提交书面文字资料。

③研究一组闭合的等高线，判断是山丘还是洼地。

知识闯关与技能训练

一、单选题

1. 图上两点间的距离与其实地(　　)之比，称为地形图的比例尺。

A. 距离　　B. 高差　　C. 水平距离　　D. 球面距离

2. 同一条等高线上的各点，其(　　)一定相等。

A. 地面高程　　B. 水平距离　　C. 水平角度　　D. 处处相等

3. 等高距是相邻两条等高线之间的(　　)。

A. 高差间距　　B. 水平距离　　C. 实地距离　　D. 图上距离

4. 为了表示首曲线不能反映但又比较重要的局部地貌，按 1/2 基本等高距描绘的等高线，称为(　　)。

A. 首曲线　　B. 计曲线　　C. 间曲线　　D. 助曲线

5. 一组闭合的等高线是山丘还是洼地，可根据(　　)来判断。

A. 助曲线　　B. 首曲线　　C. 高程注记　　D. 计曲线

6. 同一地形图上等高线越密的地方，实际地形越(　　)。

A. 陡峭　　B. 平坦　　C. 高　　D. 低

7. 地形图上用于表示各种地物的形状、大小以及位置的符号称为(　　)。

A. 地形符号　　B. 依比例符号　　C. 地物符号　　D. 地貌符号

8. 对地物符号进行说明或补充的符号是(　　)。

A. 依比例符号　　B. 线形符号　　C. 地貌符号　　D. 注记符号

9. 下列地物中，最可能用比例符号表示的是(　　)。

A. 房屋　　B. 道路　　C. 垃圾台　　D. 水准点

10. 下列关于等高线特性的说法，错误的是(　　)。

A. 同一等高线上各点的高程相等

B. 等高线是闭合的，它不在本图幅内闭合就延伸或迂回到其他图幅闭合

C. 相邻等高线在图上的水平距离与地面坡度的大小成正比

D. 等高线与分水线及合水线正交

二、技能训练

下面的图表中列出了典型地貌直观图和等高线图，请认真阅读后找到地貌直观图对应的

等高线图,并用直线连接起来。

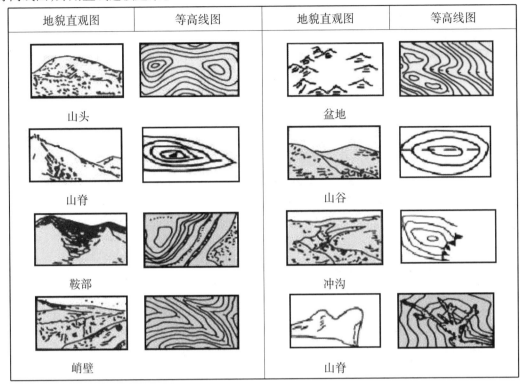

地貌直观图	等高线图	地貌直观图	等高线图
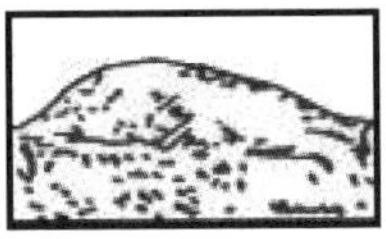 山头		 盆地	
 山脊		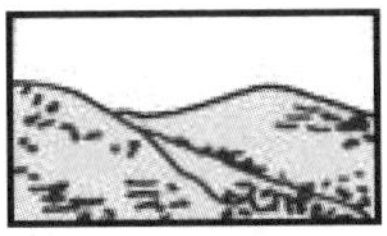 山谷	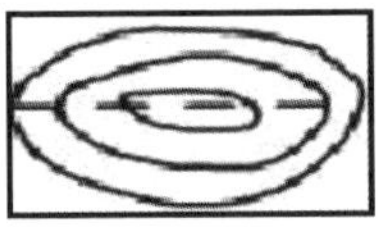
 鞍部		 冲沟	
 峭壁		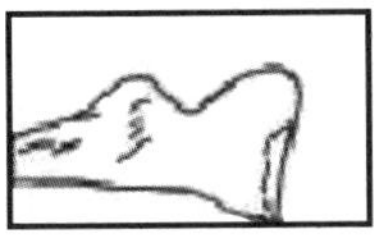 山脊	

任务4.1.1　学习任务评价表

任务4.1.2　全站仪数字化测图

【任务导学】

地形图测绘的任务就是测绘各种比例尺的地形图,以满足经济建设和国防建设的需要。地形图测绘的方法有小平板纸质测绘、全站仪数字化测图、GNSS-RTK 数字化测图、无人机测图。

本任务主要学习全站仪数字化测图野外数据的采集、CASS 软件内业成图。

【任务描述】

如图 3-2-21 所示,××学校规划区域内测图控制网已布设完毕,接下来用全站仪测量该规划区 1∶1 000 地形图,并用 CASS10.0 成图。

【知识储备】

一、数字测图的作业过程

数字测图的作业过程包括数据采集、数据处理、图形输出 3 个基本过程。

二、地形测图的主要工作内容

①数字化测图的准备工作(包括测区控制、碎部测量、测区分幅、人员安排等)。

②绘制平面图。

③绘制等高线。

④图形编辑(包括常用编辑、图形分幅、图幅整饰等)。

三、CASS10.0 简介

CASS 软件是广东南方数码科技股份有限公司基于 CAD 平台开发的一套集地形、地籍、空间数据建库、工程应用、土石方算量等功能于一体的软件系统。

1. CASS10.0 主界面

CASS10.0 的操作界面主要分为顶部菜单面板、右侧屏幕菜单、工具条和属性面板,如图 4-1-11 所示。每个菜单项均以对话框或命令行提示的方式与用户交互应答,操作灵活方便。

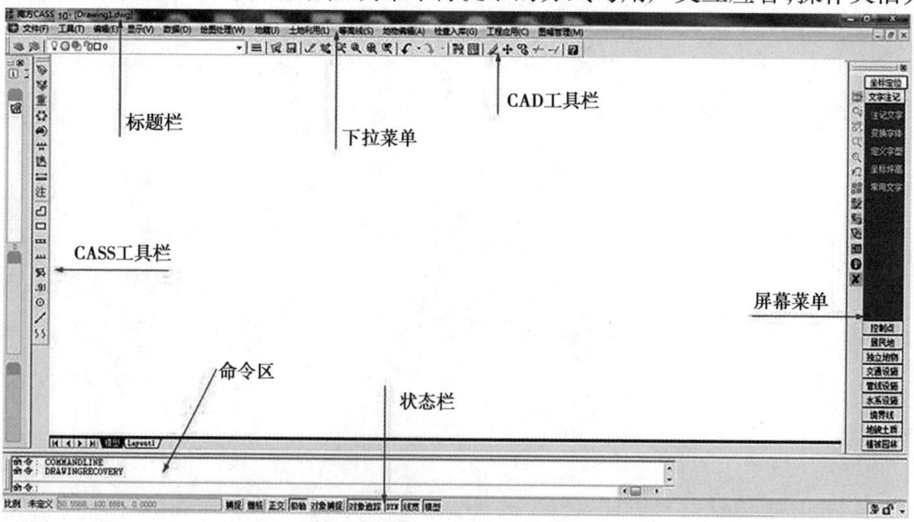

图 4-1-11　CASS10.0 主界面

2. CASS10.0 地形图绘制的基本流程

CASS10.0 地形图绘制的基本流程如图 4-1-12 所示。

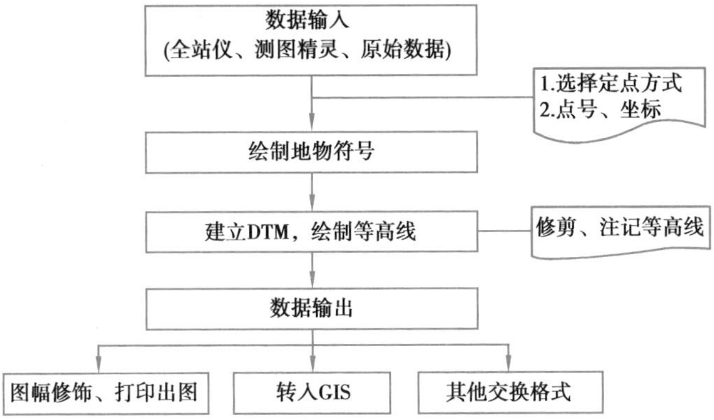

图 4-1-12　地形图绘制流程图

3. 数据传输

将全站仪内存中的数据文件传送到计算机。首先用数据线将全站仪和计算机连接好，在全站仪主菜单中调用"存储管理"子菜单，设置通信参数、选择要发出的数据文件、按键发送。

(1)设置通信参数(以南方 NTS-320 全站仪为例)

例如，RS232 传输模式下设置波特率为 1 200 b/s，见表 4-1-3。

表 4-1-3　波特率设置操作

操作过程	操作	显示
1. 在存储管理菜单中按[2]键(数据传输)	[2]	存储管理 1. 文件维护 2. 数据传输 3. 文件导入 4. 文件导出 5. 参数初始化　P↓
2. 按[1]键(RS232 传输模式)	[1]	数据传输 1. RS232 传输模式 2. USB 传输模式 3. 存储器模式
3. 按[3]键(数据通信)	[3]	RS232 传输模式 1. 发送数据 2. 接收数据 3. 通信参数

续表

操作过程	操作	显示
4. 按[▼]键向下移动光标至波特率选项栏，再按[◀]或[▶]键选定所需参数，按[F4]键(设置)	[▼] [◀]或[▶] [F4]	通信参数 1. 通信协议:Acr/Nak 2. 波特率:1 200 b/s 3. 字符校验:8 位无校验 设置

(2)发送数据(RS232 传输模式)

通信参数设置好后，屏幕自动返回到 RS232 传输模式，数据发送操作见表 4-1-4。

表 4-1-4　数据发送操作

操作过程	操作	显示
1. 按[1]键，选择(发送数据)，屏幕进入数据发送类型	[1]	RS232 传输模式 1. 发送数据 2. 接收数据 3. 通信参数
2. 按[2]键，发送坐标数据	[2]	发送数据 1. 发送测量数据 2. 发送坐标数据 3. 发送编码数据
3. 输入待发送的文件名，按[F4](确认)键。也可按[F2]键从内存中调用文件	[2]	选择发送坐标数据 文件名:WSXY 回退　调用　字母　确认

运行 CASS10.0，选择“数据”菜单选项下的“读取全站仪数据”，就会出现如图 4-1-13 所示的菜单和对话框。在此对话框中选择仪器，设置通信口、波特率、校验、数据位、停止位、超时、通信临时文件、CASS 坐标文件后，单击“转换”按钮(先在全站仪上回车发送数据)，即可将全站仪上的坐标数据文件传输到计算机中。

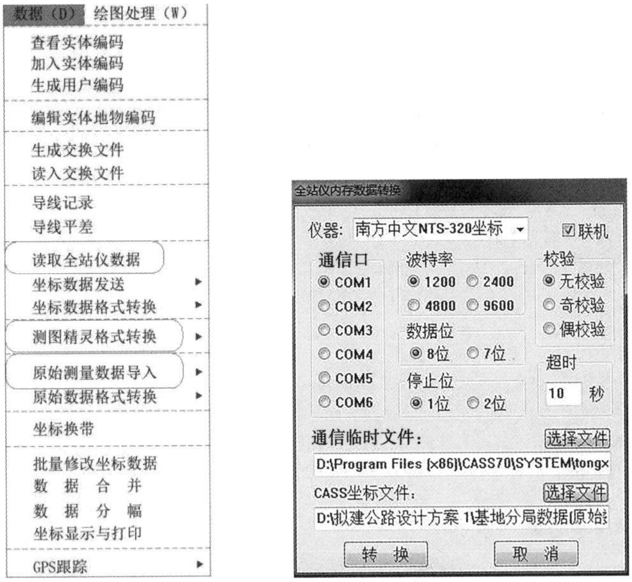

图4-1-13　读取、转换全站仪数据

这里需要强调的是测量坐标数据文件的扩展名是.txt，文件格式如下（本例中没有编码信息，但逗号不能省略）：

点号	坐标 X 值	坐标 Y 值	高程值
1，，	34 672.231，	15 691.632，	506.125
2，，	34 611.962，	15 627.123，	507.278

在使用CASS10.0成图时，需要将测量坐标数据文件的格式转换为.dat格式的坐标数据，文件格式如下：

点号	坐标 Y 值	坐标 X 值	高程值
1，，	15 691.632，	34672.231，	506.125
2，，	15 627.123，	34 611.962，	507.278

4.展点成图

对于图形的生成，CASS10.0提供了草图法、简码法、电子平板法、数字化仪录入法等多种成图作业方式。本任务以草图法为例介绍成图操作步骤。

草图法要求外业工作时，除了测量员和立尺员，还要安排一名绘草图的人员，在立尺员立尺点时，绘图员要标注出所测的是什么地物（属性信息）并记下所测点的点号（位置信息），为内业人机交互编辑成图提供参考。测量过程中要和测量员及时联系，使草图上标注的点号和全站仪里记录的点号一致。使用这种方法测量碎部点时，不用在全站仪中输入地物编码。

1）展点

移动鼠标至“绘图处理”菜单项，单击鼠标左键，出现如图4-1-14（a）所示的下拉菜单。然后选择“展野外测点点号”命令，弹出“输入坐标数据文件名”对话框[图 4-1-14(b)]。查找对应的坐标数据文件名，如“C:\CASS10.0\DEMO\YMSJ.DAT”，找到后单击“打开”按钮(图 4-1-15)，便可在屏幕上显示测点的点号，显示结果如图 4-1-16 所示。。

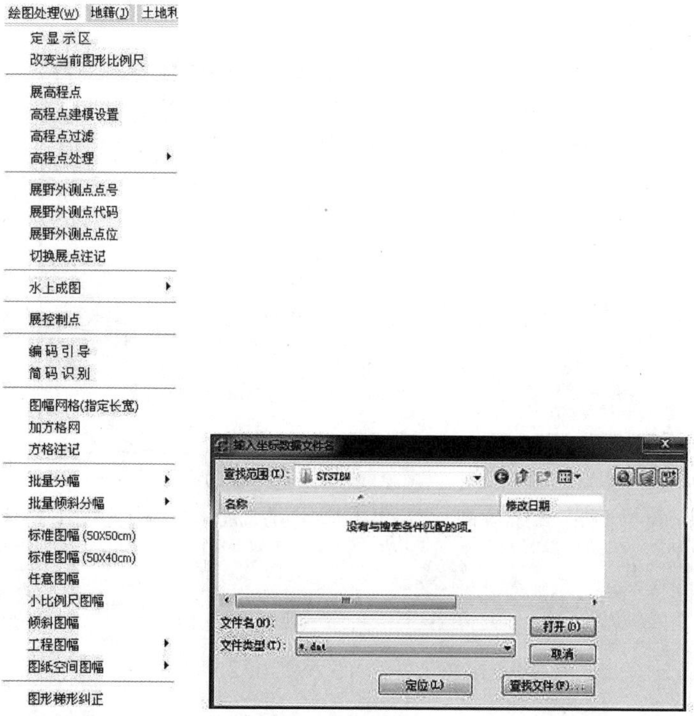

(a)下拉菜单　　(b)“输入坐标数据文件名”对话框

图 4-1-14　“绘图处理”下拉菜单

图 4-1-15　坐标数据文件名输入对话框

2)绘制地物

根据外业工作时绘制的草图，移动鼠标至屏幕右侧菜单区选择相应的地形图图式符号，然后在屏幕中将所有地物绘制出来。系统中所有地形图图式符号都是按照图层来划分的，如所有表示测量控制点的符号都放在“控制点”这一层，所有表示独立地物的符号都放在“独立地物”这一层，所有表示植被的符号都放在“植被园林”这一层。因地物种类繁多，不能一一介绍绘制方法，这里仅介绍居民地/一般房屋的绘制方法。

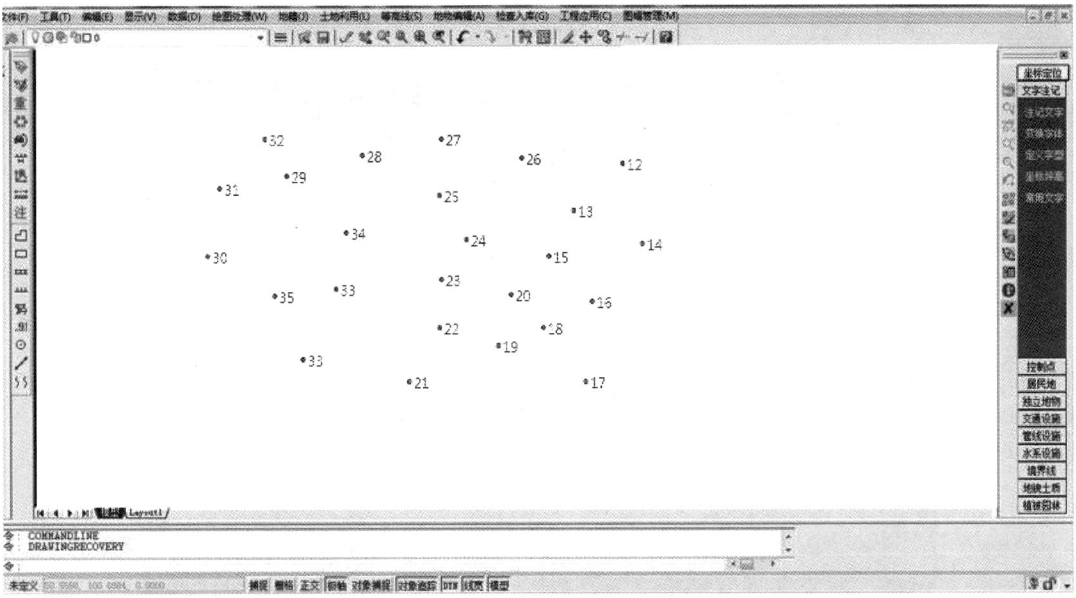

图 4-1-16　展点示意图

如图 4-1-17 所示，由 33、34、35 号点连成一间普通房屋。移动光标至右侧菜单"居民地/一般房屋"处单击鼠标左键，弹出如图 4-1-18 所示对话框。再移动光标到"四点房屋"的图标处单击鼠标左键，图标变亮表示该图标已被选中，然后移动光标至 OK 处单击鼠标左键。这时命令区提示：

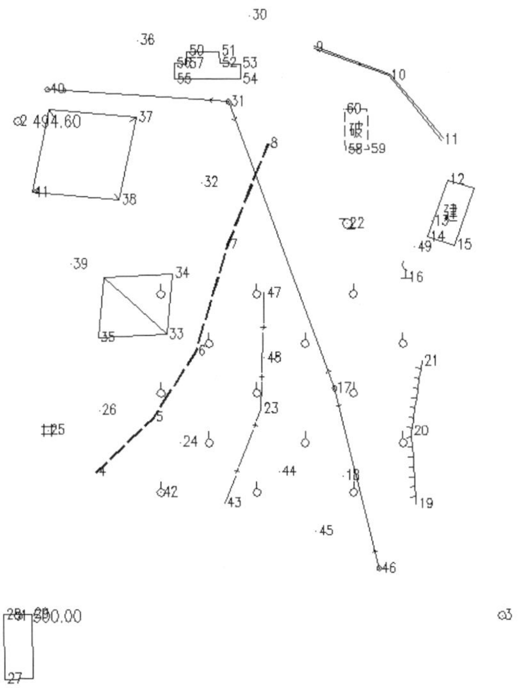

图 4-1-17　外业作业草图

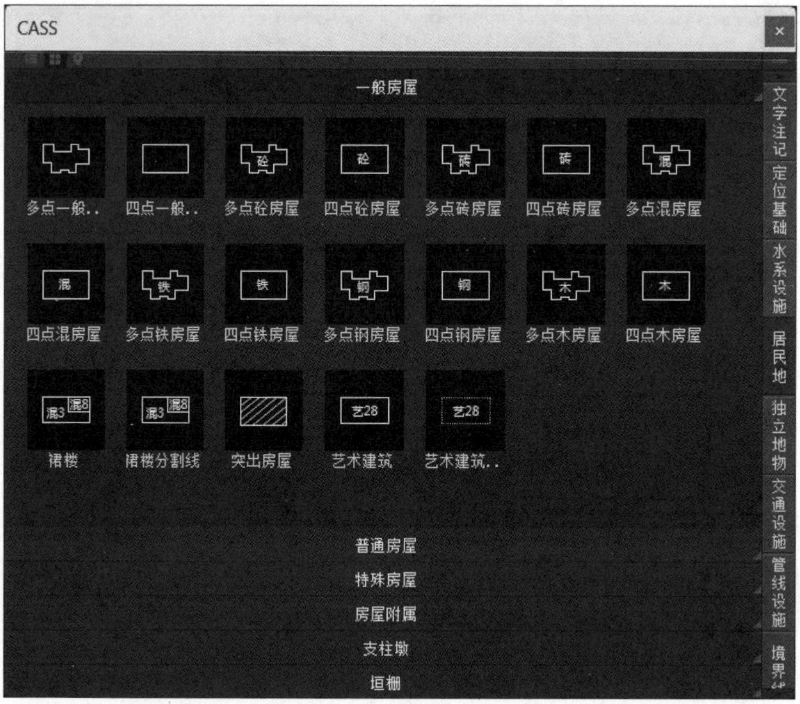

图 4-1-18 “居民地/一般房屋”图层图例

①绘图比例尺，输入 1∶1 000，回车。

②已知三点/已知两点及宽度/已知四点<1>：输入 1，回车（或直接回车默认选 1）。

说明：“已知三点”是指测矩形房子时测了 3 个点；“已知两点及宽度”是指测矩形房子时测了两个点及房子的一条边；“已知四点”是指测了房子的 4 个角点。

③点 P/<点号>：输入 33，回车。

说明：“点 P”是指根据实际情况在屏幕上指定一个点；“点号”是指绘地物符号定位点的点号（与草图的点号对应），此处使用点号。

④点 P/<点号>：输入 34，回车。

⑤点 P/<点号>：输入 35，回车。

这样就将 33、34、35 号点连成了一间普通房屋。

同样在“居民地/垣栅”层找到“依比例围墙”的图标，将 9、10、11 号点绘成依比例围墙的符号；在“居民地/垣栅”层找到“篱笆”的图标，将 47、48、23、43 号点绘成篱笆的符号。完成这些操作后，其平面图如图 4-1-19 所示。

3）绘制等高线

（1）建立数字地面模型（DTM）

在使用 CASS10.0 自动生成等高线时，应先建立数字地面模型，然后在数字地面模型上生成等高线。

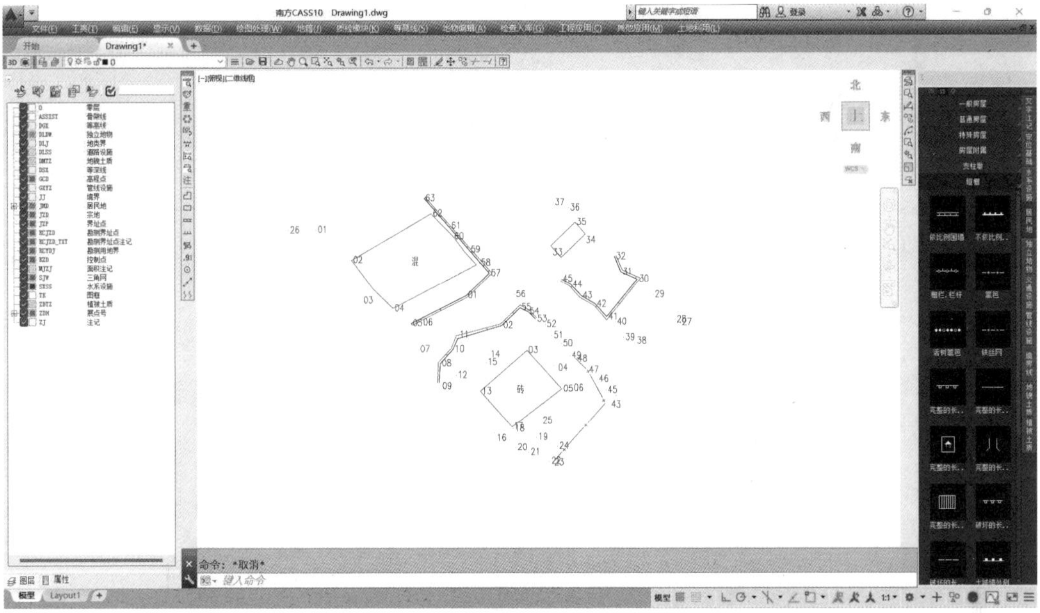

图 4-1-19　用“居民地”图层绘的平面图

建立 DTM 的方式有由数据文件生成和由图面高程点生成两种。如果选择由数据文件生成，则在坐标数据文件名中选择坐标数据文件；如果选择由图面高程点生成，则先在绘图处理下拉菜单中单击“展高程点”，输入坐标数据文件后单击“打开”按钮，将高程点展绘在平面上，如图 4-1-20 所示。

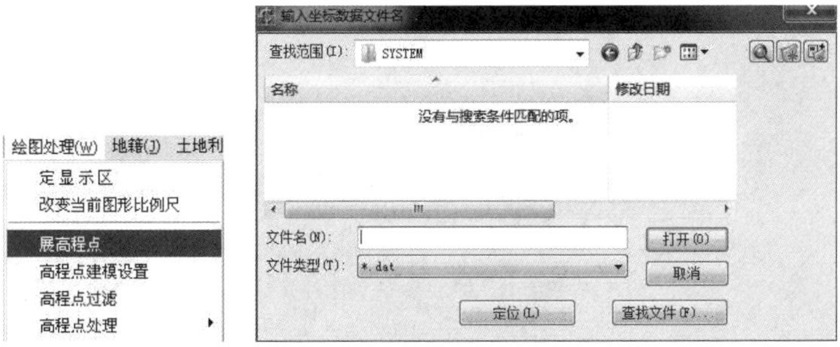

图 4-1-20　绘图处理下拉菜单

打开数据文件后，命令区提示：“注记高程点的距离（米）”，根据相关规范要求输入高程点注记距离（即注记高程点的密度），回车则默认为注记全部高程点的高程。这时所有高程点和控制点的高程均自动展绘到图上。

建立数字地面模型的操作步骤如下：

①移动光标至屏幕顶部菜单“等高线”选项，单击鼠标左键，出现如图 4-1-21 所示的下拉菜单。

②移动光标至“建立 DTM”选项，该处以高亮度（深蓝）显示，单击鼠标左键，出现如图 4-1-22 所示的对话窗。

③选择“由数据文件生成”或“由图面高程点生成”。

④选择“结果显示”，分为 3 种：显示建三角网结果、显示建三角网过程和不显示三角网。

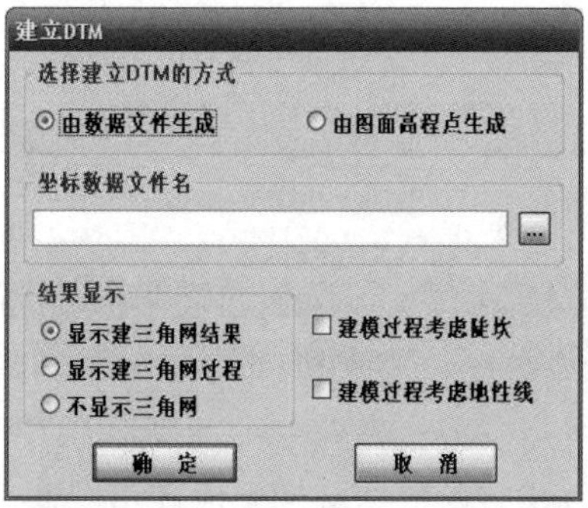

图 4-1-21 “等高线”下拉菜单　　图 4-1-22 选择建模高程数据文件

⑤选择在建立 DTM 的过程中是否考虑陡坎和地性线。

以上步骤完成后,单击“确定”按钮,生成如图 4-1-23 所示的三角网。

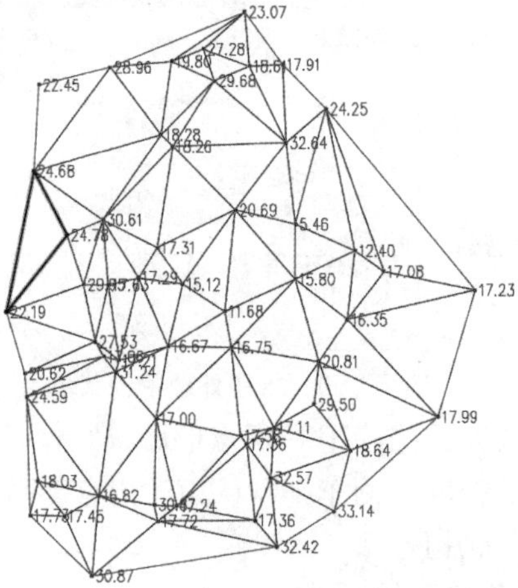

图 4-1-23 用 DGX. dat 数据建立的三角网

(2)绘等高线

用鼠标选择“等高线”下拉菜单的“绘制等高线”项,弹出如图 4-1-24 所示的对话框。如果生成多条等高线,则在“等高距”框中输入相邻两条等高线之间的等高距。最后选择等高线的拟合方式,有不拟合(折线)、张力样条拟合、三次 B 样条拟合和 SPLINE 拟合 4 种方式。测点较密或等高线较密时,最好选择方法 3。

当命令区显示“绘制完成!” 便已完成绘制等高线的工作,绘制结果如图 4-1-25 所示。

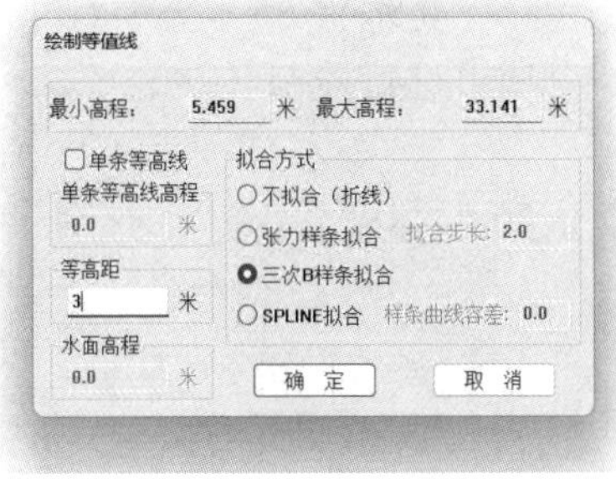

图 4-1-24　“绘制等高线”对话框

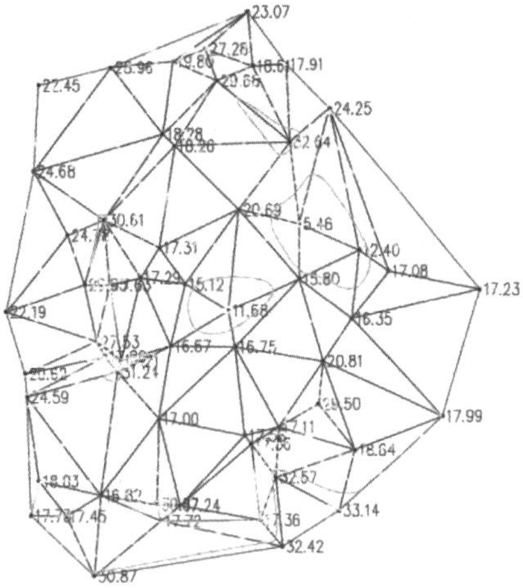

图 4-1-25　绘制完的等高线

4)注记等高线

用“窗口缩放”项得到局部放大图,如图 4-1-26 所示,再选择“等高线”下拉菜单中 “等高线注记”的“单个高程注记”项。

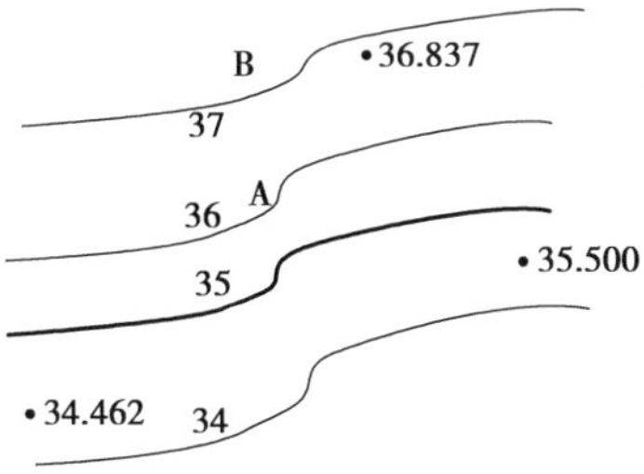

图 4-1-26　等高线高程注记

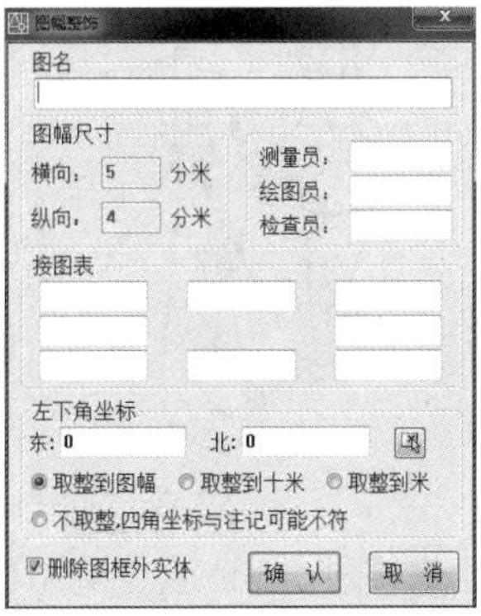

图 4-1-27　输入图幅信息

命令区提示:

选择需注记的等高(深)线:移动鼠标至要注记高程的等高线位置,如图 4-1-26 所示的位置 A,单击鼠标左键;

依法线方向指定相邻一条等高(深)线:移动鼠标至如图 4-1-26 所示的等高线位置 B,单击鼠标左键。

等高线的高程值即自动注记在 A 处,且字头朝 B 处。

5)加图框

用鼠标选择“绘图处理”下拉菜单的“标准图幅”命令,弹出如图 4-1-27 所示的对话框,输入图幅信息后单击“确认”按钮,图幅边框即设置完毕。

6)图形输出

打印输出:整饰图幅→连接输出设备→输出。

【任务实施】

一、数字化测图的准备工作

1. 接受任务

①接受委托:接受委托单位测绘任务委托书,双方签订项目合同。

②需求分析:详细分析委托单位项目需求,明确客户要求。

③项目策划:从人员配置、项目阶段划分、技术方案、质量标准、技术方案评审、职责和权限的规定、各组和实操流程及技术环节的接口等对整个项目进行控制。

2. 技术设计

技术设计是指制订切实可行的技术方案,从作业依据、技术规定、有关的标准和规范等方面进行技术设计。

二、实施步骤

1. 人员安排

一个作业小组可配备测站 1 人、镜站 2 人、领尺员 2 人,如图 4-1-28 所示。领尺员负责画草图和室内成图。

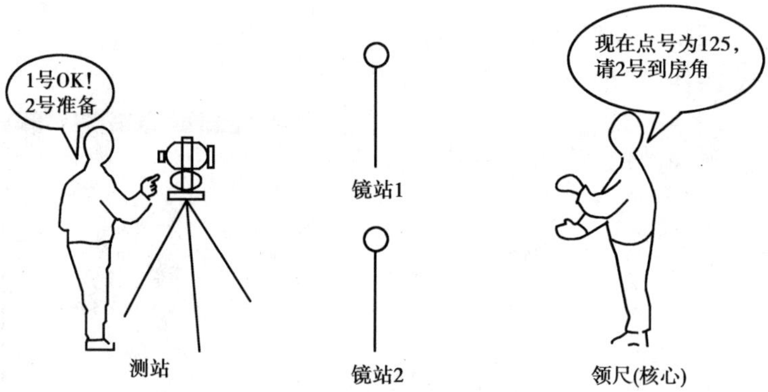

图 4-1-28　一小组作业人员配备情况示意图

需要注意的是:领尺员必须与测站保持良好的通信联系(可通过对讲机),使草图上的点号与手簿上的点号一致。

2. 仪器、工具配置

5 人一组,每组配置检校过的全站仪 1 台,三脚架 1 个,棱镜对中杆 2 根,棱镜 2 个,钢尺 1 把,对讲机 2 对,铅笔,橡皮,记录板,直尺等。

3. 测区踏勘

了解交通、植被情况;搜集控制点的信息(水准点、导线点的分布情况、等级、坐标、高程);了解地物、地形特点,自然坡度、通视情况等。

4. 全站仪野外数据采集

1)全站仪草图法测图野外数据采集

全站仪坐标测量示意图如图 4-1-29 所示,测量步骤如下:

①在控制点(图根点)上安置全站仪,对中和整平;

②量取仪器高;

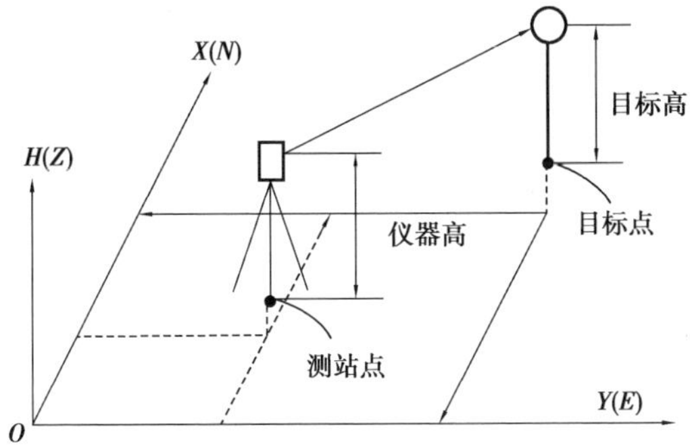

图4-1-29　全站仪坐标测量示意图

③全站仪开机：设置照明，改正气象，改正加常数，改正乘常数，设置棱镜常数等；

④进入全站仪数据采集菜单，输入数据文件名，如20250506；

⑤进入测站点数据输入子菜单，输入测站点的坐标和高程（或从已有数据文件中调用），输入仪器高、棱镜高（目标高）；

⑥瞄准后视点，进入后视点数据输入子菜单，输入后视点坐标、高程（或从已有数据文件中调用）；

⑦照准前视点，进入前视点坐标高程设置子菜单，输入前视点的坐标，将已知图根点当作碎部点进行检核，确认各项设置正确后，方可开始测量碎部点；

⑧领尺员指挥跑尺员跑棱镜，观测员操作全站仪，并输入第一个立镜点的点号（如0001）；按键测量碎部点的坐标和高程，第一点数据测量保存后，全站仪屏幕自动显示下一立镜点的点号（点号顺序增加至0002）；

⑨依次测量其他碎部点；

⑩领尺员绘制草图，直到本测站全部要观测的碎部点测量完毕；

⑪全站仪搬到下站，重复上述过程。

2）测量碎部点时跑棱镜的方法

（1）跑棱镜的一般方法

测图开始前，领尺员和跑尺员应先在测站上研究需要立镜的位置和跑尺的方案。在地性线明显地区，可沿地性线在坡度变坡点上依次立镜，也可沿等高线跑尺立镜，一般常采用"环行线路法"和"迂回线路法"。

（2）地物点的测绘

地物点应选在地物轮廓线的方向变化处。如果地物形状不规则，一般地物凹凸长度在图上大于0.4 mm均应表示出来。

（3）地貌测绘

地面上的山脊线、山谷线、坡度变化线和山脚线称为地性线。地性线上的坡度变换点是表示地貌的主要特征点，测出这些点和更多的地形点，能准确而详细地表示实地的情况，一般地形点间最大距离不应超过图上3 cm。

3）全站仪数据采集操作步骤

以南方全站仪NTS-360系列为例。

①数据采集文件的选择，具体操作见表4-1-5。

表 4-1-5　数据采集操作

操作过程	操作	显示
1. 按[MENU]键,进入主菜单 1/2,按数字键[1](数据采集)	[MENU]	菜单　1/2 1. 数据采集 2. 放样 3. 存储管理 4. 程序 5. 参数设置　P↓
2. 按[F2](调用)键,查找调用内存数据文件;或按[F3](数字或字母)键,输入数据文件名	[F2] 或[F3]	选择测量和坐标文件 文件名:20250506 回退　调用　字母　确认
3. 按[ENT](回车)键,文件输入成功,屏幕返回数据采集菜单 1/2,进入测站点、后视点、测量点的设置	[3]	数据采集　1/2 1. 设置测站点 2. 设置后视点 3. 测量点 P↓

②设置测站点。利用内存中的坐标来设置测站点,具体操作见表 4-1-6。

表 4-1-6　设置测站点操作

操作过程	操作键	显示
1. 由数据采集 1/2 界面按数字键[1],设置测站点	[1]	数据采集　1/2 1. 设置测站点 2. 设置后视点 3. 测量点 P↓
2. 按[F4](测站)键	[F4]	设置测站点 1. 测站点 2. 编码: 3. 仪器高:　m 输入　查找　记录　测站
3. 按[F1](输入)键,输入点名 D1-01 或按[F2](调用)键	[F1] 或 [F2]	数据采集 设置测站点 点名 :D1-01 输入　调用　坐标　确认

续表

操作过程	操作键	显示
4. 按[F4](确认)键;屏幕显示出测站点的坐标值; 如确认设置按[F4]键; 不确认设置按[F3]键。 按[F4]键屏幕将返回测站设置界面	[F4]	设置测站点 NO:2 024.123 m EO:1 978.527 m ZO:500.321 m >确认吗?　[否]　[是]
5. 按[ENT](确认)键,移动光标下拉至仪器高显示行	[ENT]	设置测站点 1. 测站点:D1-01 2. 编码: 3. 仪器高:　m 输入　记录　测站
6. 按[F1](输入)键,输入仪器高1.662 m,再按[F4](确认)键	[F1] [F4]	设置测站点 1. 测站点:D1-01 2. 编码: 3. 仪器高:1.662 m 回退　确认
7. 按[F3](记录)键	[F3]	设置测站点 1. 测站点:D1-01 2. 编码: 3. 仪器高:1.662 m 输入　记录　测站
8. 按[F4](确认)键;屏幕将返回到第4步:设置测站点界面	[F4]	设置测站点 NO:2 024.123 m EO:1 978.527 m ZO:500.321 m >确认吗?　[否]　[是]
9. 按[F4](确认)键,测站点设置完毕,屏幕将返回到第1步:数据采集1/2界面	[F4]	数据采集　1/2 1. 设置测站点 2. 设置后视点 3. 测量点 P↓

③设置后视点。利用内存中的坐标来设置后视点进行定向,具体操作见表4-1-7。

表 4-1-7 后视点设置操作

操作过程	操作键	显示
1. 数据采集 1/2 界面按数字键[2],设置后视点	[2]	数据采集 1/2 1. 设置测站点 2. 设置后视点 3. 测量点 P↓
2. 屏幕上显示上次设置的数据	[F4]	设置后视点 1. 后视点:B1 2. 编码: 3. 目标高: m 输入 查找 测量 后视
3. 按[F1](输入)键	[F1]	数据采集 1. 设置后视点 2. 点名: 输入 调用 NE/AZ 确认
4. 输入点名 F-01,按[F4](确认)键	[F4]	数据采集 1. 设置后视点 2. 点名:F-01 回退 调用 数字 确认
5. 系统查找当前作业下的坐标数据,找到点名,则将该点的坐标显示在屏幕上。按[F4]键确认后视点的坐标。 注意:在按[F4]键前,记住用望远镜十字丝竖丝瞄准后视点目标	[F4]	设置后视点 NO:2 001.351 m EO:1 950.739 m ZO:506.621 m >确认吗? [否] [是]
6. 屏幕返回设置后视点界面。按同样的方法,输入点编码(采用点号定位时可省),目标高,按[F4](确认)键	[F4]	设置后视点 1. 后视点:F-01 2. 编码: 3. 目标高:1.721 m 回退 置零 确认

续表

操作过程	操作键	显示
7. 瞄准后视点棱镜,按[F3](测量)键	[F3]	设置后视点 1. 后视点:F-01 2. 编码: 3. 目标高:1.721 m 输入　置零　测量　确认
8. 进行测量,屏幕显示测量结果。按[F4](确认)键,屏幕返回到数据采集 1/2 界面	[F4]	V:92°26′30″ HR:42°53′12″ N:2 001.352 m E:1 950.740 m Z:506.620 m 输入　查找　测量　后视
9. 屏幕返回到数据采集 1/2 界面		数据采集　1/2 1. 设置测站点 2. 设置后视点 3. 测量点 P↓

④进行待测点的测量,具体操作见表 4-1-8。

表 4-1-8　待测点测量操作

操作过程	操作键	显示
1. 数据采集 1/2 界面按数字键[3],进入待测点测量	[3]	数据采集　1/2 1. 设置测站点 2. 设置后视点 3. 测量点 P↓
2. 按[F1](输入)键	[F1]	测量点 1. 点名: 2. 编码: 3. 目标高:　m 输入　查找　测量　同前

续表

操作过程	操作键	显示
3. 按输入点名 001 后，按[F4]（确认）键，光标自动下移	[F4]	测量点 1. 点名:001 2. 编码: 3. 目标高:　m 回退　查找　字母　确认
4. 按同样方法输入编码（可无）、目标高，按[F4]（确认）键	[F4]	测量点 1. 点名:001 2. 编码:××× 3. 目标高:1.962 m 回退　确认
5. 按[F3]（测量）键	[F3]	测量点 1. 点名:001 2. 编码:××× 3. 目标高:1.962 m 输入　测量　同前
6. 照准目标点，按[F3]（坐标）键	[F3]	测量点 1. 点名:001 2. 编码:××× 3. 目标高:1.962 m 角度　平距　坐标　偏心
7. 系统启动测量，屏幕显示测量结束，按[F4]（设置）键	[F4]	V:91°20′36″ HR:48°39′28″ N:2 010.478 m E:1 987.520 m Z:508.276 m 正在测距　设置
8. 按[F4]（是）键，屏幕显示完成	[F4]	V:91°20′36″ HR:48°39′28″ N:2 010.478 m E:1 987.520 m Z:508.276 m >确认吗?　[否]　[是]

5. 内业成图

(1)读取全站仪数据

外业地形点数据采集完成后，使用通信电缆将全站仪与计算机的 COM 接口连接好，运行计算机中的 CASS10.0，选择“数据”，读取全站仪数据，将全站仪上的坐标数据文件传输到计算机中。

(2)格式转换

绘制等高线

将保存的数据文件转换为 CASS10.0 成图软件的格式文件。执行下拉菜单“数据”，读取全站仪数据命令，在弹出的对话框中单击“转换”按钮，完成数据文件格式的转换。

(3)绘图

按知识储备中学习过的方法展点绘图。图 4-1-30 所示为使用 CASS10.0 绘制的××学校 1∶1 000 比例尺的地形图。

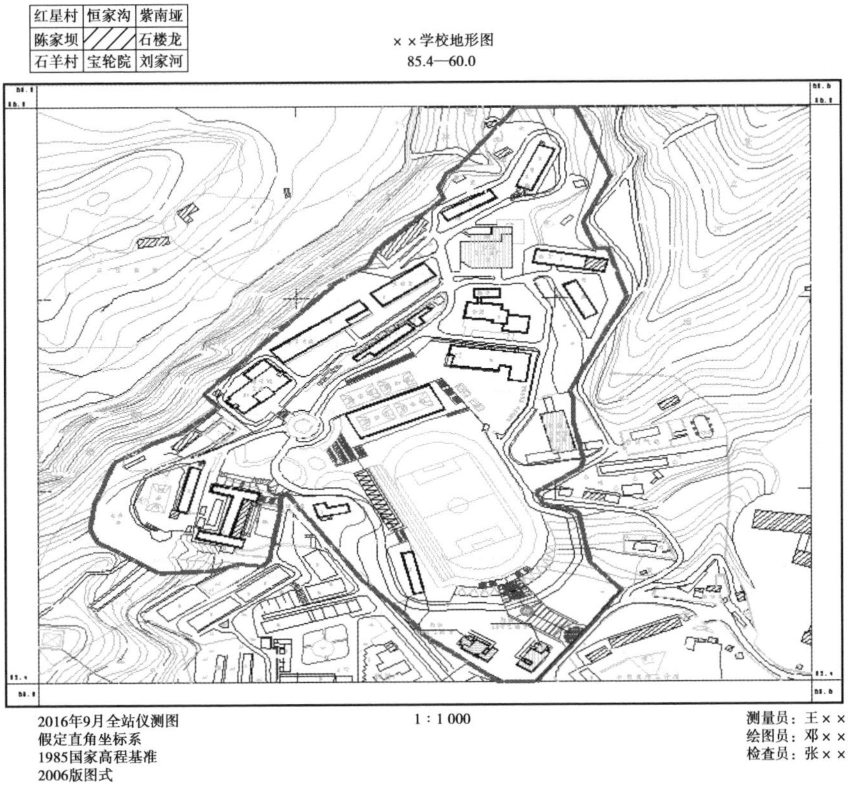

图 4-1-30　××学校地形图

三、注意事项

①在作业前应做好准备工作，检查检校仪器工具，全站仪的电池、备用电池均应充足电。

②用电缆连接全站仪和计算机时，应选择与全站仪型号相匹配的电缆，小心稳妥地连接。

③外业数据采集时，若棱镜高改变，应及时通知观测人员重新输入目标高；记录及草图绘制应清晰，测站、点号、连接点和连接线等信息应记录齐全，以方便绘图。

④数据处理前，先熟悉 CASS10.0 的工作环境及基本操作要求。

知识闯关与技能训练

一、单选题

1. 在全站仪观测前，应进行仪器参数设置，一般应输入 3 个参数，即棱镜常数、(　　)及气压，以使仪器对测距数进行自动改正。

A. 仪器高　　B. 温度　　C. 前视读数　　D. 风速

2. 用全站仪进行坐标测量前，应先进行测站设置，其设置内容包括(　　)。

A. 测站坐标与仪器高

B. 后视点与棱镜高

C. 测站坐标与仪器高、后视点方向与棱镜高

D. 后视方位角与棱镜高

3. 下列说法错误的是(　　)。

A. 取下全站仪电池之前先关闭电源开关

B. 多测回反复观测能提高测角的精度

C. 在测数字地形图时，若采用全站仪野外数据采集方法，则不需要绘制草图

D. 全站仪的测距精度受气温、气压、大气折光等因素影响

4. 全站仪在进行数据传输前，应设置(　　)。

A. 数据传输速度、波特率　　B. 温度

C. 文件格式　　D. 风速

5. 数字化测图的基本原理是采集地面上地物、地貌的(　　)。

A. 高程　　B. 三维坐标　　C. 角度　　D. 距离

6. 利用 CASS 软件展点是在(　　)下拉菜单中进行的。

A. 数据　　B. 等高线　　C. 绘图处理　　D. 显示

7. 利用 CASS 软件建立数字地面模型 DTM 是在(　　)下拉菜单中进行的。

A. 数据　　B. 等高线　　C. 绘图处理　　D. 地物编辑

二、技能比赛

比赛任务一:4 人一组，共同完成全站仪野外数据采集、跑尺、草图绘制。

比赛任务二:1 人独立完成数据输入、展点、绘图。

任务4.1.2 学习任务评价表

*任务 4.1.3　GNSS-RTK 数字化测图

【任务导学】

GNSS-RTK 测绘地形图进行野外数据采集与全站仪测图一样，具有作业效率高、定位精度高、没有误差积累、全天候作业、作业自动化、集成化程度高等诸多优点，目前多采用这项新技术进行地形图测绘。本任务主要学习 GNSS-RTK 点测量的基本流程，基准站设置、流动站设置、定义坐标系操作。

【任务描述】

××学校规划区域内测图控制网已测设完毕，为提高测图效率，用 GNSS-RTK 完成该规划区 1 : 1 000 地形图外业数据采集工作，并用 CASS10.0 成图。

【知识储备】

一、GNSS-RTK 系统概述

RTK(Real-Time Kinematic)定位技术是基于载波相位观测的实时动态定位技术。常规的 RTK 系统需要基准站接收机 1 台、流动站接收机 1 台或多台，以及信号传输所必需的电台设备。

GNSS-RTK 是一种全天候、全方位的新型测量仪器，是目前实时、准确地确定待测点位置的最佳方式之一。其基本方法是，在已知点上设置基准站，另一台或数台接收机作为流动站在待定点上施测，求出碎部点的坐标和高程。由于两台接收机相距较近，对同一卫星的观测具有很强的相关性，所以在一定的范围内，通过此项技术可以明显地消除各项误差的影响，从而显著提高定位精度。

GNSS-RTK 设备分为基准站(简称"基站")和流动站两部分，如图 4-1-31 所示。基准站包括三脚架、主机、转换器(放大器)、电源(蓄电池)、天线、连接电缆。流动站包括碳素对中杆、主机、手簿。手簿和主机之间使用蓝牙传输。目前，很多 GNSS-RTK 设备向一体化发展，使用内置电源，不再使用沉重的大电瓶，数据链发送天线(UHF)也逐渐使用内置电台。有些 GNSS-RTK 设备同时具备电台传输(UHF)和通信网络传输(GPRS)两种功能，在测区较小时使用电台传输，测区较大时使用通信网络传输。

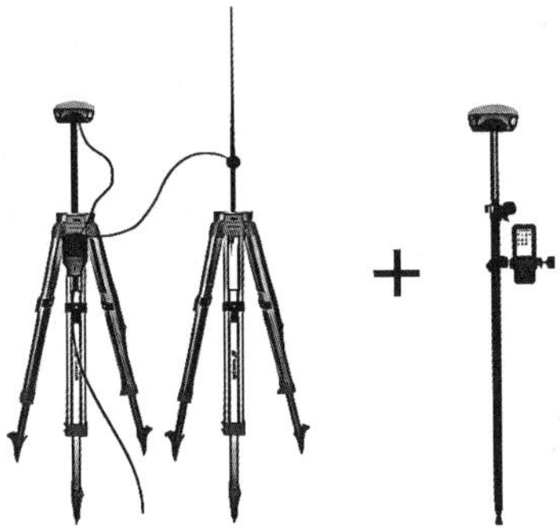

图 4-1-31　GNSS-RTK 设备组成图

GNSS-RTK 基准站的设置可分为基准站架设在已知点和未知点两种情况。常用的方法是将基准站架设在一个地势较高、视野开阔的未知点上，用流动站在测区内的两个或两个以上已知点上进行点校正，并求解转换参数。

通常基准站和流动站安置完毕之后，打开主机及电源，建立工程文件，选择坐标系，输入中央子午线经度和 y 坐标加常数。通常建立一个工程，以后每天工作时新建文件即可。

GNSS-RTK 定位技术是将基准站的相位观测值及坐标信息通过数据链方式及时传送给流动站，流动站将收到的数据链连同自身采集的相位观测数据进行实时差分处理，从而获得流动站的实时三维坐标，进而进行点测量，测绘地形图。

二、GNSS-RTK 点测量的基本流程

用 GNSS-RTK 进行点测量的基本流程如图 4-1-32 所示。

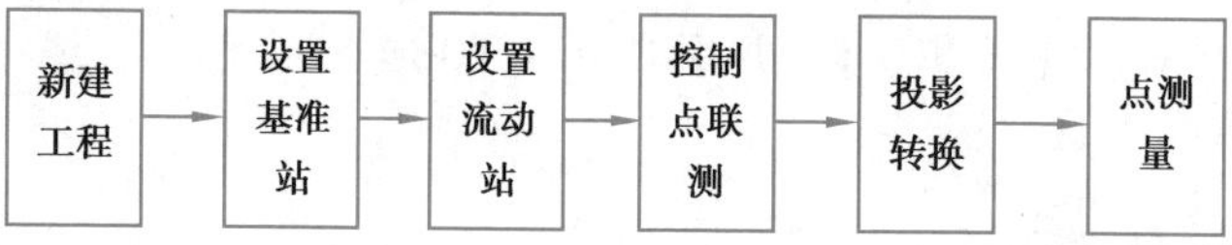

图 4-1-32　GNSS-RTK 点测量基本流程

①新建项目，输入项目参数。

②设置基准站，获取控制点的大地坐标（经纬度坐标）。可以用动态 RTK 方式测量获得，也可以使用设计院、测绘院等专业单位提供的数据。注意在使用动态 RTK 获取经纬度坐标时，必须保证基准站位置不动、单点校正功能关闭，并且在测量控制点期间不能重新设置基准站。

③设置流动站，输入对应控制点的目标坐标系的坐标（已知坐标）。

④控制点联测，通过匹配的控制点解算参数，修改投影参数。

⑤转化投影。投影界面用来选择和解算投影转换，水平和垂直投影都选择地方投影转换。

⑥点测量。完成后即可开始测量工作，点测量时找到要采集的地物特征点进行立尺。单击点测量，等待 5 s，提示测量完成即可进行下一个。

【任务实施】

RTK野外数据采集

一、GNSS-RTK 测图的准备工作

1. 人员安排

一个作业小组 2 人：1 人负责移动站跑尺、1 人负责草图绘制。

2. 仪器、工具配置

每组配置检校过的 GNSS-RTK 接收机 1 台，棱镜对中杆 1 根，公用基站 1 个。

3. 测区踏勘

了解交通、植被情况；搜集控制点的信息（水准点、导线点的分布情况、等级、坐标、高程）；了解地物、地形特点，自然坡度、通视情况等。

二、实施步骤

下面以中纬 Zenith45 RTK 接收机为例进行介绍。

1. 中纬 Zenith45 RTK 接收机基站设置（内置电台模式基站设置）

①进入基站参数设置界面。手簿连接基站主机后，单击“仪器”→“基站设置”，选择“电

台”，单击“确定”，进入基站参数设置界面，如图4-1-33所示。

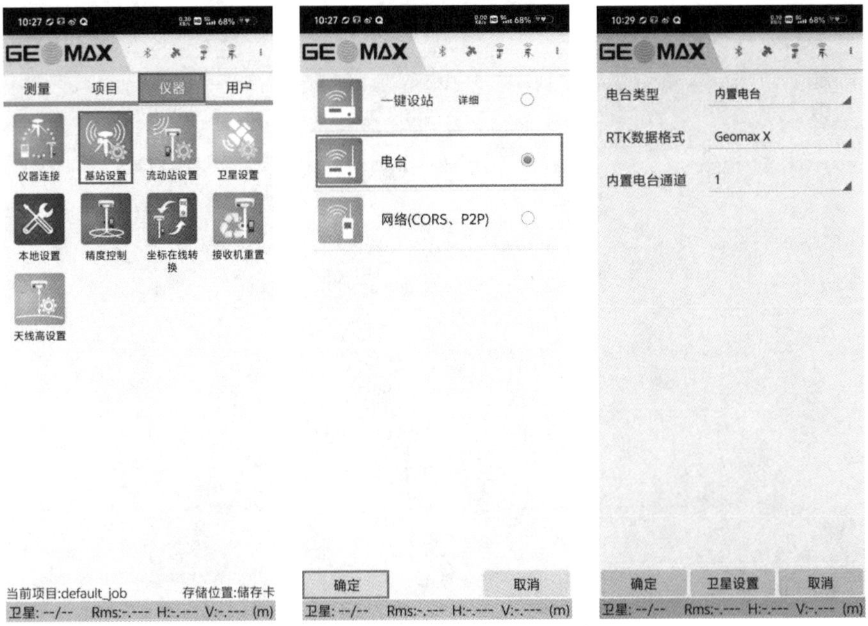

图4-1-33　进入基站参数设置界面

②设置基站参数。如图4-1-34所示，电台类型选择“内置电台”，RTK数据格式选择“Geomax X”，选择内置电台通道，选择完成后单击“确定”。

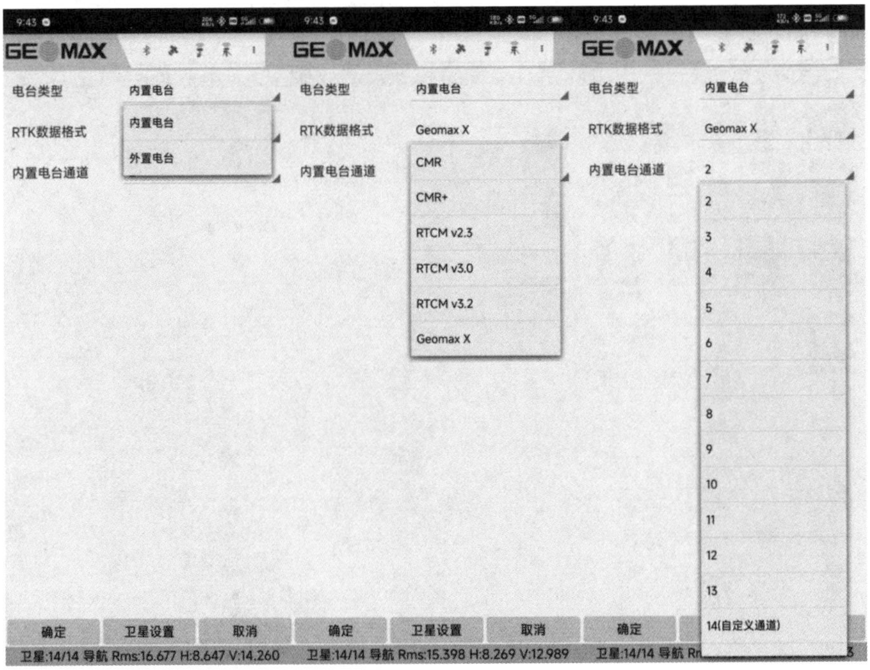

图4-1-34　设置基站参数

③完成基站设置。如图4-1-35所示，单击“测量点”，进入基站测量界面，经纬度坐标开始更新，单击“测存”→“设置”，完成基站的设置。

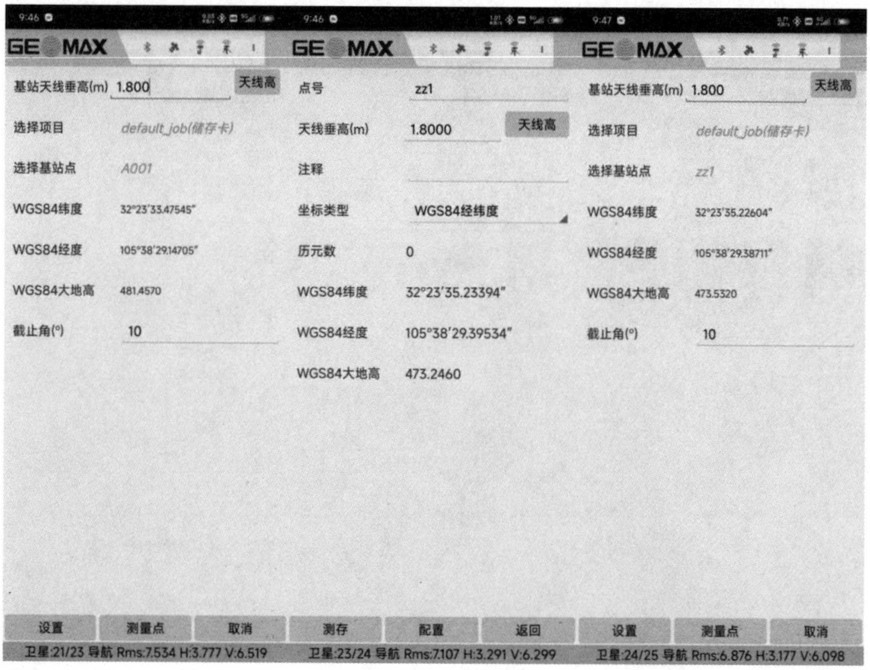

图 4-1-35　测点完成基站设置

2. 流动站设置

①进入流动站参数设置界面。手簿连接流动站主机,单击“仪器”→“流动站设置”,进入流动站设置界面,选择 “电台”,单击“确定”,进入流动站参数设置界面,如图 4-1-36 所示。

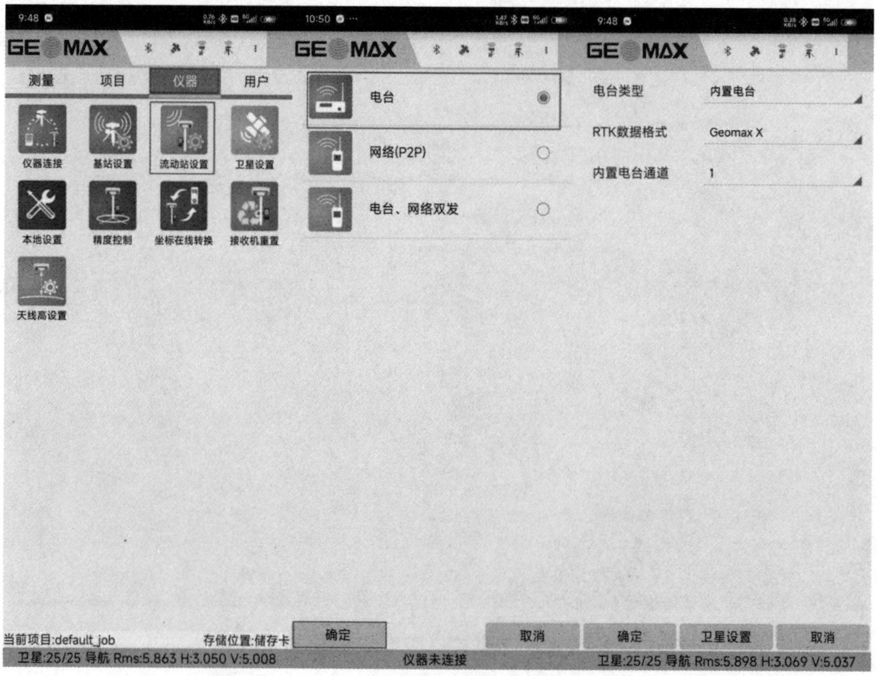

图 4-1-36　进入流动站参数设置界面

②设置流动站参数与基站保持一致。如图 4-1-37 所示，如电台类型为“内置电台”，RTK 数据格式选择“Geomax X”，内置电台通道保持与基站一致，单击“确定”，完成流动站参数设置。

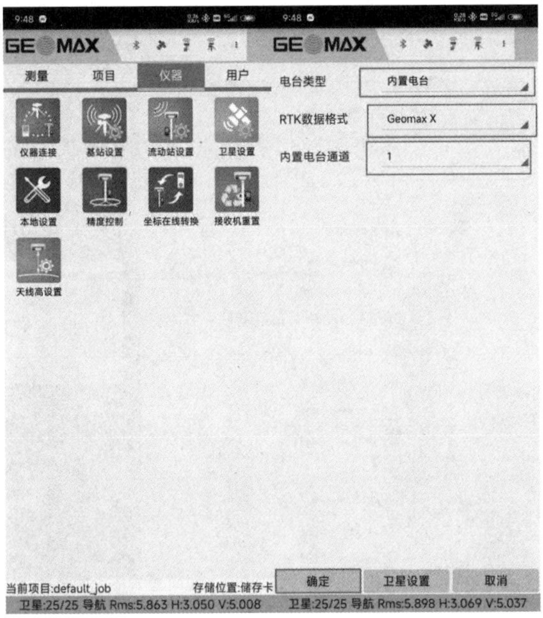

图 4-1-37　流动站参数设置

3. 定义坐标系操作

①进入定义坐标系一步法。如图 4-1-38 所示，进入中纬智测软件后，在“测量”界面进入“定义坐标系”，单击“一步法”，默认残差限值，单击“确定”。

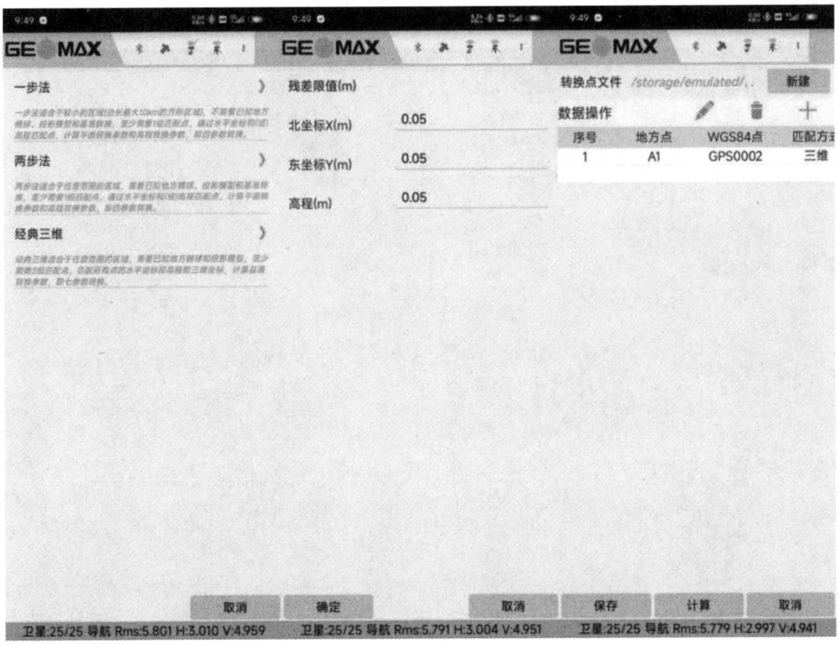

图 4-1-38　定义坐标系一步法界面设置

②新建控制点匹配文件及选择文件位置。如图 4-1-39 所示，在“转换点文件”匹配界面，单击“新建”，选择文件路径，单击“确认”，输入文件名，如“GEOMAX”，即完成控制点匹配文件的新建。

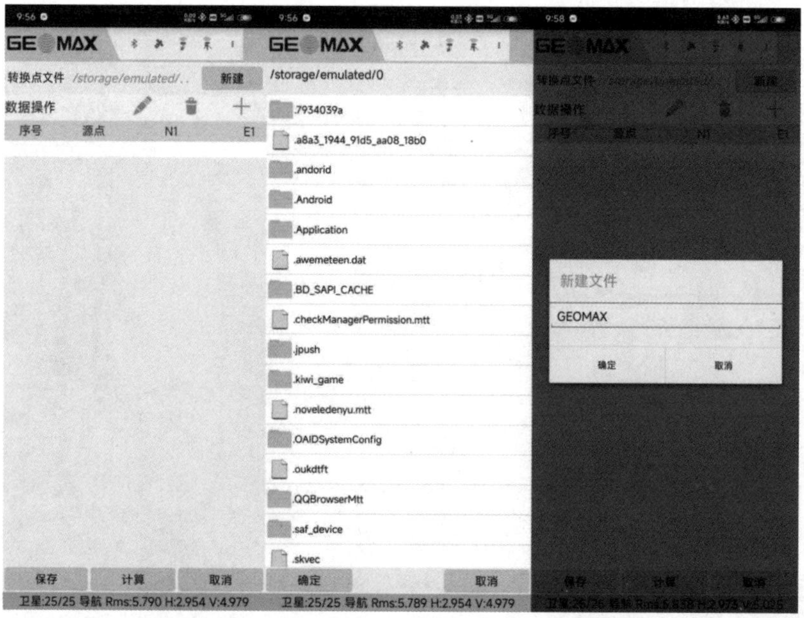

图 4-1-39　控制点匹配文件及选择文件位置

③匹配控制点。如图 4-1-40 所示，在定义坐标系界面，单击“+”按键，在“地方点”单击“…”，选择目标坐标系坐标；在“WGS84 点”单击“…”，选择对应控制点的经纬度坐标（大地坐标）；“匹配方式”默认为三维（即平高+高程），单击“确定”，完成一组控制点的匹配。重复上述步骤，添加 WGS84 点。

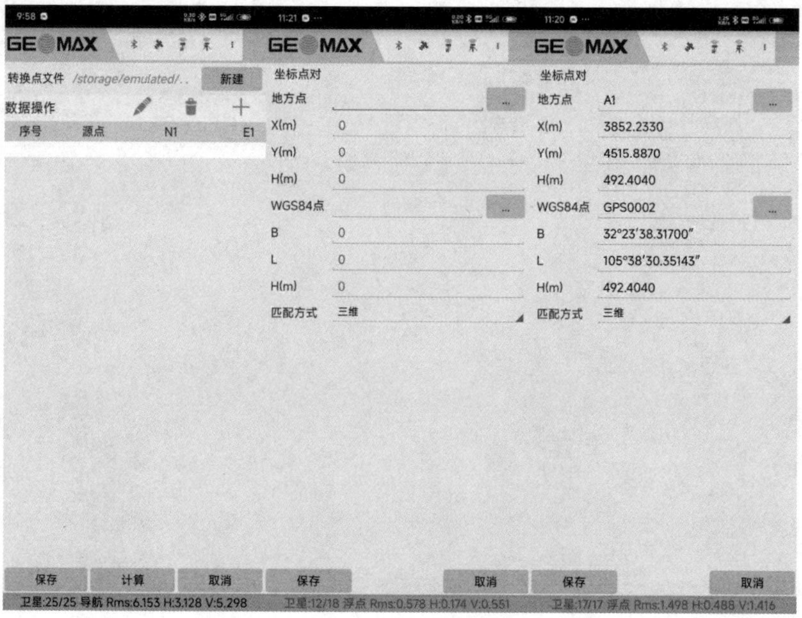

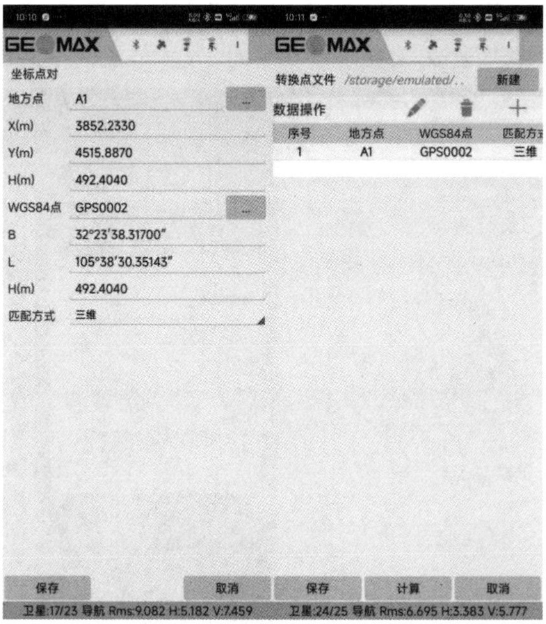

图 4-1-40　匹配控制点界面

④通过匹配的控制点解算参数。如图 4-1-41 所示,单击“计算”,查看各控制点的残差是否满足要求,若满足则单击“结果”,“尺度”的值在 0. 9999 和 1. 0000 之间(尺度越接近,越好)。单击“确认”,输入坐标系名称,如“GEOMAX”,单击“保存”,单击“确认”,设为当前项目坐标系。

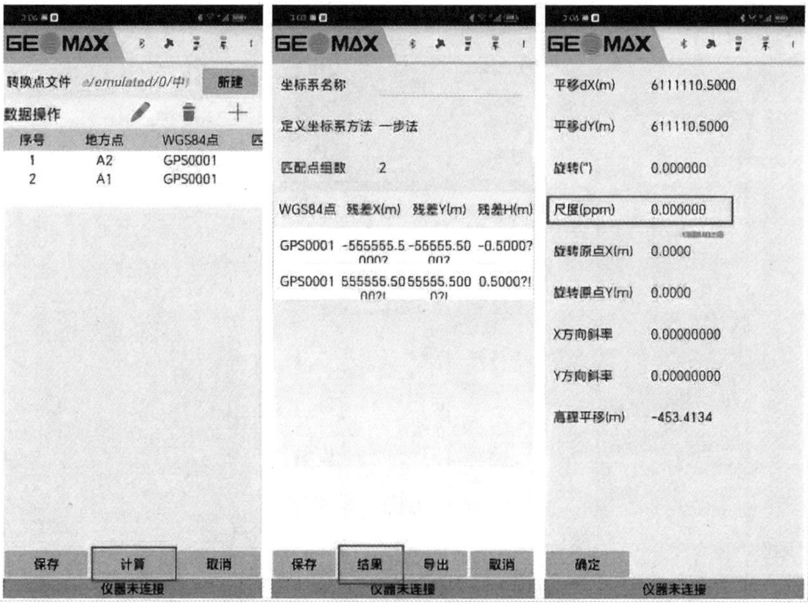

图 4-1-41　通过匹配的控制点解算参数

⑤快速修改投影参数。如图4-1-42所示，单击“选择坐标系”，找到刚建立的坐标系，长按后单击“快速修改投影参数”，输入当地中央子午线，修改后单击“确定”，完成修改。

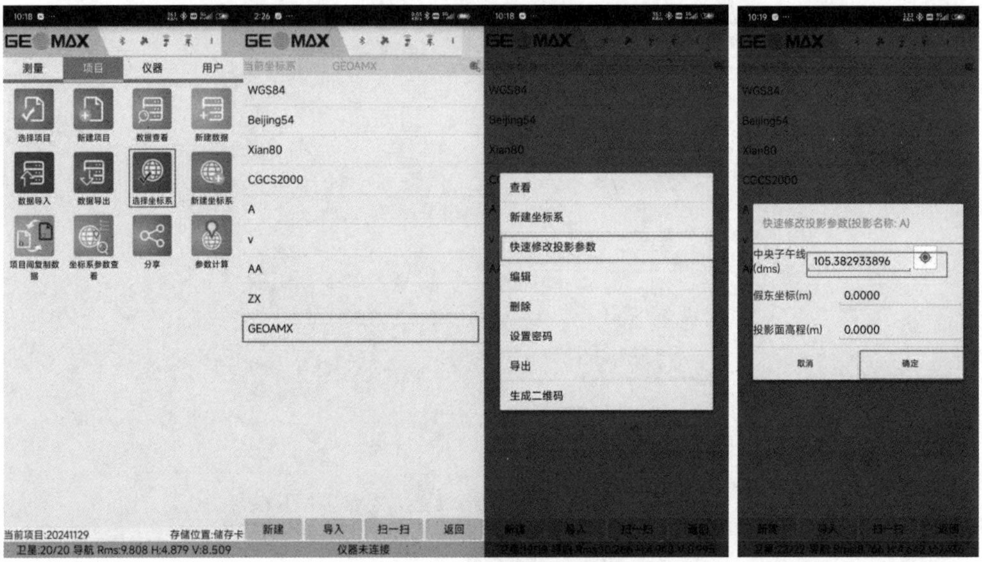

图4-1-42　快速修改投影参数

⑥完成后即可开始测量工作，如图4-1-43所示。

图4-1-43　点测量操作界面

4. 内业成图

①读取GNSS-RTK数据。外业地形点数据采集完成后，使用通信电缆将GNSS-RTK接收机与计算机的COM接口连接好，运行计算机中的CASS软件，选择“数据”读取GNSS-RTK接收机数据，将GNSS-RTK接收机上的坐标数据文件传输到计算机中。

②格式转换。同任务4.1.2，此处不再赘述。

③展点绘图。同任务4.1.2，此处不再赘述。

三、注意事项

①在作业前应做好准备工作，检查检校仪器工具，全站仪的电池、备用电池均应充足电。

②在15°截止高度角以上的空间应没有障碍物。

③邻近不应有强电磁辐射源，如电视发射塔、雷达电视发射天线等，以免对RTK电信号造成干扰，离其距离不得小于200 m。

④基准站最好选在地势相对高的地方，以利于电台的作用距离。

⑤地面稳固，易于点的保存。

⑥数据处理前，先熟悉CASS软件的工作环境及基本操作要求。

工程案例

大比例尺地形图测量案例

一、背景材料

××市是一座拥有100万人口的综合性大城市，为了改善城市的生活及生产用水问题，需要对××水库的建设进行前期综合勘探研究工作，通过野外实地踏勘、地形图测量、充分的调查研究、评价，对项目建设的必要性、经济合理性、技术可行性、实施可能性等进行综合性研究论证，从而为该项目的建设决策和审批提供科学依据。

本测区面积约15.0 km^2，为丘陵地区，山地广布，丘谷之间地势起伏延绵，海拔高50～120 m。山地多为森林，山上灌木丛生，通视条件较差。现在需按照国家颁布的《城市测量规范》(CJJ/T 8—2011)对该测区完成1∶1 000的测量任务，工期60天。

已有资料情况如下：

①本工程收集到国家二等点×××和D级GNSS点×××，这两点作为本工程平面控制起算点。两个国家一等水准点×××和×××，系1985年国家高程基准成果，作为本工程高程控制起算点。

②坐标系统、高程系统和基本等高距、图幅分幅平面采用2 000国家大地坐标系，高程采用1985年国家高程基准。基本等高距1.0 m。

图幅采用50 cm×50 cm正方形分幅；图幅号采用图幅西南角坐标X、Y的千米数表示，X坐标在前，Y坐标在后，中间以短线相连；图号由东往西、由南往北用阿拉伯数字按顺序编号，即1,2,3…，图幅内有明显地形、地物名的应标注图名。

二、分析要点

大比例尺地形图的作业流程：

①接受任务：明确任务的来源、性质，开工及完成期限，测区位置及范围，成果坐标系和高程系统比例尺及等高距，提交成果的内容及要求。

②资料收集：收集已有的控制成果和地形图。

③技术设计：主要根据任务要求、测区条件和本单位设备技术力量情况，确定作业方案、人员安排和主要技术依据。

④基本控制测量：在已有的控制点基础上，加密控制点以满足图根控制测量对已知点密度和精度的要求。一般平面控制采用导线测量或 GNSS 网测量，高程控制采用水准测量或三角高程测量。

⑤图根控制测量：主要在基本控制点的基础上，布设直接供野外数据采集所需的控制点。一般采用导线测量或 GNSS-RTK 测量，其密度和精度以满足测图需要为原则。

⑥碎部点采集：用 GNSS-RTK 进行野外数据采集，根据作业方式不同，可采用测绘法或测记法。

⑦编绘地形图。

⑧资料的检查和验收：主要对全部控制资料和地形资料的正确性、准确性、合理性等进行概查、详查和抽查，检查验收的主要依据是技术设计书和国家规范；遵循“两级检查、一级验收”原则，检查包括项目部检查和单位质检人员检查；验收由用户或其委托单位组织，包括概查和详查(5% ~10%)。

⑨技术总结：主要是对任务的完成情况、设计书的执行情况等作总结，对施工中遇到的问题及处理办法等加以说明，应包括控制布点图、精度统计表和工作量统计表。

⑩提交成果。

三、案例分析

根据测区的基本情况，控制测量宜采用 GNSS 网测量，应注意点间(两点)通视。高程控制测量宜采用红外测距三角高程，应严格对向观测，加入各项改正。由于工期限制，应注意各项工作的时间安排，制订详细的工作计划。平面控制点最好选择 3 个以上。山区应注意地形的综合取舍。

素拓课堂

北斗卫星导航　国人梦想成真

1993 年 7 月 23 日，在国际公海上发生了震惊中外的“银河号”事件。“银河号”是中国远洋运输总公司广州远洋运输公司所属中东航线上的一艘集装箱班轮。当时，银河号主要前往中东地区进行小商品和燃料等贸易。但是在银河号行驶到阿曼湾的国际公海区域时，突然遭到美国派出的 5 架直升机和 2 艘军舰的拦截。

他们拦截的理由是中国“银河号”上有硫二甘醇和亚硫酰氯两类制造危险化学武器的原料。并且他们公然违背国际条约，强行要求银河号接受他们的检查。面对这样的无理要求，我方人员严厉拒绝。在此情况下，美方关闭银河号所在海域的 GPS 信号，让银河号失去导航能力，就像失去眼睛一样，在公海上漂荡。在和美国的军舰僵持了 10 多天后，8 月 3 日，迫于各种压力，银河号在霍尔木兹海峡以东的地方抛锚停船，后又向西南方向移了 38 海里，停泊在阿联酋东北部富查伊拉港外约 50 海里处的阿曼海公海上。经政府间交涉，银河号最终得以驶入达曼港，进而补充淡水、食物和油料。8 月 4 日，中国外交部向美方通报了中方的调查结果，指出美方的所谓“情报”严重失实，银河号没有违禁化学品，并向美方提出严正交涉，指出美国无端指控中国“银河号”货轮向伊朗出口两种化学武器原料,并肆意干扰该船的正常商业航行,是毫无道理的。经过一系列外交交涉,最后美国政府不得不做出赔偿影响我银河号正常航行所造成的延期交货罚金,以及其他一切经济损失 1 042 万美金,但坚持拒绝道歉。

正是这件事,让中国人更加明白了一个道理:弱国无外交！所以中国下定决心,一定要建成自己的卫星导航系统,不要受制于人。

中国国家航天局和中国航天科技集团有限公司一大批科学家万众一心、自主创新、追求卓越,历时 26 年,终于在 2020 年 6 月 23 日成功将第 55 颗北斗导航卫星送入预定轨道,这标志着我国北斗 3 号全球卫星导航系统星座部署全面完成。

2020 年 7 月 31 日,北斗三号全球卫星导航系统建成暨开通仪式在人民大会堂隆重举行。习近平总书记在人民大会堂郑重宣布:“北斗三号全球卫星导航系统正式开通!”这标志着中国自主建设、独立运行的全球卫星导航系统已全面建成开通,中国北斗迈进了高质量服务全球、造福人类的新时代。

从此北斗导航系统逐步进入测绘行业,北斗卫星导航系统除了设计 27 颗 MEO 卫星(全球卫星),还在我国上空设计了 5 颗 GEO 卫星(地球同步卫星)、3 颗 IGSO 卫星(以地球为参照物,以我国上空为中心,来回南北半球转动),这样北斗卫星导航系统在亚太地区的应用效果远远好于美国的 GPS 卫星,特别是在高遮挡地区或遮挡环境。北斗导航系统使 GNSS-RTK 技术更广泛地用于建筑测设。

知识闯关与技能训练

一、填空题

1. 使用 GNSS-RTK 时周围应视野开阔,截止高度角应超过________,周围无信号反射物(大面积水域、大型建筑物等),以减少多路径干扰,并要尽量避开交通要道、过往行人的干扰。

2. RTK 使用前需设置参数有:________、________和投影椭球名称。

二、技能训练

2 人一组,用 GNSS-RTK 练习野外数据采集、草图绘制。

任务4.1.3 学习任务评价表

项目 4.2　数字地形图在建筑工程中的应用

学习目标

知识目标：了解数字地形图在工程中的应用；熟悉 CASS 软件工程应用菜单；知道常见几何要素有哪些；理解方格网计算土方量的原理；知道断面图绘制的几种方法。

技能目标：能熟练在数字地形图上用 CASS 软件查询点的坐标、高程、两点距离及方位等要素；会应利用数字地形图绘制断面图、采用方格网法计算土方量等操作。

素养目标：养成爱护绘图设备、规范操作的习惯；树立诚实守信、遵纪守法的意识；培养团队协作、一丝不苟的精神。

内容导航

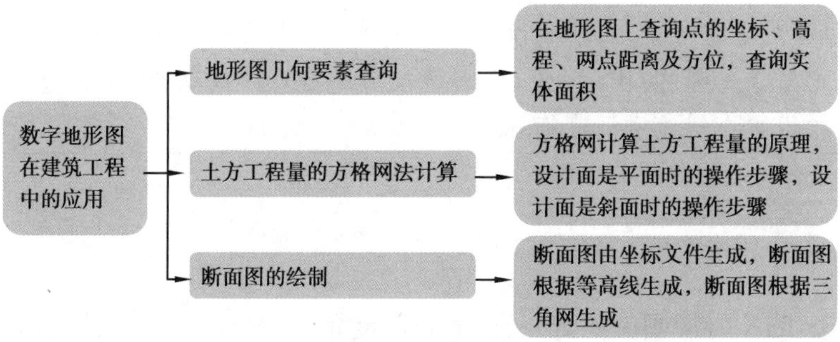

任务 4.2.1　地形图几何要素查询

【任务导学】

在工程规划设计工作中，有时需要在地形图上查询地面点的几何要素，利用数字地形图查询地面点坐标、高程、直线的方位角和距离等要素比传统的纸质地形图又快又精确，极大地提高了工作效率。

【任务描述】

××建筑工地拟在 A、B 两点间修一条施工便道（图 4-2-1），需要知道两点间的坡度能否满足运输安全的要求。你知道测量员是如何利用 CASS 软件在数字地形图上解决这一问题的吗？

【知识储备】

一、查询指定点坐标

利用 CASS 软件，在数字地形图中能直接查询指定点的坐标，操作方法如下：

①用鼠标单击 CASS 软件“工程应用”菜单，单击“工程应用”下拉菜单中的“查询指定点

坐标”，如图 4-2-2 所示。

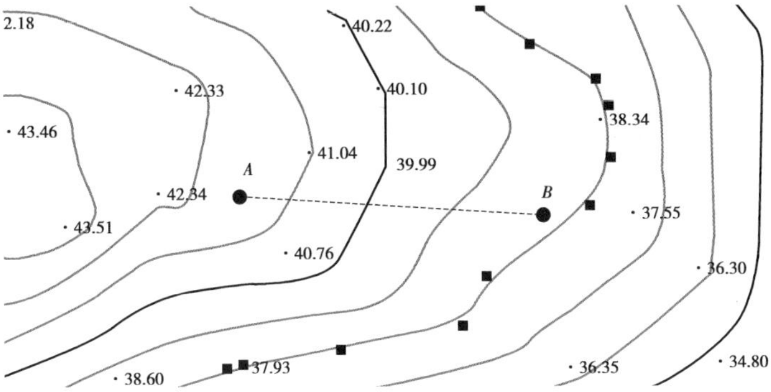

图 4-2-1　拟建施工道路示意图

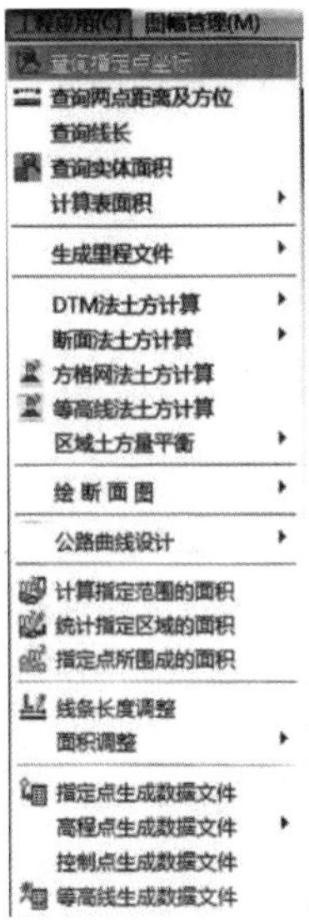

图 4-2-2　“工程应用”菜单

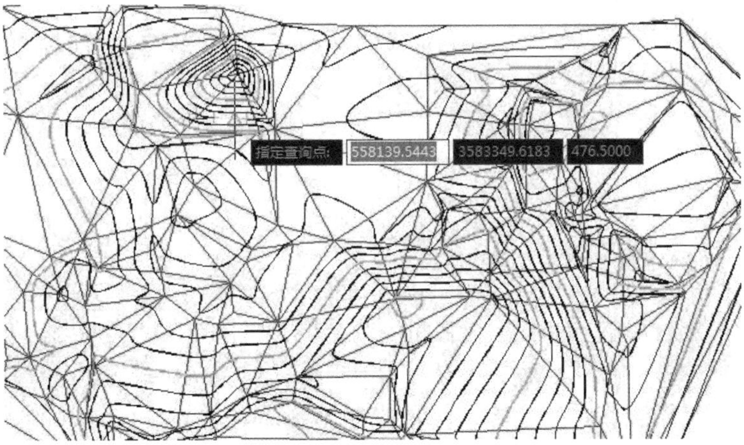

图 4-2-3　数字地形图上坐标、高程查询

②移动光标至需要查询的点，屏幕上就会显示该点的坐标、高程，如图 4-2-3 所示。也可以先进入点号定位方式，再输入要查询的点号。

二、查询两点距离及方位

①用鼠标单击“工程应用”菜单下的“查询两点距离及方位”，参阅图 4-2-2。

②用光标拾取要查询的第一点，再拾取要查询的第二点，在命令区就会显示两点间实地距离、图上距离和直线的方位角，如图 4-2-4 所示。

三、查询高程

在查询指定点坐标的同时，点的高程也会显示出来。

四、查询实体面积

①用鼠标单击“工程应用”菜单下的“查询实体面积”，参阅图 4-2-2。

②用光标拾取待查询的实体边界线，在命令区就会显示所查询的实体面积。要注意实体应该是闭合的图形。

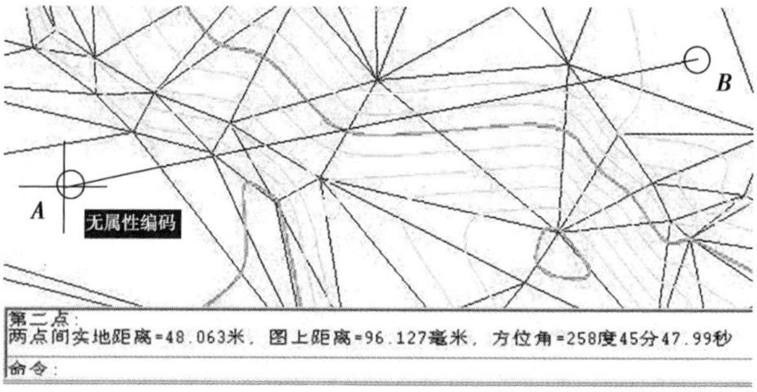

图 4-2-4 数字地形图上查询两点距离及方位角

【任务实施】

一、准备工作

每人一台装有 CASS 软件的计算机，计算机上有一幅数字地形图。

二、实施步骤

①打开计算机，运行 CASS 软件，检查是否正常。

②打开数字地形图，查询 A、B 两点的高程。

③查询 A、B 两点的水平距离 D。

④计算坡度。先根据查得的两点高程计算两点的高差 h，再用公式 $i=h/D$ 计算两点间的坡度 i。

⑤提交计算成果资料。

三、注意事项

①系统左下角状态栏显示的坐标是笛卡尔坐标系中的坐标，与测量坐标系 X 和 Y 的顺序相反。用此功能查询时，系统在命令行给出的 X、Y 是测量坐标系的值。

②CASS 软件所显示的坐标为实地坐标，因此显示的两点间距离为实地距离。

拓展阅读

数字地形图的作用

在国民经济建设、国防建设和科学研究等各个方面，都离不开地形图，如国土资源规划与利用、工程建设的设计和施工等。在 CASS 软件环境下，利用数字地形图可以很容易地获取各种地形信息，比传统在纸质地形图上进行各种量测工作精度更高、速度更快。随着计算机技术和数字化测绘技术的迅速发展，数字地形图已得到广泛的应用。

①方便获取各种地形信息。量测各点的坐标、任意两点间的距离、直线的方位角、点的高程、两点间的坡度和在图上设计坡度线等，且与在纸制地形图上完成以上各项工作相比，具有精度高、速度快的特点。

②方便工程应用与设计。确定指定坡度的最短线路，绘制指定方向的纵、横断面图，进行土方估算等。

③实现地籍和城市管理数字化。可用于土地利用现状分析、土地规划管理和灾情预警分析等。

④在工业和军事上扮演着越来越重要的角色。在工业上,利用数字地形测量的原理建立工业品的数字表面模型,能详细地表示出表面结构复杂的工业品形状,据此进行计算机辅助设计和制造;在军事上,可用于战机、军舰导航和导弹制导等。

随着科学技术的高速发展和社会信息化程度的不断提高,数字地形图将会发挥越来越重要的作用。

知识闯关与技能训练

一、单选题

1. 在1∶1 000的地形图上,A、B两点间的距离为0.10 m,高差为5 m,则地面上两点连线的坡度为(　　)。

A. 7%　　B. 6%　　C. 5%　　D. 4%

2. 利用CASS软件查询数字地形图上指定点的坐标是在(　　)下拉菜单中进行的。

A. 土地利用　　B. 等高线　　C. 绘图处理　　D. 工程应用

3. 利用CASS软件查询数字地形图上两点的距离及方位角是在(　　)下拉菜单中进行的。

A. 土地利用　　B. 等高线　　C. 绘图处理　　D. 工程应用

4. 利用CASS软件查询实体面积,被查询的图形(　　)。

A. 是闭合的　　B. 是开口的　　C. 是任意的　　D. 必须是矩形的

二、技能训练

每位学生一台计算机,采用CASS软件在数字地形图上查询指定点的坐标、高程,查询两点距离及方位,查询指定点所围成的实体面积。

任务4.2.1　学习任务评价表

任务4.2.2　土方量的方格网法计算

【任务导学】

在土方工程施工时,需要计算工程量的大小。土方量的计算方法有方格网法、断面法、等高线法等。建筑工程施工场地平整,常采用方格网法计算土方量。方格网法可以现场测设方格并测定方格顶点的高程,然后计算土方量,也可以利用地形图进行。目前使用 CASS 软件在数字地形图上进行土方量计算既快捷又方便。

【任务描述】

××建筑工地开工前按设计及施工要求进行场地平整,项目经理安排施工员在施工区按设计高程计算填、挖土方工程量并现场确定出挖填分界线,如图 4-2-5 所示。为进行这项工作,施工员与测量员共同商议,要充分发挥 CASS 软件高效、快捷的功能,根据场地地形状况决定采用方格网法在数字地形图上进行设计、计算,那么他们是如何解决这一问题呢?

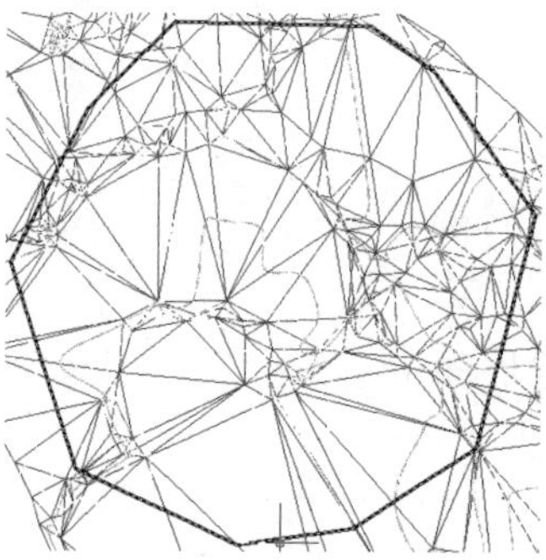

图 4-2-5　场地平整区域示意图

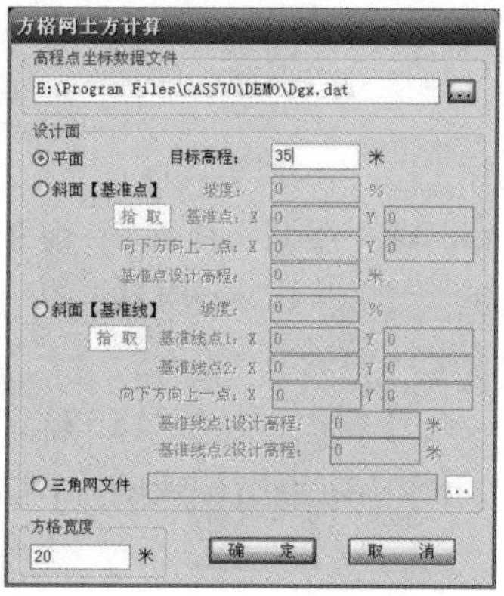

图 4-2-6　方格网土方计算对话框

【知识储备】

用方格网来计算土方量是根据实地测定的地面点坐标(X,Y,Z)和设计高程,通过生成方格网来计算每一个方格内的填挖方量,最后累计得到指定范围内填方和挖方的量,并绘出填挖方分界线。

一、方格网法计算土方量的原理

系统首先将方格 4 个角上的高程相加(如果角上没有高程点,通过周围高程点内插得出其高程),取平均值与设计高程相减;然后通过指定的方格边长得到每个方格的面积,再用长方体的体积计算公式得到填挖方量。方格网法简便直观,易于操作,在实际工作中应用非常广泛。

用方格网法计算土方量时,设计面可以是平面,也可以是斜面,如图 4-2-6 所示。

二、设计面是平面时的操作步骤

①用复合线画出要计算土方的区域,一定要闭合,但是尽量不要拟合。因为拟合过的曲线在进行土方计算时会用折线叠代,影响计算结果的精度。

②选择“工程应用/方格网法土方计算”命令。

③命令行提示:“选择计算区域边界线”,选择土方计算区域的边界线(闭合复合线)即可。

方格网法土方计算

④屏幕上弹出如图4-2-6所示的“方格网土方计算”对话框,在对话框中选择所需的坐标文件;在“设计面”栏选择“平面”,并输入目标高程(设计高程);在“方格宽度”栏,输入方格网的宽度,这是每个方格的边长,默认值为20 m。由原理可知,方格的宽度越小,计算精度越高。但如果给的值太小,超过了野外采集的点的密度也是没有实际意义的。

⑤单击“确定”按钮,命令行提示:

最小高程=××.×××,最大高程=××.×××

总填方=××××.×立方米, 总挖方=×××.×立方米

同时,图上绘出所分析的方格网及填挖方的分界线(绿色折线),并给出每个方格的填挖方、每行的挖方和每列的填方,结果如图4-2-7所示。

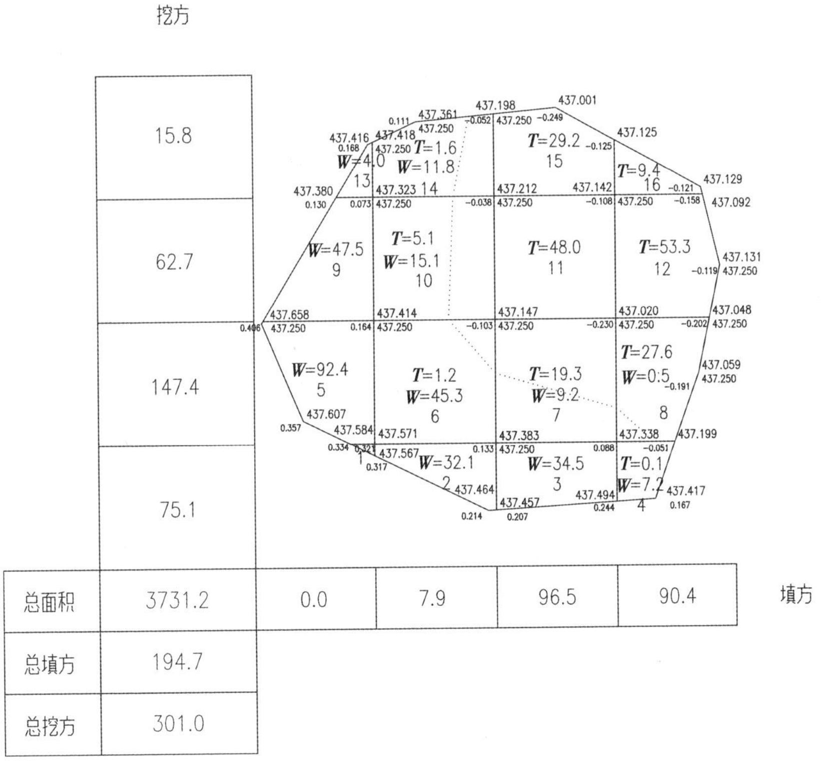

图4-2-7　方格网法土方计算成果图

三、设计面是斜面时的操作步骤

设计面是斜面时,其操作步骤与平面基本相同,区别是:在方格网土方计算对话框中“设计面”栏中选择“斜面(基准点)”或“斜面(基准线)”。

如果设计面是斜面(基准点),需要确定坡度、基准点和向下方向上一点的坐标,以及基准点的设计高程。

单击“拾取”,命令行提示:

点取设计面基准点:确定设计面的基准点;

指定斜坡设计面向下的方向:点取斜坡设计面向下的方向;

如果设计的面是斜面(基准线),需要输入坡度并点取基准线上的两个点以及基准线向下方向上的一点,最后输入基准线上两个点的设计高程即可进行计算。

单击“拾取”,命令行提示:

点取基准线第一点:点取基准线的一点;

点取基准线第二点:点取基准线的另一点;

指定设计高程低于基准线方向上的一点:指定基准线方向两侧低的一边。

方格网计算成果显示同图 4-2-3。

【任务实施】

一、接受任务

接受任务后认真研究任务要求。

二、收集资料

收集该施工区域数字地形图、设计总平面图、施工组织设计、控制点数据等资料。

三、准备仪器设备和工具

计算机、CASS10.0、全站仪、三脚架、棱镜杆、单棱镜、木桩、斧头、白灰。

四、组织实施

①运行 CASS10.0,检查是否正常。

②进入 CASS10.0“工程应用”菜单,选择“方格网法土方计算”。按设计面(平面)和设计目标高程,在“方格网土方计算”对话框中单击拾取、填入相应设计资料,根据场地地面起伏情况在“方格宽度”栏输入方格网的宽度。

③单击“确定”按钮,屏幕显示出计算结果。

④现场测设填挖分界线并撒上白灰,在填方区和挖方区布设木桩并测设填挖高程以指导施工。

⑤提交成果资料(土方工程量计算表、填挖分界线施工图)。

拓展阅读

数字地形图在工程中的应用内容

数字地形图在工程中的应用内容主要包括基本几何要素的查询、DTM 法土方计算、断面法道路设计及土方计算、方格网法土方计算、断面图的绘制、公路曲线设计、面积应用、图数转换等。本任务选择了在建筑工程中用得上的基本几何要素的查询、方格网法土方计算应用、断面图的绘制等几项。

数字地形图的应用不局限于工程建设的设计和施工,在国土资源规划与利用、交通工具的导航、导弹制导、土地利用现状分析、灾情预警分析、计算机辅助设计和制造等方面同样扮演着重要角色。

知识闯关与技能训练

一、判断题

1. 用方格网法计算土方量，设计面有平面和斜面两种情况。（　）

2. 填挖分界线上点的高程与设计高程相等。（　）

3. 用复合线画出要计算土方量的区域是不需要闭合的。（　）

4. 土方量计算在土方工程中有着重要的意义和作用，是工程设计的一个重要组成部分。土方计算的常用方法有 DTM 法、方格网法、等高线法、断面法。（　）

二、技能训练

每位学生一台计算机，采用方格网法在数字地形图上根据教学设计要求计算土方工程量。

任务4.2.2 学习任务评价表

*任务 4.2.3　断面图的绘制

【任务导学】

断面图能较好地反映地面的起伏状况,是设计和施工不可缺少的图形资料。本任务简单介绍如何利用 CASS 软件和数字地形图绘制纵断面图。

【任务描述】

××开发小区建设施工场地,需要绘制 *AB* 方向线的纵断面图(图 4-2-8),为工程设计提供基础资料。测量员利用 CASS 软件很快就完成了这一任务,他是如何解决这一问题的?

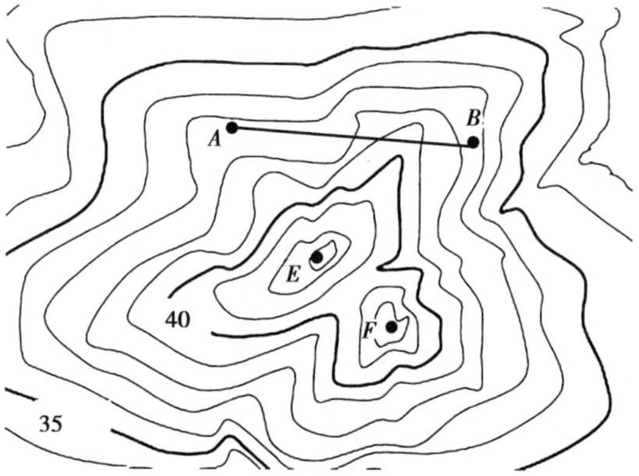

图 4-2-8　*AB* 方向线在地形图上示意图

【知识储备】

绘制断面图的方法有根据已知坐标、根据等高线、根据三角网、根据里程文件 4 种。本任务重点介绍根据已知坐标生成断面图的操作方法。

根据已知坐标生成断面图的操作步骤如下:

①打开计算机,运行 CASS 软件,检查是否正常。

②打开数字地形图,用复合线生成所绘断面方向的断面线。

③单击"工程应用"下拉菜单"绘断面图\根据已知坐标"命令。

④用鼠标点取绘出断面线,在弹出的"断面线上取值"对话框中按要求选择生成方式、所需的数据文件,输入采样点间距和起始里程,并单击"确定"按钮,屏幕弹出"绘制纵断面图"对话框。

⑤在"绘制纵断面图"对话框中输入绘图相关参数,并指定断面图位置。

⑥单击"确定"按钮,完成所选断面线的断面图绘制。

【任务实施】

一、准备工作

每人一台装有 CASS 软件的计算机,计算机上存有数字地形图一幅和对应坐标数据文件。

二、实施步骤

由坐标文件生成断面图(坐标文件是指野外观测包含高程点的文件),操作步骤如下:

①先用复合线生成断面线,点取"工程应用\绘断面图\根据已知坐标"命令。

②选择断面线，用鼠标点取上一步所绘断面线。屏幕上弹出“断面线上取值”对话框（图4-2-9），“选择已知坐标获取方式”栏如果选择“由数据文件生成”，则在“坐标数据文件名”栏中选择高程点数据文件；如果选择“由图面高程点生成”，则在图上选取高程点，前提是图面存在高程点，否则此方法无法生成断面图。

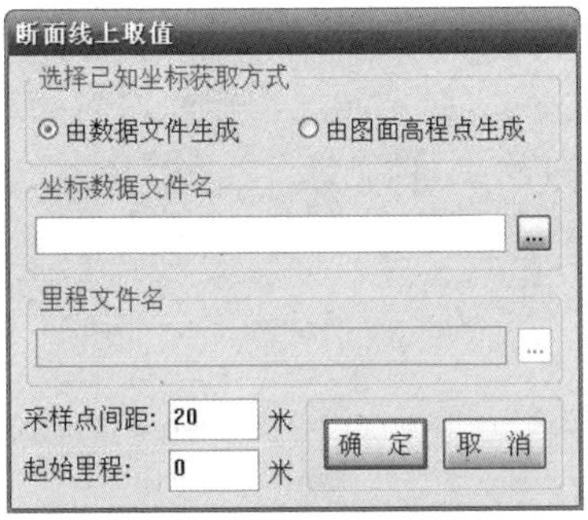

图4-2-9　根据已知坐标绘断面图

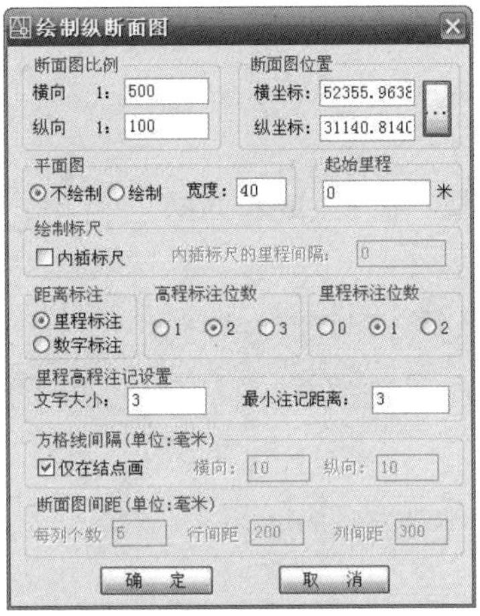

图4-2-10　“绘制纵断面图”对话框

③输入采样点间距。系统默认采样点的间距值为20 m。采样点间距的含义是复合线上两顶点之间若大于此间距，则每隔此间距内插一个点。

纵断面的绘制

④输入起始里程。系统默认起始里程为0。

以上信息填写好后单击“确定”按钮，屏幕弹出“绘制纵断面图”对话框，如图4-2-10所示。

⑤输入绘制纵断面图相关参数。

横向比例为1：<500>：输入横向比例，系统的默认值为1：500。

纵向比例为1：<100>：输入纵向比例，系统的默认值为1：100。

断面图位置：可以手工输入，也可在图面上拾取。

选择是否绘制平面图、标尺、标注；还有一些关于注记的设置。

⑥相关参数输入完毕，单击“确定”按钮，在屏幕上出现所选断面线的断面图，如图4-2-11所示。

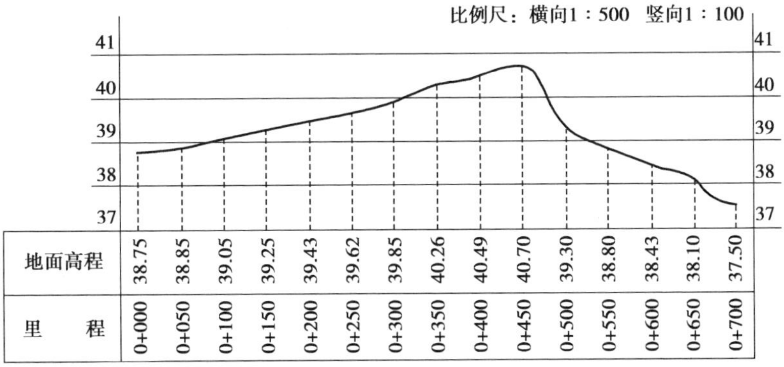

图4-2-11　纵断面图

拓展阅读

生产断面图的其他办法

一、根据等高线生成断面图

如果图面存在等高线,则可以根据断面线与等高线的交点来绘制纵断面图。

选择"工程应用\绘断面图\根据等高线"命令,命令行提示:"请选取断面线",选择要绘制断面图的断面线,屏幕弹出"绘制纵断面图"对话框(图 4-2-10)。操作方法同坐标文件生成断面图。

二、根据三角网生成断面图

如果图面存在三角网,则可以根据断面线与三角网的交点来绘制纵断面图。

选择"工程应用\绘断面图\根据三角网"命令,命令行提示:"请选取断面线",选择要绘制断面图的断面线,屏幕弹出"绘制纵断面图"对话框(图 4-2-10)。操作方法同坐标文件生成断面图。

知识闯关与技能训练

一、判断题

1. CASS 软件绘断面图,系统默认值的横向比例为 1∶500,纵向比例为 1∶100。 (　　)
2. CASS 软件绘断面图,断面线上取值采样点的间距,系统默认值为 10 m。 (　　)

二、技能训练

每位学生一台计算机,使用数字地形图绘制断面线方向上的纵断面图。要求:

①由坐标文件生成;

②横向比例为 1∶1 000,纵向比例为 1∶200;

③采样点间距为 10 m;

④里程高程注记文字大小为 2。

任务4.2.3 学习任务评价表

地形测量练习题

模块5　建筑工程施工放样

建筑工程施工放样是将设计在图纸上的建筑物或构筑物的各特征点，选用适当的测量方法，依据施工控制点，按照要求的精度，在地面上标定出来，这个过程称为放样，又称为测设。它是建筑施工的基础，一旦出现差错，不仅影响建筑工程质量，还将给建筑工程造成经济损失，因此，在进行施工放样时，要具有高度的责任心。

放样的基本要素由放样依据、放样数据和放样方法三部分组成。放样基本内容有水平角放样、水平距离放样、已知高程放样、平面点位放样。

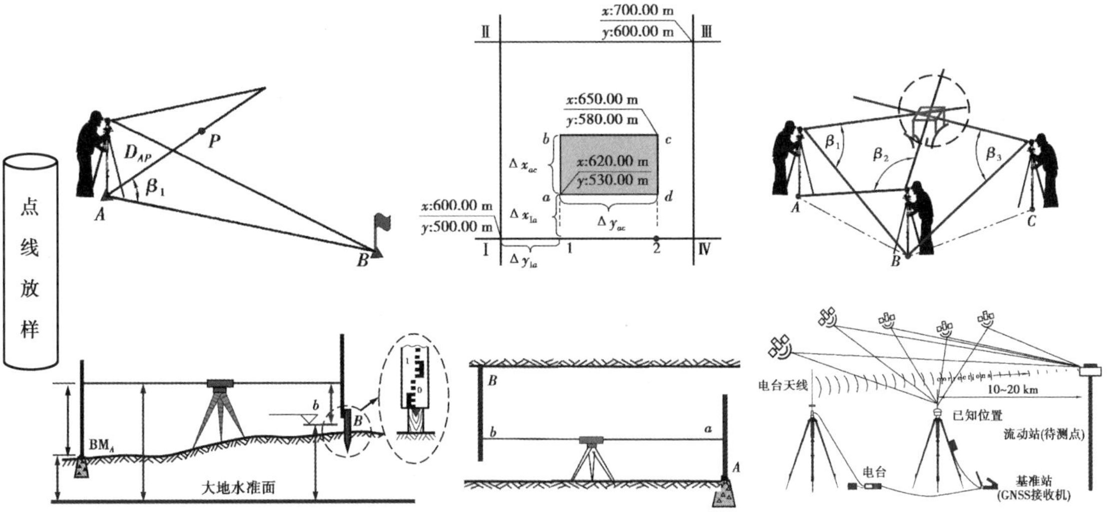

坚守四十年，做有情怀的“测量工匠”

高精度雕琢精品桥

序号	资源名称	类型	页码
1	坚守四十年,做有情怀的"测量工匠"	文本	第 169 页
2	高精度雕琢精品桥	文本	第 169 页
3	一般方法测设水平角	微视频	第 172 页
4	精确方法测设水平角	微视频	第 172 页
5	钢尺测设平距	微视频	第 174 页
6	全站仪测设平距	微视频	第 175 页
7	水准仪测设高程	微视频	第 177 页
8	水平视线法测设坡度线	微视频	第 179 页
9	标高偏差质量事故案例	文本	第 180 页
10	直角坐标法测设平面点位置实训	文本	第 183 页
11	极坐标法测设平面点位置实训	文本	第 183 页
12	高程的测设实训	文本	第 183 页
13	直角坐标法测设平面点位	微视频	第 187 页
14	极坐标法测设平面点位	微视频	第 187 页
15	角度交会法测设平面点位	微视频	第 187 页
16	距离交会法测设平面点位	微视频	第 187 页
17	施工放样练习题	文本	第 192 页
18	任务 2.1.1—2.3.3 学习任务评价表	评价标准	详见各任务后

项目 5.1　建筑工程施工放样基础

学习目标

知识目标:理解放样的概念;掌握已知水平角、已知水平距离、已知高程的放样方法。

技能目标:能用水准仪放样已知高程;能用钢尺在平坦地面放样平距;能用全站仪放样已知水平角和水平距离。

素养目标:养成爱护仪器、规范操作的习惯;树立严谨求实、诚实守信的意识;培养团队协作、吃苦耐劳、一丝不苟的精神。

内容导航

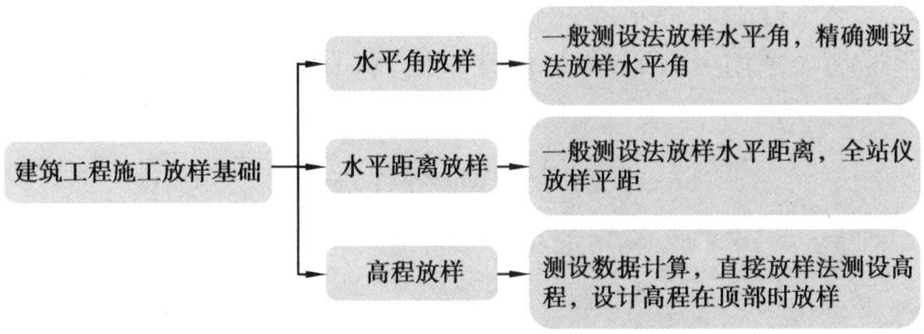

任务 5.1.1　水平角放样

【任务导学】

水平角放样就是根据已知方向标定出另一方向,使它们的夹角等于给定的设计值。水平角放样是标定设计地面点位的三项基本工作内容之一。本任务主要学习一般放样法。

【任务描述】

在如图 5-1-1 所示××职教园区施工现场,需根据已知方向 OA,标定另一方向 OB,使两方向的水平夹角等于已知水平角值 $\beta_{设}=30°10'30''$,测量员小王如何使用经纬仪或全站仪进行放样呢?

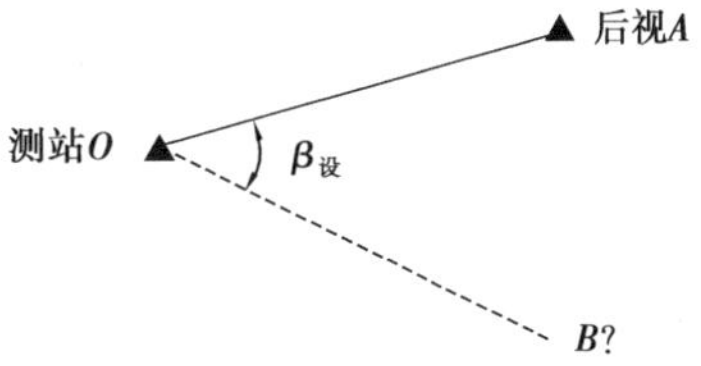

图 5-1-1　已知水平角放样示意图

【知识储备】

放样已知水平角时,地面上应有两个固定点,两点的直线作为起始方向,需要放样水平角的顶点为“测站点”,另一点作为“定向点”,或称为“后视点”。根据起始方向放样出另一方向,使它们的夹角等于给定的设计值。

根据放样精度的不同,水平角放样分为一般放样法和精确放样法。当测设精度要求不高时,可采用一般放样法,即盘左、盘右取平均值的方法;当放样精度要求较高时,可采用精确放样法。

【任务实施】

一、放样前的准备工作

3 人一组,每组配备全站仪 1 台,三脚架 1 个,木桩(长 25 ~ 30 cm,顶面 4 ~ 6cm 见方) 2 根,小铁钉 2 个,斧头 1 把,记录板(含记录表格)1 块等。

二、实施步骤

如图 5-1-2 所示,一般放样法(直接放样法)步骤如下:

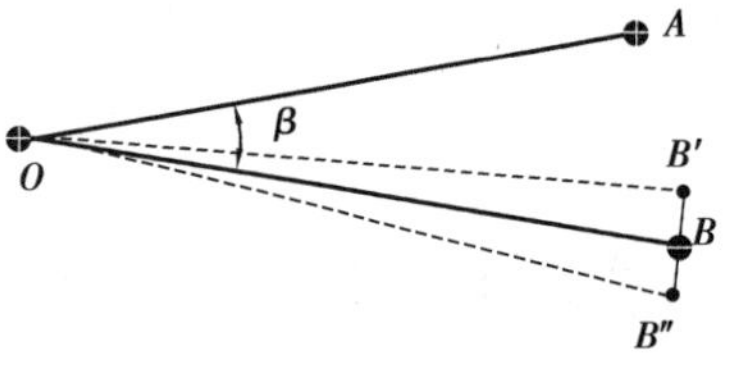

图 5-1-2　一般放样法放样水平角示意图

①设 OA 为地面上已有方向,欲放样水平角 β,在 O 点安置经纬仪或全站仪,以盘左位置瞄准 A 点,配置水平度盘读数为 $0°00'00''$。

②转动照准部使水平度盘读数恰好为 $\beta_{设}=30°10'30''$,在视线方向定出 B'点。

③用盘右位置重复上述步骤定出 B''点,取 B'和 B''中点 B,则 $\angle AOB$ 即为放样的 β 角,打入木桩,桩顶钉入小铁钉准确标定 B 点位置。该方法也称为正倒镜分中法。

一般方法测设水平角

④检查:重新观测水平角 $\angle AOB$,并与设计值比较,看是否符合规范要求。

拓展阅读

水平角精确放样法

精确放样法放样水平角的示意图如图 5-1-3 所示。精确放样步骤如下:

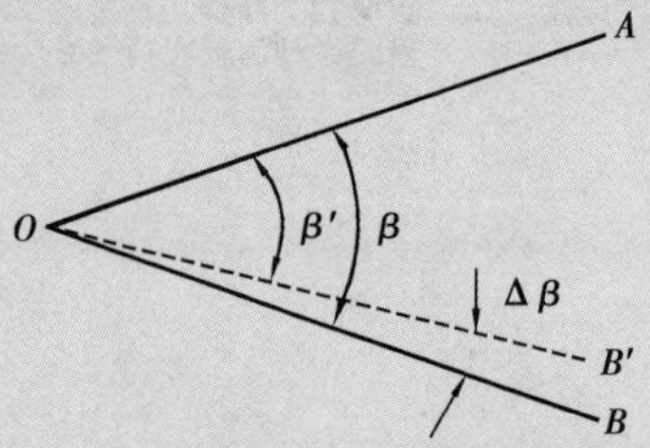

精确方法测设水平角

图 5-1-3　精确放样法放样水平角示意图

①安置全站仪于 O 点,按照上述一般方法放样出已知水平角 $\angle AOB$,定出 B'点。

②用测回法精确测量 $\angle AOB$ 的角值,一般采用多个测回取平均值,设平均角值为 β'。

③测量出 OB'的距离。按下式计算 B'点处 OB'线段的垂距 $B'B$。

$$B'B=\frac{\Delta\beta''}{P''}\cdot OB'=\frac{\beta-\beta'}{206\ 265''}\cdot OB'$$

④从 B'点沿 OB'的垂直方向调整垂距 $B'B$,$\angle AOB$ 即为 β 角。

该方法也称为归化法。

注意事项:当 $\Delta\beta>0$ 时,则从 B'点往外调整 $B'B$ 至 B 点;当 $\Delta\beta<0$ 时,则从 B'点往内调整 $B'B$ 至 B 点。

职业素养提升

助人为乐好榜样

在一次水平角放样实验课上,第二小组的王小虎同学由于没有掌握归化法改正距离的计算公式，直接将一般方法放样后标定的点移动 2 cm，就填写了放样记录表。同小组的同学张大伟发现后，就主动将计算方法演示给王小虎同学看，直至王小虎同学掌握为止，并提醒王小虎，这种不负责任的态度将来会影响个人的发展，也会给工程造成损失。

测量工作应严谨细致，严格执行测量原则，按测量规范施测，发扬老一辈测量工作者的敬业精神，学习珠峰测量队员“追梦赤子心、傲然凌绝顶”的雄心壮志，练好本领，保质保量完成每一项施测任务，担负起建设国家的历史使命。

知识闯关与技能训练

一、单选题

1. 放样是指(　　)。

A. 控制测量的过程

B. 把设计好的建筑物的位置在地面上标定出来的过程

C. 变形观测的过程

D. 测量未知量的过程

2. 水平角放样时，归化法的精度与直接法的精度相比(　　)。

A. 相同　　B. 较低　　C. 较高　　D. 不能确定

3. 将设计的建(构)筑物按设计与施工的要求施测到实地上，作为工程施工的依据，这项工作称为(　　)

A. 测定　　B. 放样　　C. 地物测量　　D. 地形测绘

二、实操练习

用一般放样法放样一个 50°20′30″的水平角，测站、后视点自定，完成表 5-1-1。

表 5-1-1　水平角放样记录表

观测员：　　　　持镜员：　　　　记录员：

工程名称			测量单位		
图纸编号			施测日期		
使用仪器			仪器检校日期		
测站点	盘位	后视点	后视读数 °　′　″	放样点	待放样点读数 °　′　″

任务5.1.1　学习任务评价表

任务5.1.2 水平距离放样

【任务导学】

已知水平距离的放样，是从地面上一个已知点出发，沿给定的方向，量出已知（设计）的水平距离，在地面上定出这段距离另一端点的位置。本任务主要学习钢尺一般放样法。

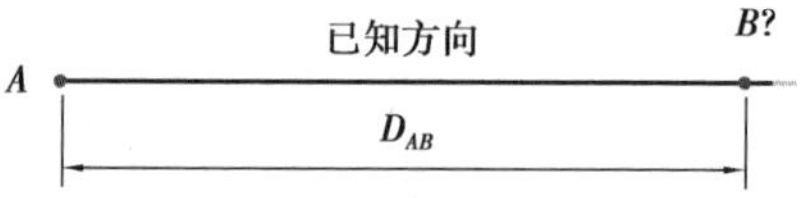

图 5-1-4 已知水平距离放样示意图

【任务描述】

如图 5-1-4 所示，××职教园区施工场地直线 AB 的方向已确定，以 A 点为起点，沿 AB 方向线放样一段水平距离 D_{AB} 使其等于设计值，在地面用木桩标定出 B 点的位置。

【知识储备】

钢尺量距的工具有钢尺、测钎、标杆，精密量距的工具有弹簧秤、温度计、垂球等。

根据放样精度不同，水平距离放样方法分为一般放样法和精确放样法。

在平坦地区，当放样平距精度要求不高时，可采用一般放样法。为了提高放样精度和防止测量粗差，一般用两次放样取平均值的方法。

当地面起伏较大、距离较长时可用全站仪放样水平距离，它较钢尺放样距离具有精度高、速度快的特点，能极大地降低劳动强度、提高工作效率。

【任务实施】

一、放样前的准备工作

3 人一组，每组配备经纬仪或全站仪 1 台，三脚架 1 个，钢尺 1 把，记录板 1 块（含记录表格）等。

二、实施步骤

如图 5-1-5 所示，当放样精度要求不高时，从已知点开始，沿给定的方向，用钢尺直接丈量出已知水平距离，定出这段距离的另一端点。

钢尺测设平距

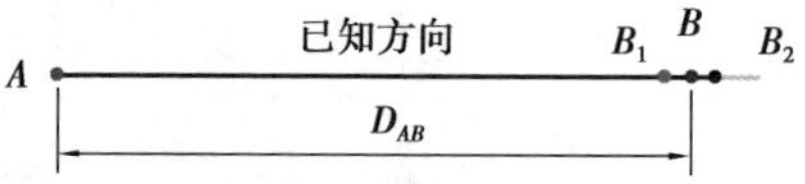

图 5-1-5 钢尺放样水平距离示意图

放样步骤：

①在地面上，由已知点 A 开始，沿经纬仪指定方向，用钢尺放样出设计的水平距离 D_{AB} 定出 B_1 点。

②为了校核与提高放样精度，在起点 A 处改变钢尺起始读数，按同样的方法放样距离 D_{AB} 定出 B_2 点。

③由于量距有误差，B_1 与 B_2 两点一般不重合，其相对误差在允许范围内时，则取两点的中点 B 作为最终位置。

拓展阅读

全站仪放样平距

当水平距离放样精度要求较高时，一般采用全站仪放样。

全站仪放样已知水平距离示意图如图 5-1-6 所示，将全站仪安置在起点 A 对中整平，开机后进入测距模式，并输入放样时的气温、气压。持镜员在 AC 方向线上预估至 A 点的水平距离并设置棱镜，如 C_1 点，观测员用望远镜瞄准 C_1 点上棱镜，按测距键，显示屏显示出全站仪与棱镜之间的水平距离 D'。根据测量出的平距 D' 与设计值 D 的差值 ΔD，观测员指挥持镜员前后移动棱镜，直至全站仪测量显示的平距等于设计值 D 为止，即可定出 C 点。

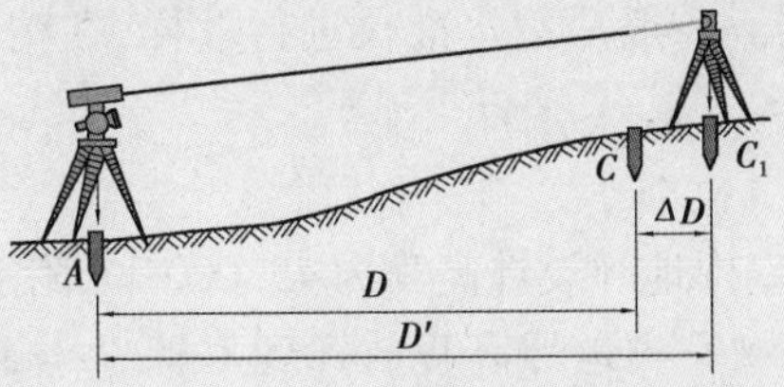

全站仪测设平距

图 5-1-6　全站仪放样已知水平距离示意图

知识闯关与技能训练

一、多选题

1. 测量上确定点的平面位置是通过(　　)两项基本工作来实现的。

A. 高程测量　　B. 水平距离测量　　C. 水平角测量　　D. 高差测量

2. 用全站仪放样平距时需要输入的参数有(　　)。

A. 气压　　B. 仪器高　　C. 温度　　D. 目标高

3. 钢尺量距的方法有(　　)。

A. 一般方法　　B. 精确方法　　C. 图解法　　D. 解析法

二、实操练习

用全站仪放样一段 30 m 的水平距离，测站、方向自定，完成表 5-1-2。

表 5-1-2　水平距离放样记录表

观测员：　　　　　持镜员：　　　　　记录员：

<table>
<tr><td colspan="2">工程名称</td><td colspan="2"></td><td>测量单位</td><td></td></tr>
<tr><td colspan="2">图纸编号</td><td colspan="2"></td><td>施测日期</td><td></td></tr>
<tr><td colspan="2">使用仪器</td><td colspan="2"></td><td>仪器检校日期</td><td></td></tr>
<tr><td>测站点</td><td colspan="2">放样点</td><td>放样平距/m</td><td>显示平距/m</td><td>移动距离/m</td></tr>
<tr><td></td><td colspan="2"></td><td></td><td></td><td></td></tr>
<tr><td></td><td colspan="2"></td><td></td><td></td><td></td></tr>
<tr><td></td><td colspan="2"></td><td></td><td></td><td></td></tr>
</table>

任务5.1.2 学习任务评价表

任务 5.1.3 高程放样

【任务导学】

高程放样是根据已知点的高程和设计高程,在地面或建筑物的作业面上放样出设计高程标志线的工作,为施工提供依据。一般采用水准仪进行放样,在精度要求不高时可利用全站仪进行放样。

【任务描述】

如图 5-1-7 所示,某建筑物室内地坪设计高程为 45.000 m,附近有水准点 BM_A,其高程为 $H_A=44.680$ m。要求把该建筑物室内地坪高程放样到木桩 B 上,作为地面施工控制高程的依据。

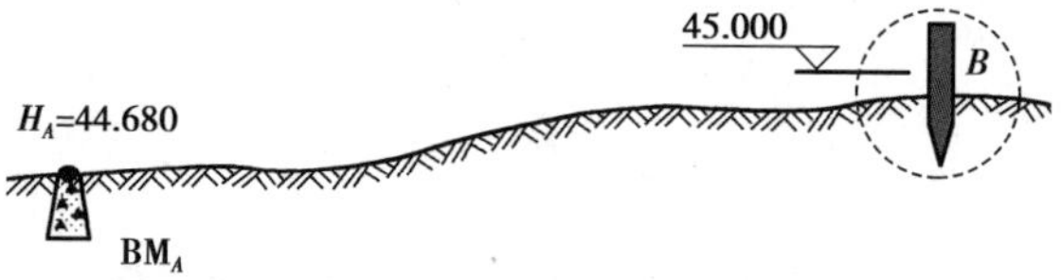

图 5-1-7 已知高程放样示意图

【知识储备】

高程放样与测定高程在程序上虽然相反,但它们都是利用水准仪提供的水平视线,读取水准尺的读数来完成的。只不过在进行高程放样时,需要根据仪器的视线高和待放样点设计高程,事先计算出待放样处水准尺的应有读数,然后再进行测设。

不同的工程或工程的不同部位需要放样的高程位置也不同,有的在地面上进行、有的在墙面上进行、有的在顶面上进行。

在建筑设计和施工中,为计算方便,通常把建筑物室内设计地坪标高用“±0”表示,建筑物的基础、门窗等高程都是以“±0”为依据进行测设的。因此,首先要在施工现场根据水准点放样出室内地坪高程,为基础和墙身施工测量提供依据。

【任务实施】

一、放样前的准备工作

3 人一组,每组配备水准仪 1 台,三脚架 1 个,双面尺 1 对,记录板 1 块(含记录表格)等。

二、实施步骤

如图 5-1-8 所示,放样高程在地面上,水准点距待放样高程点较近(不超 100 m),且高差不大时,可采用一站直接放样法。

放样步骤:

①将水准仪架设在 A、B 点中间,整平仪器后瞄准竖立在 A 点上的水准尺,读取读数 a。设 $a=1.556$ m。

②计算仪器的视线高 H_i:

$$H_i=H_A+a=44.680+1.556=46.236(\text{m})$$

③计算 B 点水准尺应有的读数。由图 5-1-8 可知,要放样设计高程 $H_B=45.000$ m 时,B

点水准尺读数应为：

$$b=H_i-H_B=46.236-45.000=1.236(\mathrm{m})$$

④调转望远镜瞄准 B 点处竖立的水准尺。

⑤将水准尺紧靠 B 点木桩的侧面上下移动，直到尺上读数 $b=1.236$ m 时，沿尺底画一横线，此线即为设计高程 H_B 的标高线。

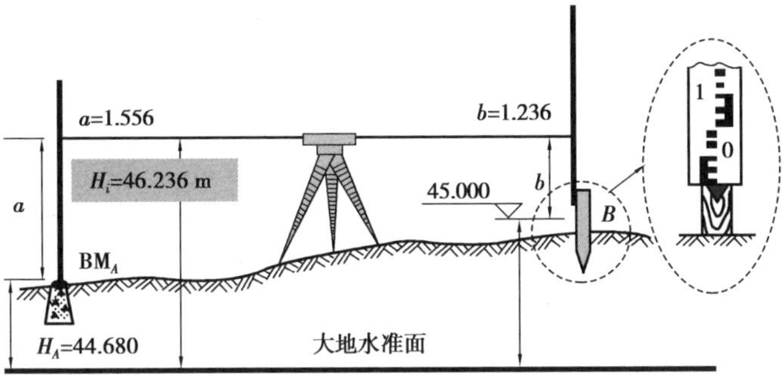

水准仪测设高程

图 5-1-8　已知高程放样示意图

拓展阅读

设计高程点在顶部时的放样

在地下坑道施工中，坑道顶部的设计高程需进行放样，以便安装和检查模板支立是否准确，在进行放样时水准尺均应倒立过来。高程点在顶部的放样示意图如图 5-1-9 所示。

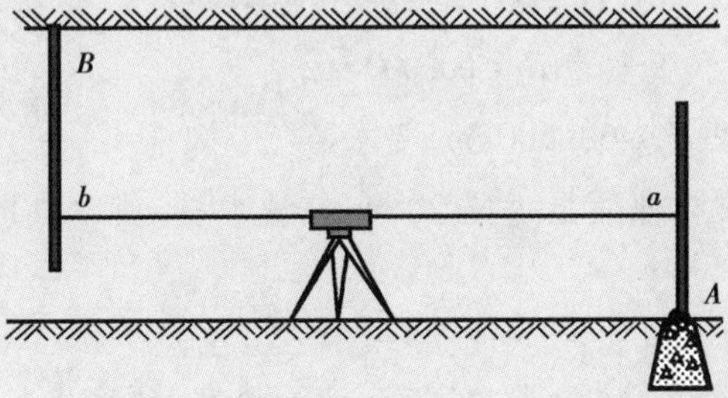

图 5-1-9　高程点在顶部的放样示意图

假设 A 为已知高程 H_A 的水准点，B 为待放样高程为 H_B 的位置。由于 $H_B=H_A+a+b$，则 B 点应有的水准尺读数 $b=H_B-(H_A+a)=H_B-H_i$。

放样步骤：

①水准仪架设在 A、B 点中间，整平仪器后瞄准竖立在 A 点的水准尺，读取读数 a。

②计算仪器的视线高 H_i

$$H_i=H_A+a$$

③计算 B 点水准尺上应有的读数。用待放样的设计高程 H_B 减去视线高 H_i，即

$$b=H_B-H_i=H_B-(H_A+a)$$

④调转望远镜瞄准在 B 点竖立的水准尺。

⑤将水准尺倒立并紧靠 B 点上下移动，直到尺上读数为 b 时，尺底即为设计高程 H_B 的位置。

素拓课堂

渠映国魂　铸魂育人

20 世纪 60 年代，河南林县（现林州市）人民历时 10 年，在太行山悬崖峭壁上修建了红旗渠。奔流半个多世纪的“人工天河”，汇聚成“自力更生、艰苦创业、团结协作、无私奉献”的红旗渠精神，流淌在中原儿女的血脉中。

2022 年 10 月 28 日上午，习近平总书记来到位于河南省安阳市的红旗渠考察。他指出，红旗渠就是纪念碑，记载了林县人不认命、不服输、敢于战天斗地的英雄气概。要用红旗渠精神教育人民特别是广大青少年，社会主义是拼出来、干出来、拿命换来的，不仅过去如此，新时代也是如此。年轻一代要继承和发扬吃苦耐劳、自力更生、艰苦奋斗的精神，摒弃骄娇二气，像我们的父辈一样把青春热血镌刻在历史的丰碑上。

虽然红旗渠的修建过去了 60 多年，但这种“不畏艰险、顽强拼搏、团结协作、无私奉献”精神将永远激励着年轻一代测绘人快速成长，积极投身国家建设，谱写更新华章。

工程案例

1. 任务概况

如图 5-1-10 所示，××电子厂厂区规划一条道路，长度 $D_{AB}=100$ m，设计坡度 $i_{AB}=+0.5\%$。

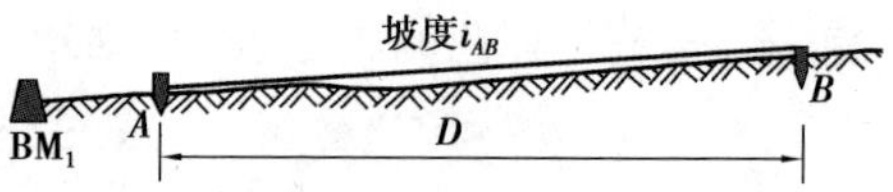

图 5-1-10　××电子厂厂区道路坡度示意图

现场已知水准点 BM$_1$ 的高程为 $H_1=60.000$ m，道路起点 A 点的设计高程 $H_A=60.500$ m，要求沿 AB 方向放样出坡度线，并在地面上每隔 20 m 钉设木桩，使木桩的顶面高程在设计坡度线上。

2. 任务分析

坡度线的放样是根据附近水准点的高程、设计坡度、坡度线起点的设计高程，用一定的放样方法将坡度线上每隔一定距离各点的设计高程标定在地面上。

放样方法有水准仪水平视线法、水准仪（或经纬仪）倾斜视线法、全站仪坡度放样法。

本任务施工场地地面坡度不大，道路长度仅 100 m，设计坡度也只有+0.5%，可用水准仪水平视线法进行放样。

3. 任务实施

(1) 准备工作

检查仪器工具，准备自动安平水准仪 1 台，三脚架 1 个，水准尺 2 根，钢尺 1 把，木桩（长 25～30 cm，顶面 3～4 cm 见方）若干个，斧头 1 把，放样数据，红油漆，铅笔等。

1 人观测，2 人立尺，1 人钉设木桩。

(2) 实施步骤

①根据 A 点高程、设计坡度 i_{AB} 和 A、B 两点间的水平距离 D，计算 B 点的高程。

$$H_B=H_A+i_{AB}\times D=60.500+0.5\%\times 100.000=61.000(\text{m})$$

②安置水准仪于 A、B 两点中间，瞄准竖立在水准点 BM_1 上的水准尺，读数 $a=2.100$ m，则视线高

$$H_i=H_1+a=60.000+2.100=62.100(\text{m})$$

③测设 A、B 两点的木桩，使木桩顶面的高程等于 60.5 m 和 61 m。如图 5-1-11 所示，分别在 A、B 点钉设木桩并将水准尺立于木桩顶面，用望远镜瞄准 A、B 处的水准尺，使水准尺的读数分别为：

$$b_A=H_i-H_A=62.100-60.500=1.600(\text{m})$$

$$b_B=H_i-H_B=62.100-61.000=1.100(\text{m})$$

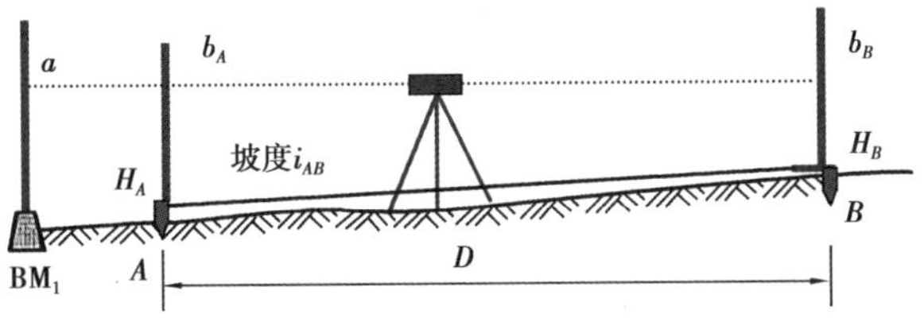

水平视线法测设坡度线

图 5-1-11　放样坡度线两端点示意图

④沿 AB 方向每隔 $d=20$ m 钉设木桩，根据 A 点的高程、设计坡度和各桩到起点 A 的水平距离，计算出 1、2、3、4 点的设计高程 $H_{设}$：

$$H_{设1}=H_A+i\times 1d=60.500+0.5\%\times 20=60.600(\text{m})$$

$$H_{设2}=H_A+i\times 2d=60.500+0.5\%\times 40=60.700(\text{m})$$

$$H_{设3}=H_A+i\times 3d=60.500+0.5\%\times 60=60.800(\text{m})$$

$$H_{设4}=H_A+i\times 4d=60.500+0.5\%\times 80=60.900(\text{m})$$

计算各点高程时，注意坡度 i 的正、负，上坡为正，下坡为负。

⑤根据各桩的设计高程，计算各桩点上水准尺的应有读数：$b_i=H_i-H_{设}$。

$$b_1=62.100-60.600=1.500(\text{m})$$

$$b_2=62.100-60.700=1.400(\text{m})$$

$$b_3=62.100-60.800=1.300(\text{m})$$

$$b_4=62.100-60.900=1.200(\text{m})$$

⑥在各桩处立水准尺，用望远镜瞄准水准尺，根据读数指挥水准尺上下移动，当水准仪对准应有读数时，水准尺底部即为放样出的高程标志线，如图 5-1-12 所示。

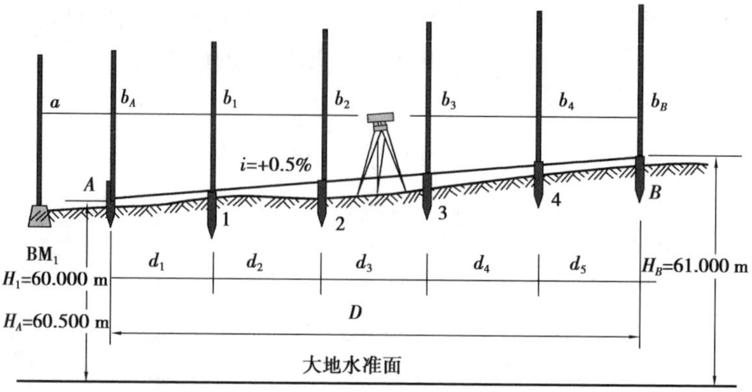

标高偏差质量事故案例

图 5-1-12　水平视线法放样坡度线示意图

知识闯关与技能训练

一、单选题

1. 传递高程向下较深时，一般用(　　)。

A. 钢丝　　B. 钢尺　　C. 钢索　　D. 钢筋

2. 标高放样中，已知水准点高程 $H_1=4.500$ m，后视读数 $a=1.368$ m，放样的设计高程 $H_{设}=4.035$ m，则前视读数应为(　　)m。

A. 1.833　　B. −1.833　　C. 0.903　　D. −0.903

3. 地下坑道施工中，已知坑道底板一高程控制点的高程 $H_A=503.125$ m，后视读数 $a=1.836$ m，坑道顶部设计高程 $H_{设}=506.500$ m，则前视读数应为(　　)m。

A. −1.539　　B. 1.539　　C. 2.130　　D. −2.130

4. 放样地下坑道顶部设计高程，下列关于前视尺应有读数 b 描述正确的是(　　)。

A. 视线高加设计高程　　B. 视线高减设计高程

C. 设计高程减视线高　　D. 设计高程加视线高

5. 已知水准点 A 的高程为 16.163 m，要放样高程为 15.000 m 的 B 点，水准仪架在 A、B 两点之间，在 A 尺上读数为 1.036 m，则 B 尺上读数应为(　　)m。

A. 1.163　　B. 0.127　　C. 2.199　　D. 1.036

二、实操练习

用一般放样方法放样已知高程练习，完成表 5-1-3。已知 $H_A=500.500$ m，设计高程 $H_{设}=501.200$ m。

表 5-1-3　设计高程放样记录表

观测员：　　　　　　　　　　持镜员：　　　　　　　　　　记录员：

<table>
<tr><td colspan="2">工程名称</td><td colspan="2"></td><td colspan="2">测量单位</td><td colspan="2"></td></tr>
<tr><td colspan="2">图纸编号</td><td colspan="2"></td><td colspan="2">施测日期</td><td colspan="2"></td></tr>
<tr><td rowspan="2">使用仪器</td><td rowspan="2"></td><td rowspan="2">仪器检校日期</td><td rowspan="2"></td><td rowspan="2">放样点名称</td><td></td><td rowspan="2">设计高程</td><td></td></tr>
<tr><td></td><td></td></tr>
<tr><td>已知点名</td><td>已知高程/m</td><td>后视读数/m</td><td>视线高/m</td><td>前视尺应有读数/m</td><td>实际读数/m</td><td>尺子移动量/m</td><td>检查结果</td></tr>
<tr><td rowspan="2"></td><td></td><td></td><td></td><td>—</td><td>—</td><td>—</td><td rowspan="2"></td></tr>
<tr><td>—</td><td>—</td><td>—</td><td></td><td></td><td></td></tr>
<tr><td rowspan="2"></td><td></td><td></td><td></td><td>—</td><td>—</td><td>—</td><td rowspan="2"></td></tr>
<tr><td>—</td><td>—</td><td>—</td><td></td><td></td><td></td></tr>
</table>

任务5.1.3　学习任务评价表

项目 5.2　地面点平面位置的放样

学习目标

知识目标:理解极坐标法放样的原理;熟悉全站仪的放样功能;了解 GNSS-RTK 的定位测量原理。

技能目标:会安置、整平全站仪,输入测站数据;能进行全站仪平面点位置放样;熟悉 GNSS-RTK 放样步骤。

素养目标:养成爱护仪器、规范操作的习惯;树立严谨求实、诚实守信的意识;培养团队协作、吃苦耐劳、一丝不苟的精神。

内容导航

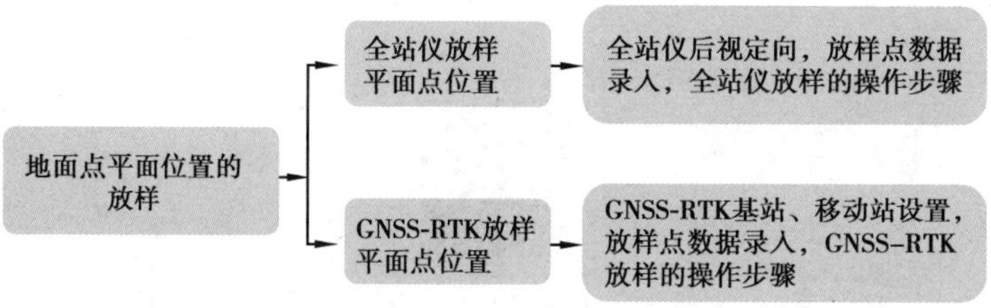

任务 5.2.1　全站仪放样平面点位置

【任务导学】

平面点位置的放样是标定建筑物或构筑物在地面上位置的工作,其方法有直角坐标法、极坐标法、角度交会法、距离交会法、全站仪坐标放样法、GNSS-RTK 放样法。用全站仪放样平面点位置具有精度高、速度快的优点,而且不需要事先准备测设数据即可测设点的位置,同时在施工放样中受天气和地形条件的影响较小,从而在生产实践中得到了广泛应用。

本任务以 NTS-360 系列全站仪为例介绍放样平面点位置的操作步骤。

【任务描述】

如图 5-2-1 所示,已知 A、B 为施工现场的平面控制点,其坐标如下:$X_A = 200.000$ m,$Y_A = 200.000$ m;$X_B = 100.000$ m,$Y_B = 260.000$ m。P 为建筑物主轴线的交点,其设计坐标在图 5-2-1 中已标出。根据 A、B 两点,用全站仪放样 P 点平面位置。

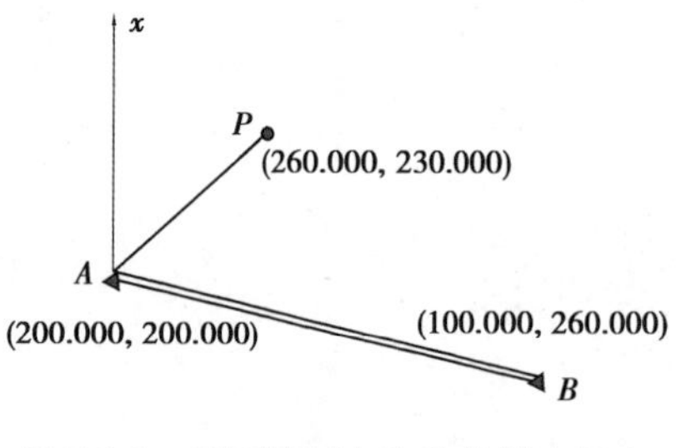

图 5-2-1　平面控制点和待放样坐标点示意图

【知识储备】

全站仪坐标放样法是一种根据测站点、后视点、待放样点的坐标测设平面点位置的方法。其放样原理与极坐标法相同,它利用全站仪的放样功能由仪器计算测站点至待放样点的方向和水平距离,然后根据仪器的指挥功能进行平面点位置的测设。

全站仪放样的基本操作流程为:测站点上安置仪器→设置测站点信息→设置后视点信息→实施放样。

直角坐标法测设平面点位置实训　　极坐标法测设平面点位置实训　　高程测设实训

【任务实施】

一、测设前的准备工作

检校过的全站仪 1 台,三脚架 1 个,对中杆 1 个,棱镜 1 个,木桩 2 根,小铁钉 2 个,斧头 1 把,记录板 1 块等。

二、实施步骤

1. 安置仪器

如图 5-2-2 所示,将全站仪安置在 A 点,对中整平、盘左瞄准 B 点定向。

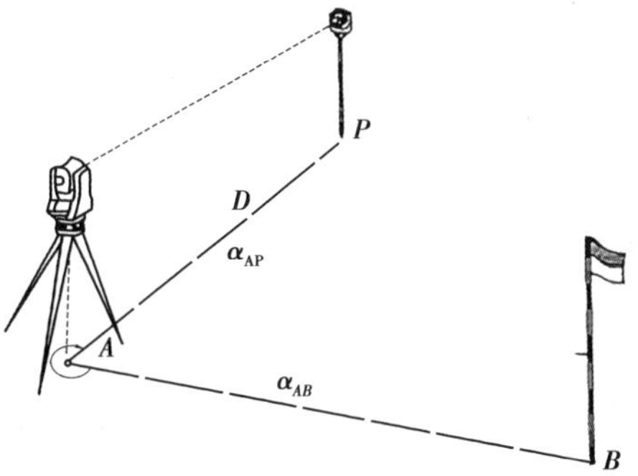

图 5-2-2　全站仪坐标测设法放样点位置示意图

2. 设置测站点

开机后进入放样模式,根据仪器提示依次输入测站点 A 的坐标,详细操作步骤见表 5-2-1。

表 5-2-1　设置测站点操作步骤(直接键入坐标数据)

操作过程	操作	显示
1. 由主菜单 1/2 按数字键[2](放样)	[2]	菜单 1. 数据采集 2. 放样 3. 存储 4. 程序 5. 参数设置
2. 系统进入放样菜单		放样 1. 设置测站点 2. 设置后视点 3. 设置放样点

续表

操作过程	操作	显示
3. 由放样菜单 1/2 按数字键[1](设置测站点)	[1]	放样 设置测站点 点名:A 输入　调用　坐标　确认
4. 输入坐标值,按[F4](确认)键	[F4]	设置测站点 EO:0.000 m NO:0.000 m ZO:0.000 m 回退　点名　确认
5. 输入完毕,按[F4](确认)键;如不放样高程,ZO:50.000 m 可缺省	[F4]	设置测站点 EO:200.000 m NO:200.000 m ZO:50.000 m 回退　点名　确认
6. 输入仪器高,按[F4](确认)键;如不放样高程,仪器高:1.500 可缺省	[F4]	设置测站点 仪器高:1.500 m 回退　确认
7. 系统返回放样菜单		放样 1. 设置测站点 2. 设置后视点 3. 设置放样点

3. 设置后视点

输入后视点 B 的坐标,详细操作步骤见表 5-2-2。

表 5-2-2　设置后视点操作步骤(直接键入坐标数据)

操作过程	操作	显示
1. 由放样菜单 1/2 按数字键[2](设置后视点),进入设置后视点并输入点名	[2]	放样 设置后视点 点名:B

续表

操作过程	操作	显示
2. 输入坐标值,按[F3](NE/AZ)键; ZBS:(可不输)	输入坐标 [F4]	设置测站点 NBS:100.000 m EBS:260.000 m ZBS:0.000 m 回退　角度　确认
3. 系统根据测站点和后视点的坐标计算出后视方位角		请照准后视 HR:149°02′10″ [否]　[是]
4. 照准后视点,按[F4](是)键; 显示屏返回到放样菜单 1/2	[F4]	放样　1/2 1. 设置测站点 2. 设置后视点 3. 设置放样点 P↓

4. 实施放样

测站点、后视点的坐标输入完成后仪器便进入待定放样点坐标的输入。放样点坐标输入后根据仪器显示旋转角度,旋转照准部,当屏幕显示“dHR:0°00′00″”时即表明找到放样点的方向。拧紧水平制动螺旋,指挥持镜员根据望远镜所指示的方向,在估计放样点的位置立镜,测量员纵转望远镜,瞄准棱镜测距,根据仪器显示的实测距离和放样距离之差,指挥持镜员前后左右移动棱镜,直到实测距离和放样距离相等为止,详细操作步骤见表 5-2-3。

表 5-2-3　实施放样操作步骤(直接键入坐标数据)

操作过程	操作键	显示
1. 由放样菜单 1/2 按数字键[3](设置放样点); 按[F3](坐标)键,进入设置放样点状态	[3]	放样 设置放样点 点名: 输入　调用　坐标　确认
2. 输入坐标值后,按[F4](确认)键; Z:0.000(可不输)	[F4]	设置测站点 N:260.000 m E:230.000 m Z:0.000 m 回退　点名　确认

续表

操作过程	操作键	显示
3. 当放样点设定后，仪器就进行放样元素的计算； HR：放样点水平角计算值； HD：仪器到放样点水平距离计算值； 照准棱镜中心	照准 [F1]	放样 计算值 HR：26°33′54″ HD：67.082 m 距离　坐标　指挥
4. 按[F3]（指挥）键，系统计算出照准部应旋转的角度； 旋转照准部，当“dHR：0°00′00″”时，即表明找到放样点的方向	[F3] 旋转照准部	平距： ⬅122°55′31″ 测量　模式　标高　下
5. 按[F1]（测量）键； 屏幕显示实测的水平距离 66.071 m； ⬆对准放样点尚差的水平距离-1.011 m； ⬇实测高程； 根据尚差的水平距离指挥持镜员前后移动棱镜，再次按[F1]键测量距离，直至实测距离差值为0	[F1]	平距：66.071 m ⬌00°00′00″ ⬌ -0.000 m ⬆-1.011 m ⬇500.035 m 测量　模式　标高　下

三、注意事项

①眼睛不能直视全站仪发射的激光束，也不能将激光束指向他人；

②阳光下或雨天进行观测要打伞，避免仪器直接在阳光下暴晒或被雨淋湿；

③仪器安置时必须确保拧紧脚架上的连接螺旋，方可将固定仪器的手放开，防止仪器从脚架上摔落；

④望远镜切忌对向太阳，以防将发光及接收管烧坏；

⑤全站仪安置在测站点上，对中、整平时注意脚架的稳定；

⑥放样过程中发现有错误时，应重新对准后视点并对放样点进行复核；

⑦若发现仪器功能异常，非专业维修人员不可擅自拆开仪器，以免损坏仪器。

拓展阅读

平面点位置放样方法解析

根据所用的仪器设备、控制点的分布情况、测设现场地形情况及测设精度要求等，平面点位置的放样有多种方法，其放样原理和适用场合各有不同，具体见下表。

放样方法	原　理	适用场合
直角坐标法	根据直角坐标原理，利用纵横坐标之差放样点的平面位置	施工控制网为建筑方格网或建筑基线的形式，且量距方便、待放样点距控制点较近的建筑施工场地

续表

放样方法	原　理	适用场合
极坐标法	根据一个水平角和一段水平距离放样点的平面位置	适用于待放样点与控制点通视良好、量距不是太困难的建筑施工场地(用经纬仪放样)。量距困难、距离较远时一般用全站仪放样
角度交会法	通过放样两个或多个水平角，交会出点的平面位置	适用于待放样点至控制点的距离较远，且地面起伏较大建筑施工场地
距离交会法	由两个控制点放样两段已知水平距离，交会出点的平面位置	适用于待放样点至控制点的距离不超过一尺段长，且地势平坦、量距方便的建筑施工场地
全站仪坐标放样法	根据测站点、定向点的已知坐标及待定点的坐标放样点的平面位置	适用于待放样点距控制点较远、量距较困难、放样精度要求较高的建筑施工场地
GNSS-RTK 放样法	根据控制点、待定点的坐标放样点的平面位置	用于放样精度要求不是太高、通信信号较好的建筑施工场地

直角坐标法测设平面点位　　极坐标法测设平面点位　　角度交会法测设平面点位　　距离交会法测设平面点位

知识闯关与技能训练

一、单选题

1. 在用全站仪进行点位置放样时，若棱镜高和仪器高输入错误，则对放样点的平面位置(　　)。

A. 有影响　　B. 盘左有影响，盘右没有影响

C. 没有影响　　D. 盘右有影响，盘左没有影响

2. 某全站仪距离标称精度为±(A+B×D)，其中 B 称为(　　)。

A. 固定误差　　B. 固定误差系数　　C. 比例误差　　D. 比例误差系数

3. 全站仪显示屏显示“HR”代表(　　)。

A. 右角　　B. 左角

C. 盘右水平度盘读数　　D. 盘左水平度盘读数

二、实操练习

如图 5-2-3 所示，用全站仪测设 P、S、R、Q 点平面位置，并完成表 5-2-4。

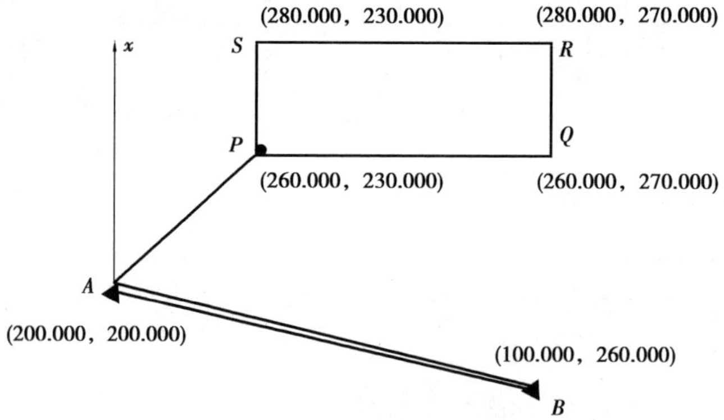

图 5-2-3　全站仪坐标放样法测设平面点位置示意图

表 5-2-4　全站仪坐标放样法测设平面点位置记录表

观测员：　　　　　　　　　　持镜员：　　　　　　　　　　记录员：

<table>
<tr><td colspan="4">工程名称</td><td colspan="3"></td><td colspan="5">测量单位</td><td colspan="2"></td></tr>
<tr><td colspan="4">图纸编号</td><td colspan="3"></td><td colspan="5">施测日期</td><td colspan="2"></td></tr>
<tr><td colspan="4">使用仪器</td><td colspan="3"></td><td colspan="5">仪器检校日期</td><td colspan="2"></td></tr>
<tr><td rowspan="3">测站点</td><td rowspan="3"></td><td rowspan="3">坐标</td><td>X</td><td colspan="3"></td><td colspan="2" rowspan="3">测站点</td><td rowspan="3"></td><td rowspan="3">坐标</td><td>X</td><td colspan="2"></td></tr>
<tr><td>Y</td><td colspan="3"></td><td>Y</td><td colspan="2"></td></tr>
<tr><td>Z</td><td colspan="3"></td><td>Z</td><td colspan="2"></td></tr>
<tr><td colspan="2" rowspan="2">放样点</td><td colspan="4">设计坐标/m</td><td colspan="5">实测坐标/m</td><td colspan="3">偏差值/(±mm)</td></tr>
<tr><td colspan="3">X</td><td>Y</td><td colspan="2">X</td><td colspan="3">Y</td><td colspan="2">X</td><td>Y</td></tr>
<tr><td colspan="2"></td><td colspan="3"></td><td></td><td colspan="2"></td><td colspan="3"></td><td colspan="2"></td><td></td></tr>
<tr><td colspan="2"></td><td colspan="3"></td><td></td><td colspan="2"></td><td colspan="3"></td><td colspan="2"></td><td></td></tr>
<tr><td colspan="2"></td><td colspan="3"></td><td></td><td colspan="2"></td><td colspan="3"></td><td colspan="2"></td><td></td></tr>
<tr><td colspan="2"></td><td colspan="3"></td><td></td><td colspan="2"></td><td colspan="3"></td><td colspan="2"></td><td></td></tr>
</table>

任务5.2.1　学习任务评价表

*任务 5.2.2　GNSS-RTK 放样平面点位置

【任务导学】

随着中国北斗卫星导航系统（BDS）的全面启动，采用 GNSS-RTK 放样平面点位置，可以在不通视的情况下进行，具有较高的工作效率和定位精度，在工程建设中已被广泛应用。

施工单位在使用 GNSS-RTK 放样平面点位置时，网络模式使用较多，需申请账号和缴费，因考虑到教学单位与施工单位的差异，故电台模式更适合展开教学活动。

【任务描述】

如图 5-2-4 所示，在 WGS-84 坐标系中，已知 A 控制点的坐标值为（100.000，100.000），B 控制点的坐标值为（80.000，130.000），P 为待测点，根据 A、B 两点，用 GNSS-RTK 放样 P 点的平面位置。

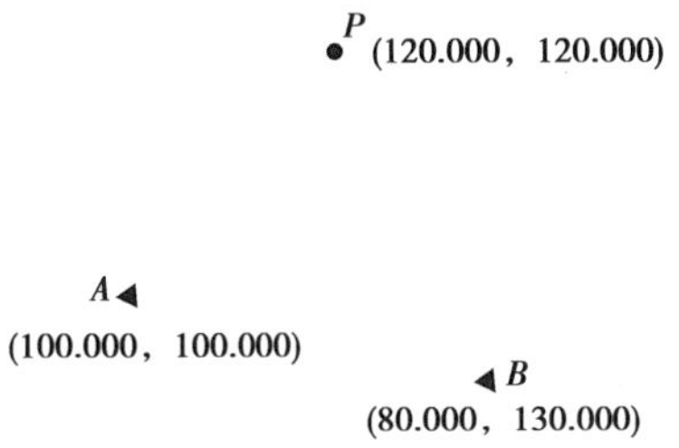

图 5-2-4　平面控制点及设计放样点坐标

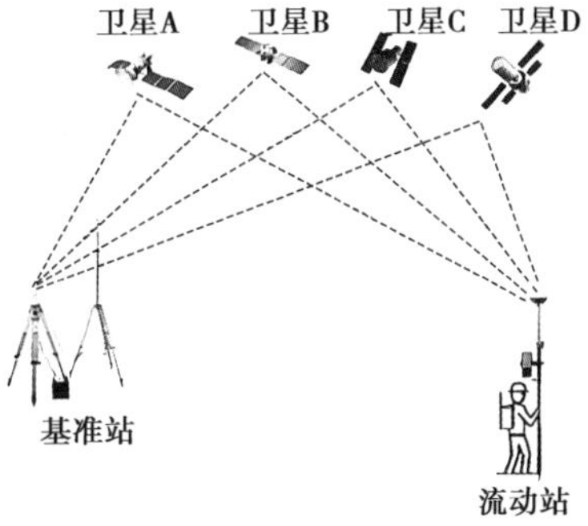

图 5-2-5　RTK 定位测量原理示意图

【知识储备】

一、GNSS-RTK 定位测量原理

如图 5-2-5 所示，RTK（Real-time Kinematic）实时动态测量技术是以载波相位观测为依据的实时差分技术，是测量技术发展里程中的一个突破。GNSS 定位系统由基准站接收机、数据链、流动站接收机三部分组成。在基准站上安置 1 台接收机为参考站，对卫星进行连续观测，并将其观测数据和测站信息通过无线电传输设备实时地发送给流动站，流动站 GNSS-RTK 接收机在接收 GNSS 卫星信号的同时，通过无线接收设备，接收基准站传输的数据，然后根据相对定位的原理，实时解算出流动站的三维坐标及其精度（即基准站和流动站坐标差 ΔX、ΔY、ΔH，加上基准站坐标得到的每个点的 WGS-84 坐标，通过坐标转换参数得出流动站每个点的平面坐标 X、Y 和海拔高 H）。

采用 GNSS-RTK 技术放样时，仅需把设计好的点位坐标输入到电子手簿中，手持 GNSS 接收机，它会提醒你走到要放样点的位置，既迅速又方便。由于 GNSS-RTK 是通过坐标直接放样的，而且具有一定的精度，1 个人即可开展工作，因此在外业放样中效率会大大提高。

二、GNSS-RTK 测量的工作模式

GNSS-RTK 测量根据不同的差分源分为不同的工作模式，主要分为电台模式、网络模式/CORS 基准站等，这两个不同的工作模式有不同的原理，优缺点也各有不同。

1. 电台模式

基准站通过电台将差分信息以电磁波的形式传给移动站。

基准站、移动站需保证电台通道、协议、频点一致,如此方可通信。

该模式的优点:不受网络限制,在山区等网络不发达地区可以采用电台模式作业;缺点:由于通过电磁波传播,传播过程中如遇到高楼、树林,均会使信号衰减,影响作业距离,因此一般作业距离为 2 ~ 15 km,作业距离较短。

2. 网络模式/CORS 基站

基准站通过网络模式将差分信息传给移动站,移动站需输入基站的 IP、端口、接入点、账号、密码等信息,且移动站需要能上网。

该模式的优点:作业距离广,现在有全国覆盖的 CORS 基站,基本一个账号在全国都能使用;缺点:受运营商网络信号影响,在山区等网络不发达地区,使用该模式可能会受影响。

下面以电台模式介绍中纬 Zenith45 GNSS-RTK 平面点位放样操作。

【任务实施】

一、GNSS-RTK 平面点位放样的准备工作

1. 仪器准备

配置检校过的 GNSS-RTK 接收机 2 台,三脚架 2 个,棱镜对中杆 1 根。

2. 仪器安置和基准站、流动站设置

仪器安置→仪器连接→基站设置→流动站设置,这部分内容在任务 4.1.3 中已介绍,这里不再赘述。

二、实施步骤

1. 单点放样

以上准备工作完成后,即可进行点放样的操作。单击“点放样”,如图 5-2-6 所示。

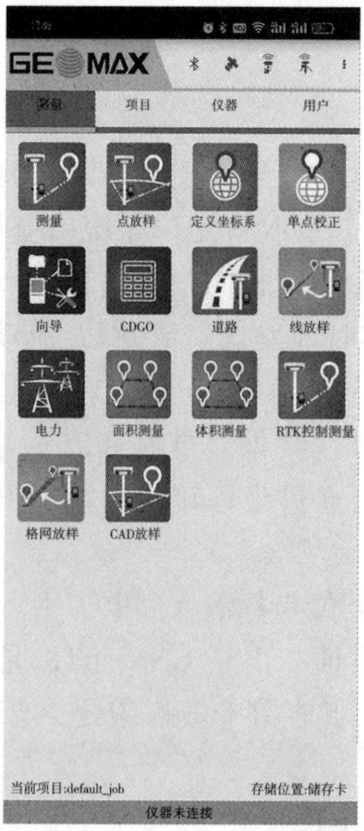

图 5-2-6　中纬 GNSS-RTK 手簿主界面

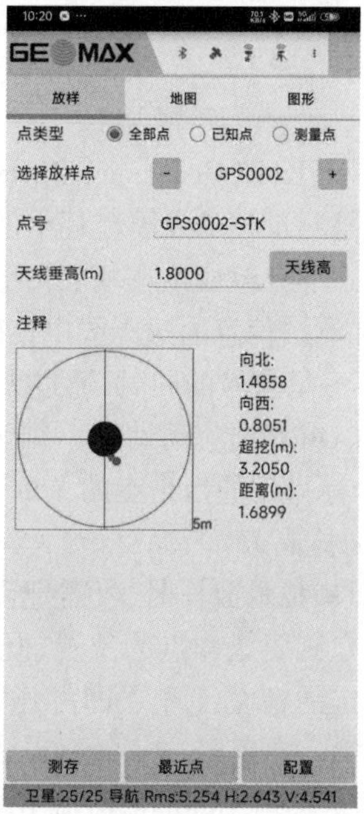

图 5-2-7　放样形象化界面

2. 测量点放样

常规点放样是在从列表中选择，在点的列表中选择要放样的点，导入放样点成功后，选择放样，屏幕上显示出放样的形象化界面，如图 5-2-7 所示。

如果事先没有将放样数据导入手簿内，就需要现场手工输入要放样的点号和坐标，然后开始放样点。

手簿界面显示的⊙代表放样点位置，箭头位置表示测量员当前所在位置，箭头指向待放样点，测量员根据箭头指向移动，直至到达放样点中心，放样结束。

注意：放样点工作也要在自己建立的任务中进行，因为里面已有你键入或存储的放样点坐标数据，若打开别的任务，里面便不会有你的数据。

素拓课堂

北斗导航　优势明显　国人自豪

2020 年 7 月 31 日，北斗三号全球卫星导航系统建成暨开通仪式在人民大会堂隆重举行。习近平总书记郑重宣布："北斗三号全球卫星导航系统正式开通！"这标志着中国自主建设、独立运行的全球卫星导航系统已全面建成，中国北斗迈进了高质量服务全球、造福人类的新时代。

北斗人践行了科技是第一生产力思想，书写了"自主创新、开放融合、万众一心、追求卓越"的新时代北斗精神，展现出了中华民族的希望。

北斗卫星信号生成和播发设备性能已达到国际同类产品的先进水平，在局部处于领先水平，并具有以下技术优势：

①北斗系统空间段采用 3 种轨道卫星组成的混合星座，与其他卫星导航系统相比，高轨卫星更多，抗遮挡能力强，尤其低纬度地区性能优势更为明显。

②北斗系统提供多个频点的导航信号，能够通过多频信号组合使用等方式提高服务精度。

③北斗系统创新融合了导航与通信能力，具备定位导航授时、星基增强、地基增强、精密单点定位、短报文通信和国际搜救等多种服务能力。

④北斗导航测绘技术在建筑工程中的应用，几乎不受气候环境的限制，在该技术主要特征的影响下，可以为建筑工程提供更加精确的测量结果，为建筑工程的质量建设和工作效率的提升做好准备。

知识闯关与技能训练

一、单选题

1. 下列选项中，不属于 GNSS 系统的是(　　)。

A. GPS　　B. GLCNASS　　C. Wi-Fi　　D. BDS

2. 实现 GNSS 定位至少需要(　　)颗卫星。

A. 3　　B. 4　　C. 5　　D. 6

3. 下列选项中，不属于 GNSS 接收机主要功能的是 (　　)。

A. 信号接收　　B. 信号处理　　C. 卫星跟踪　　D. 卫星控制

4. 以下属 GNSS-RTK 测量工作模式的是(　　)。

A. 静态模式　　B. 动态模式　　C. 控制模式　　D. COR 基站

二、实操练习

如图 5-2-8 所示,根据 A、B 两控制点,用 GNSS-RTK 放样 P 点平面点位置,并完成表 5-2-5。

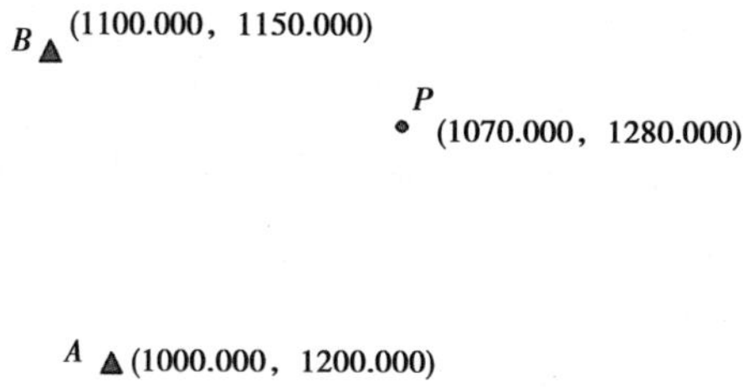

图 5-2-8　GNSS-RTK 放样平面点位

表 5-2-5　GNSS-RTK 放样平面点位记录表

测量员:　　　　　　　　　　记录员:

测站信息	基准站点名			基准站附近检查点		
	X/m	Y/m	H/m	ΔX/mm	ΔY/mm	ΔH/mm
流动站信息	作业前检查点名			检查结果		
	X/m	Y/m	H/m	ΔX/mm	ΔY/mm	ΔH/mm
	作业后检查点名			检查结果		
	X/m	Y/m	H/m	ΔX/mm	ΔY/mm	ΔH/mm
放样点名	设计坐标/m		实测坐标/m		偏差值/(±mm)	
	X/m	Y/m	H/m	ΔX/mm	ΔY/mm	ΔH/mm

任务5.2.2 学习任务评价表

施工放样练习题

模块6　建筑工程施工测量

建筑工程施工测量是一种利用各种测量技术和仪器，对建筑工程施工过程中的各种要素进行定位、检测、计算和监控，以保证施工质量、进度和安全的技术活动。

施工测量

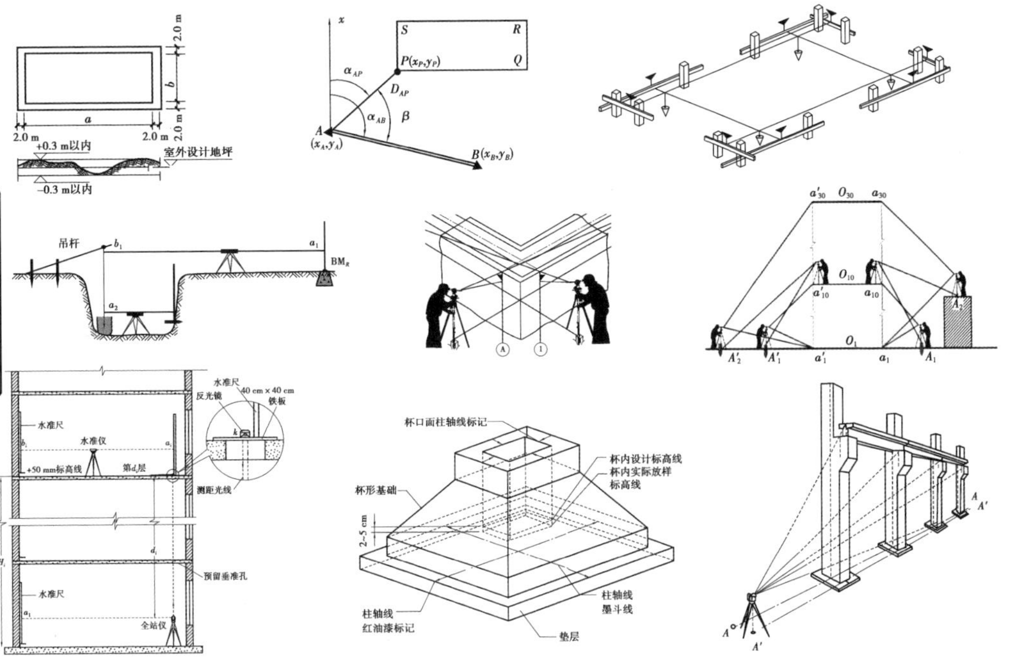

建筑工程施工测量主要内容图解

施工测量的任务就是根据图纸的要求，用测量仪器把建（构）筑物的平面位置和高程按照设计值，以一定的精度测设在地面上，作为施工的依据。

施工测量是施工的先导，贯穿整个施工过程，内容包括施工前的场地平整、施工控制网的复测或建立、建筑物的定位和放线、施工中各道工序的细部测量、测设后的检查与验收、工程变形观测、工程竣工测量。

用一辈子做好工程的眼睛	做工程建设的“幕后英雄”	南水北调，测绘有为	精准时空定位引领数字经济方向	国家职业技能标准工程测量员

序号	资源名称	类型	页码
1	用一辈子做好工程的眼睛	文本	第 193 页
2	做工程建设的“幕后英雄”	文本	第 193 页
3	南水北调,测绘有为	文本	第 193 页
4	精准时空定位 引领数字经济方向	文本	第 193 页
5	国家职业技能标准工程测量员	文本	第 193 页
6	工程施工测量方案	文本	第 204 页
7	建筑物定位与放线	微视频	第 207 页
8	全站仪放样建筑物平面位置	微视频	第 207 页
9	建筑物的定位与放样实训	文本	第 207 页
10	建筑工程施工测量方案	文本	第 212 页
11	建筑工程施工测量控制实例	文本	第 213 页
12	建筑基础轴线的投测	微视频	第 214 页
13	建筑物首层墙体轴线投测	微视频	第 219 页
14	柱子安装测量	微视频	第 244 页
15	施工测量练习题	文本	第 246 页
16	任务 6.1.1—任务 6.3.3 学习任务评价表	评价标准	详见各任务后

项目 6.1 场地平整测量

学习目标

知识目标：了解场地平整的概念；理解“零点”的含义及土方量计算的原理。

技能目标：掌握方格网法场地平整测量的步骤；会进行土方量计算。

素养目标：养成规范操作仪器的习惯，提升团队协作及沟通意识；培养严谨求实的职业素质和勤奋务实的劳动精神。

内容导航

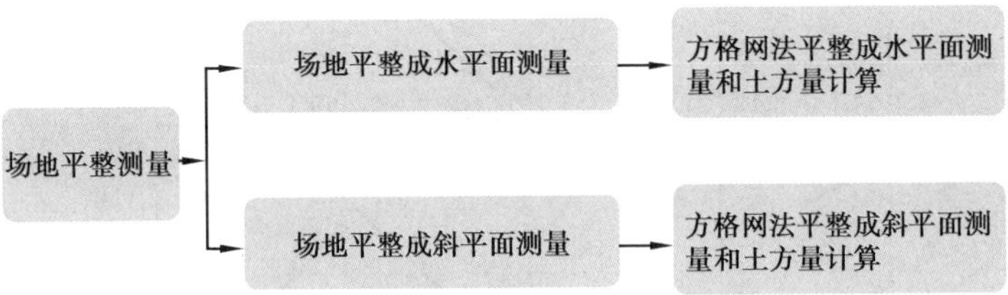

任务 6.1.1 场地平整成水平面测量

【任务导学】

场地平整测量是在施工前按竖向规划意图对整个施工场地进行平整。

场地平整测量的内容是实测场地地形，按土方平衡原则进行设计，目的是便于施工放样，同时也是土方工程量计算、经济核算的主要依据。能否保质保量完成工作任务，一方面取决于测量员的技术水平，另一方面取决于测量员的职业素养。每一位测量工作人员应加强职业道德修养，杜绝弄虚作假，避免给国家的经济带来损失。

【任务描述】

某建筑场地高低不平，但起伏不大，施工前需按土方平衡的原则平整成水平面。

【知识储备】

土方工程量计算方法有方格网法、断面法、等高线法等。建筑工程施工场地平整常用方格法，而等高线法、断面法分别在水利工程和公路工程中应用较多。方格网法适用于场地高低起伏较小，地面坡度变化均匀的场地。

按土方平衡原则进行竖向设计时，根据具体情况，可设计成水平面，也可设计成有一定坡度的斜平面。所谓的土方平衡，就是“既不取土回填，也不余土外运”。

场地平整成水平面测量的工作流程为：测设方格网→测量方格网点的高程→计算设计平面高程→计算方格顶点挖深填高→确定填挖分界线→计算填挖土方量→测设填挖边界线和填挖数。

【任务实施】

一、准备工作

准备全站仪1台，棱镜2个，对中杆2根，水准仪1台，水准尺2根，三脚架2个，木桩若干，计算器1块，记录板1个。

二、实施步骤

1.测设方格网

平整场地设计时，在该场地的地形图上布设普通方格网，边长10～40 m，一般多用20 m。方格的大小视地形情况和平整场地的施工方法及工程预算而定，地面起伏较大时宜用10 m。

用全站仪根据现场测图控制点将方格网测设于地面上，并在方格网点上打桩编号，按比例绘制方格网简图，如图6-1-1所示。

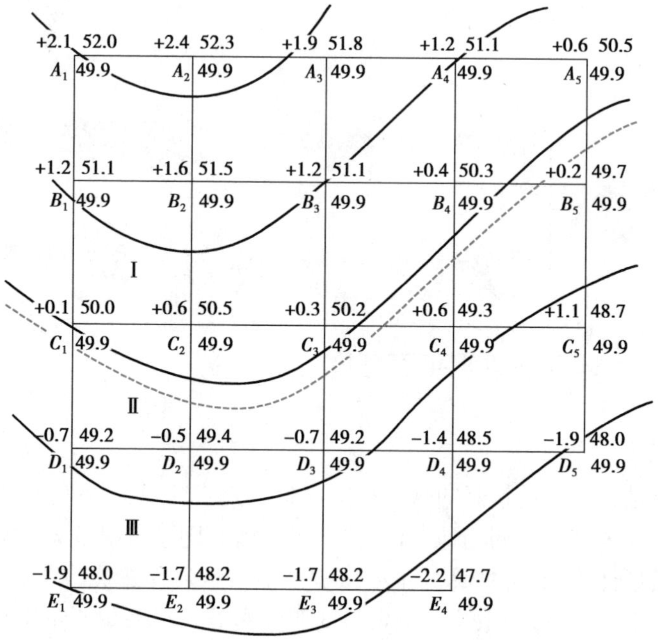

图6-1-1　场地平整测量示意图

若没有待平整场地的地形图，也可现场直接测设方格网。

2.测量各个方格网点的高程

用水准仪(或全站仪)根据已知水准点测出各方格顶点的高程，并标注在相应方格顶点的右上方，如图6-1-1所示。

3.计算设计平面的高程(平均高程)

根据方格顶点的高程分别计算每个方格的平均高程，方法是：把每个方格顶点的高程相加除以4，即得每个方格的平均高程，再把每个方格的平均高程相加除以方格总数，就可以得到该场地的设计平面高程$H_平$，并标注在相应方格顶点的右下方，如图6-1-1所示。

计算公式为：

$$H_{平} = \sum P_i \times H_i / \sum P_i$$

式中　H_i——各点的地面高程，m；

P_i——方格点的权。

各方格点的权的确定方法为：角点为 1、边点为 2、拐点为 3、中心点为 4。

4. 计算各方格顶点的挖深、填高

根据场地设计高程和各方格网点的地面高程，即可计算各点填挖数。

填挖数＝地面高程－设计高程

将填、挖数标注在相应方格顶点的左上方，如图 6-1-1 所示。其中，“+”表示该点需要挖；“-”表示该点需要填。

5. 确定填挖分界线

在方格网的相邻挖方点（C_1 点，+0.1 m）和填方点（如 D_1 点，-0.7 m）之间，必定有一个不填不挖的点，称为“零点”，即填挖边界点。把相邻的零点连接起来，则得填挖边界线，即设计的平整面与原地面的交线。零点和填挖边界线是计算填挖方量和进行施工的重要依据。

计算零点位置时，可根据相似三角形的比例关系计算出零点至方格顶点的距离 d，如图 6-1-2 所示。

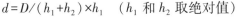

$$d=D/(h_1+h_2)\times h_1 \quad (h_1 \text{ 和 } h_2 \text{ 取绝对值})$$

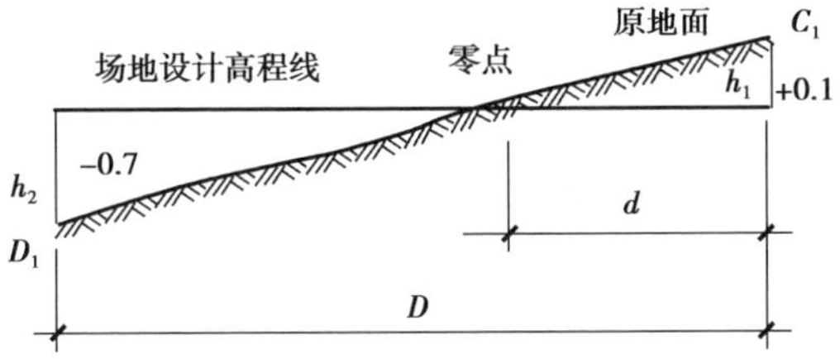

图 6-1-2　零点位置计算示意图

6. 计算填挖土方量

根据零线的位置，方格可分为全挖或全填的方格、半挖半填的方格。整格为挖或填的方格，用挖或填方格的平均挖、填数乘以方格的实际面积。

土方量计算公式为：

$$V_i = (\sum H_i \times S)/4$$

7. 填挖边界和填挖数的测设

当填挖边界和填挖方量计算无误后，在现场由方格点相应地量出各零点位置，然后用灰线将相邻的零点连接起来即得填挖边界线，并在各方格桩上注明填挖数，作为施工的依据，如图 6-1-1 所示中的虚线。

三、注意事项

①进行土方计算时，挖方量和填方量应分别计算。

②半挖半填方格有三角形、梯形、多边形等几种基本形状。计算半挖半填方格的土方量时，先用内插法求出三角形（或梯形、多边形）的边长，再用三角形（或梯形、多边形）的面积乘以其平均挖填数。

素拓课堂

他的“眼睛”就是尺，人称“一测准”

工程测量是施工的“眼睛”，测量员也被称为工程的“急先锋”。30 年来，全国劳动模范刘军华在无人踏足的山川戈壁披荆斩棘，给青藏铁路、京沪高铁、大西高铁等200多个重点工程当"眼睛"，测量总长度达3 000 km以上，破解各类测量难题20多项，陪伴了一批又一批年轻测量人成长。

"一测准""零差错"找好测量点，用肩部支撑脚架前端，身体与三脚架成15°角；双手同时拧开脚架旋钮，顺势把脚架撑开与肩齐平，让脚架顶端中心点与地面标记点垂直；固定全站仪器，调整精平气泡，转动仪器对目标进行测量……这套看似简单的测量动作，刘军华已经一丝不苟地重复了30年。

2007年，雅泸高速项目需要测量长度10 km的大相岭特长隧道，从进口到出口，水准路线长达142 km，最大高程落差2.1 km。设计院只在进口、出口各提供了一个水准控制点，中间没有校核点，刘军华和同事的工作量比平时增加了几十倍。23天里，刘军华和同事们每人负重10多千克，他们架设仪器2.8万次，获取测量数据30多万个，可最终的测算结果却与监理提供的数据对不上。

数据不闭合，意味着从头再来。

大伙一时间情绪低落。有人提议，"也没超出限差多少，再说是公路，不像高铁要求那么严格，数据修改一下报上去得了"。

刘军华坚决不松口："为了以后睡个安稳觉，必须重新测一遍。"

回到驻地，监理询问测量情况，刘军华回答说："还得测一次。"

监理反复追问，刘军华才不好意思地交出数据，闭合差是−29 cm。不料，监理反倒冲他竖起了大拇指。

原来，监理担心测量人员修改数据，故意给刘军华的原始数据上加了30 cm，实际上，刘军华他们的测量数据闭合差只有1 cm，也就是10 mm，远低于测量限差95 mm。

刘军华每次使用1秒的全站仪测量放样，规范规定两个测回就可以保证测量质量，而他始终坚持4个甚至更多的测回；规范要求测量数据保留到毫米，而他却坚持保留到毫米后两位。

"测量要追求极致，尽可能接近真值。"至今，刘军华一直保持着"一测准"和"零差错"的从业纪录，诀窍就是"比规范再多一个测回"。

职业素养提升

坚守诚实诚信底线　维护国家集体利益

2013年5月，××建筑施工现场，光明测绘有限公司的测量员小张在进行场地平整测量时，施工方要求小张将实测地面点的高程进行改动以增加土方工程量，小张意识到这种做法违背了诚实诚信的职业道德，他本着对自己、对单位、对国家负责的态度，委婉地拒绝了施工方的要求。诚实守信是每一位测量员应坚守的底线。

知识闯关与技能训练

一、单选题

1. 场地平整测量的内容是实地测量地形，按土方平衡的原则进行(　　)设计。

A. 横向　　B. 竖向　　C. 纵向　　D. 都不是

2. 连接相邻零点的曲线即为(　　)。

A. 填挖分界线　　B. 填挖高度　　C. 填挖面积　　D. 填挖方量

3. 填挖高度等于(　　)。

A. 设计高程-地面高程　　B. 地面高程-设计高程

C. 绝对高程-相对高程　　D. 视线高程-大地高

4. 若将场地平整为一个水平面,要求填挖土方量平衡,则场地地面平均高程 $H_{平}$ 就是(　　)。

A. 方格网的高程　　B. 各点的设计高程

C. 建筑物底层设计高程　　D. 场地的地面高程

二、实操练习

现场测设一个 9×10 m×10 m 方格网,练习平整成水平面测量,将测量数据填入表 6-1-1 中。

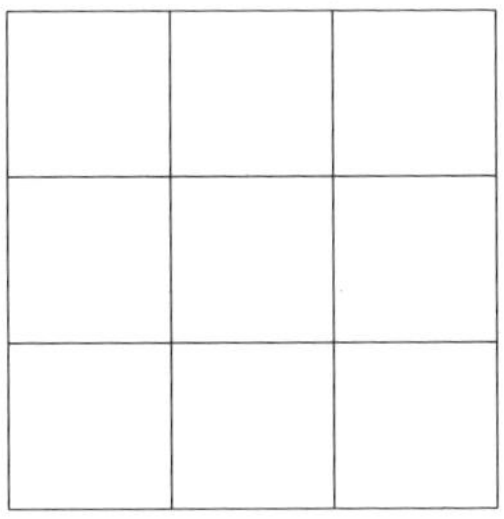

表 6-1-1　场地平整测量记录表

观测员:　　扶尺员:　　记录员:

<table>
<tr><td>水准点</td><td></td><td>已知高程/m</td><td colspan="2"></td><td>后视读数/m</td><td></td><td>视线高/m</td><td></td></tr>
<tr><td rowspan="9">测量点号</td><td></td><td colspan="2">后视读数/m</td><td colspan="2">实测高程/m</td><td colspan="2">场地平均高程/m</td><td>填挖高度/m</td></tr>
<tr><td></td><td colspan="2"></td><td colspan="2"></td><td colspan="2"></td><td></td></tr>
<tr><td></td><td colspan="2"></td><td colspan="2"></td><td colspan="2"></td><td></td></tr>
<tr><td></td><td colspan="2"></td><td colspan="2"></td><td colspan="2"></td><td></td></tr>
<tr><td></td><td colspan="2"></td><td colspan="2"></td><td colspan="2"></td><td></td></tr>
<tr><td></td><td colspan="2"></td><td colspan="2"></td><td colspan="2"></td><td></td></tr>
<tr><td></td><td colspan="2"></td><td colspan="2"></td><td colspan="2"></td><td></td></tr>
<tr><td></td><td colspan="2"></td><td colspan="2"></td><td colspan="2"></td><td></td></tr>
<tr><td></td><td colspan="2"></td><td colspan="2"></td><td colspan="2"></td><td></td></tr>
</table>

任务6.1.1 学习任务评价表

任务6.1.2 场地平整成斜平面测量

【任务导学】

有些建筑场地的自然地面高差较大,且朝着一个方向倾斜,为利于排水,可将自然地面设计成倾斜平面。将整个场地平整成倾斜平面,虽然工作流程与平整成水平面基本相同,但工作内容有所区别,工作难度也有较大提高。只要端正学习态度,勇于探索,就一定能战胜困难,完成任务。

【任务描述】

如图 6-1-3 所示,某建筑场地按设计要求在填挖土方量平衡的前提下,将场地平整成 0.5% 的斜平面。

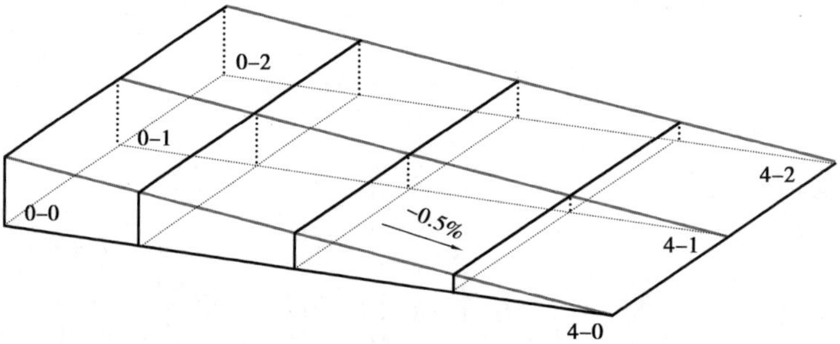

图 6-1-3 平整成斜平面示意图

【知识储备】

场地若需平整成有一定坡度的斜平面,首先要确定场地平面重心点的位置和设计高程,然后根据各方格点至重心点的距离和坡度求得方格点与重心点间高差,则可推算出各方格点的设计高程。

若将整个场地平面形状重心处的设计高程定为场地平均地面高程,则整个场地无论整平成任何方向倾斜的斜面,土方的填挖量总是平衡的。

场地平整成斜平面测量工作的流程与任务 6.1.1 相同,仅第 4 步计算内容有所区别,详见实施步骤。

【任务实施】

一、准备工作

4 人一组,全站仪 1 台,棱镜 2 个,对中杆 2 根,水准仪 1 台,水准尺 2 根,三脚架 2 个,木桩若干个,学生自备计算器 1 块,记录板 1 个。

二、实施步骤

1. 测设方格网

将场地设计成边长为 20 m 的方格,用全站仪(或经纬仪和钢尺)根据现场测图控制点将方格网测设于地面上,在方格网点上打桩编号,并按比例绘制方格网简图,如图 6-1-4 所示。

2. 测量各个方格网点的高程

用水准仪(或全站仪)根据已知水准点测出各方格顶点的高程,并标注在相应方格顶点的右上方，如图 6-1-4 所示。

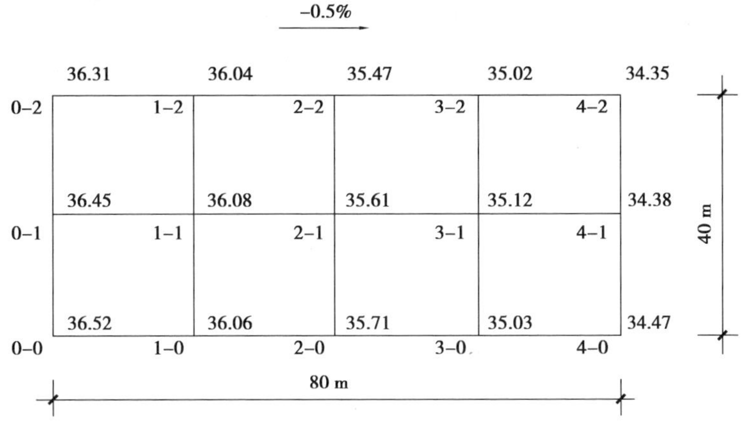

图 6-1-4　方格网简图

3. 计算场地重心处设计高程

当矩形或方形场地平整成一个斜面时，其图形中心就是场地重心。在平整场地土方平衡时，场地重心处设计高程就是场地平均高程。

场地平均高程的计算方法同任务 6. 1. 1。本例中场地平均高程为 35. 54　m，如图 6-1-5 所示。

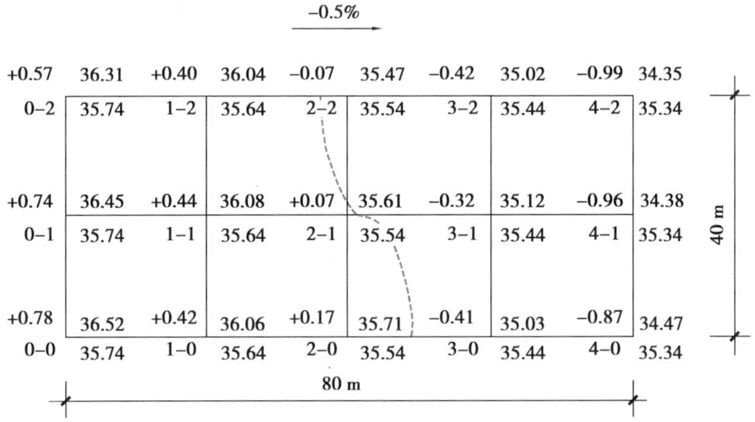

图 6-1-5　场地平整成斜平面测量示意图

4. 计算斜平面上各方格水平线的设计高程

本例场地重心就是场地中心，场地平均高程 35. 54　m 就是场地中心水平线上的高程，如图 6-1-5 所示。由于场地最低处和最高处距中心均为 40　m，平整成斜平面的设计坡度为 0.5%，所以平整后斜平面上最低处的设计高程为 35. 34　m(35. 54−40×0. 5%)、最低处的设计高程为 35. 74　m(35. 54+40×0. 5%)，其余两斜平面上的设计高程为 35. 64　m 和 35. 44　m，然后标注在相应方格顶点的右下方，如图 6-1-5 所示。

5. 计算各方格顶点的挖深、填高

计算方法同任务 6. 1. 1。填挖数标注在相应方格顶点的左上方，如图 6-1-5 所示。

6. 计算确定填挖分界线

计算方法同任务 6.1.1。本例的填挖分界线如图 6-1-5 中虚线所示。

7. 计算填、挖土方量

计算方法同任务 6.1.1。

场地平整成斜平面成果如图 6-1-6 所示。

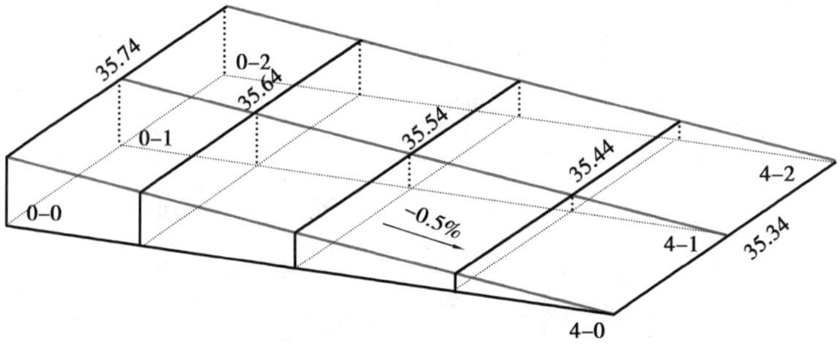

图 6-1-6 场地平整成斜平面成果示意图

知识闯关与技能训练

一、单选题

1. 下列不属于场地平整测量方法的是(　　)。

A. 方格法　　B. 断面法　　C. 平行线法　　D. 等高线法

2. 矩形场地的重心就是场地的(　　)。

A. 中心　　B. 圆心　　C. 离心　　D. 同心

二、计算题

在场地平整测量中，将矩形场地平整成 0.5% 的斜平面。已知场地平均高程为 65.00 m，问距离场地中心 60 m 最低处的设计高程是多少米？

任务6.1.2 学习任务评价表

项目6.2　民用建筑施工测量

学习目标

知识目标：理解建筑物定位放线的原理；熟悉施工测量前的准备工作；知道建筑施工测量的内容和技术要求；熟悉建筑物沉降观测的内容、方法、观测周期和精度要求。

技能目标：能看懂施工图；会计算开挖线的宽度并放样开挖边线；能进行建筑物的定位放线；会测设轴线交点桩并引测轴线桩；会进行基础和墙体轴线测设、标高控制及标高引测；能够布设沉降监测水准基点、观测点并实施观测。

素养目标：养成爱护仪器、规范操作的习惯；树立严谨求实、诚实守信的意识；培养团队协作、吃苦耐劳、一丝不苟的精神。

内容导航

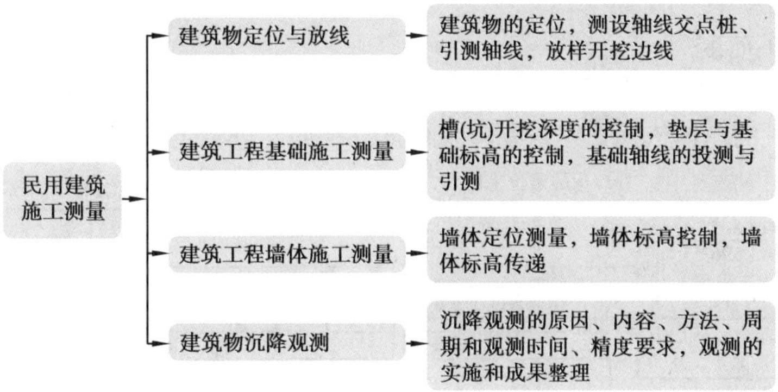

任务6.2.1　建筑物定位与放线

【任务导学】

建筑物定位是指确定建筑物在地面上的位置，为建筑物的放线提供参照。建筑物的放线是在建筑物定位的基础上将建筑物的细部轴线及各轴线基础开挖边线放样在地面上，为建筑物基础施工提供依据。读懂施工图、掌握建筑物定位放线的方法和技能极为重要。

【任务描述】

如图6-2-1所示，A、B为施工现场的平面控制点，坐标为：$x_A=348.758$ m、$y_A=411.570$ m；$x_B=309.158$ m、$y_B=460.357$ m。M、P、Q、N为建筑物外墙轴线的交点，设计坐标已标注在图中。请在地面上标定出建筑物的定位点M、P、Q、N，并根据后面提供的建筑平面图和基础详图放样建筑的细部轴线和开挖边线。

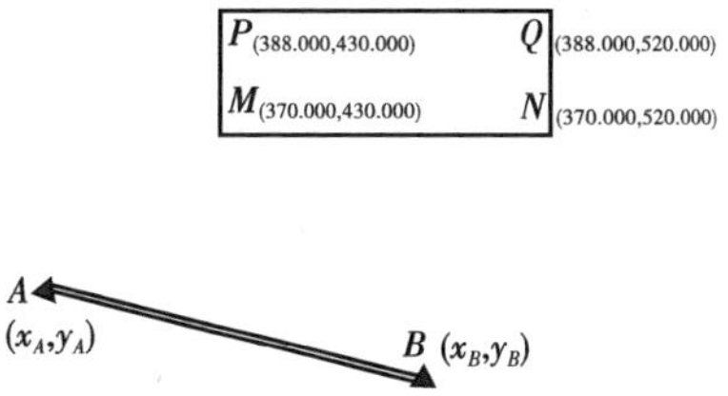

图6-2-1　建筑物定位示意图

【知识储备】

建筑物的定位是按照设计要求，把设计在图纸上的建筑物的位置，以一定的精度测设在地面上，作为施工放样的依据。

建筑物四周外墙主要轴线的交点决定了建筑物在地面上的位置，称为定位点或角点，将这些轴线交点测设到地面上，作为细部轴线放线和基础放线的根据。根据设计条件和现场条件不同，建筑物的定位方法也有所不同，建筑工程常见的定位方法有根据控制点定位、根据建筑方格网或建筑基线定位、根据与原有建筑物或道路的关系定位。

建筑物放线就是根据已定位的主轴线桩（或角桩）及建筑物平面图，详细测设建筑物各轴线的交点桩（或称中心桩），并将其延伸到安全的地方做好标志；然后以细部轴线为依据，按基础宽度和放坡要求用白灰撒出基础开挖边线。

测量放线作为建筑施工过程中的基础步骤和关键步骤，贯穿整个施工过程，对工程质量有着直接的影响，因此测量员必须进一步加强对测量放线工作的重视，做好施工测量前的准备工作，确保建筑工程质量。

工程施工测量方案

【任务实施】

一、施工测量前的准备工作

1. 熟悉设计图纸

(1)建筑总平面图

从图 6-2-2 中查取或计算设计建筑物与原有建筑物（或控制网点）之间的平面尺寸和高差，这是施工测量的总体依据。建筑物就是根据总平面图进行定位的。

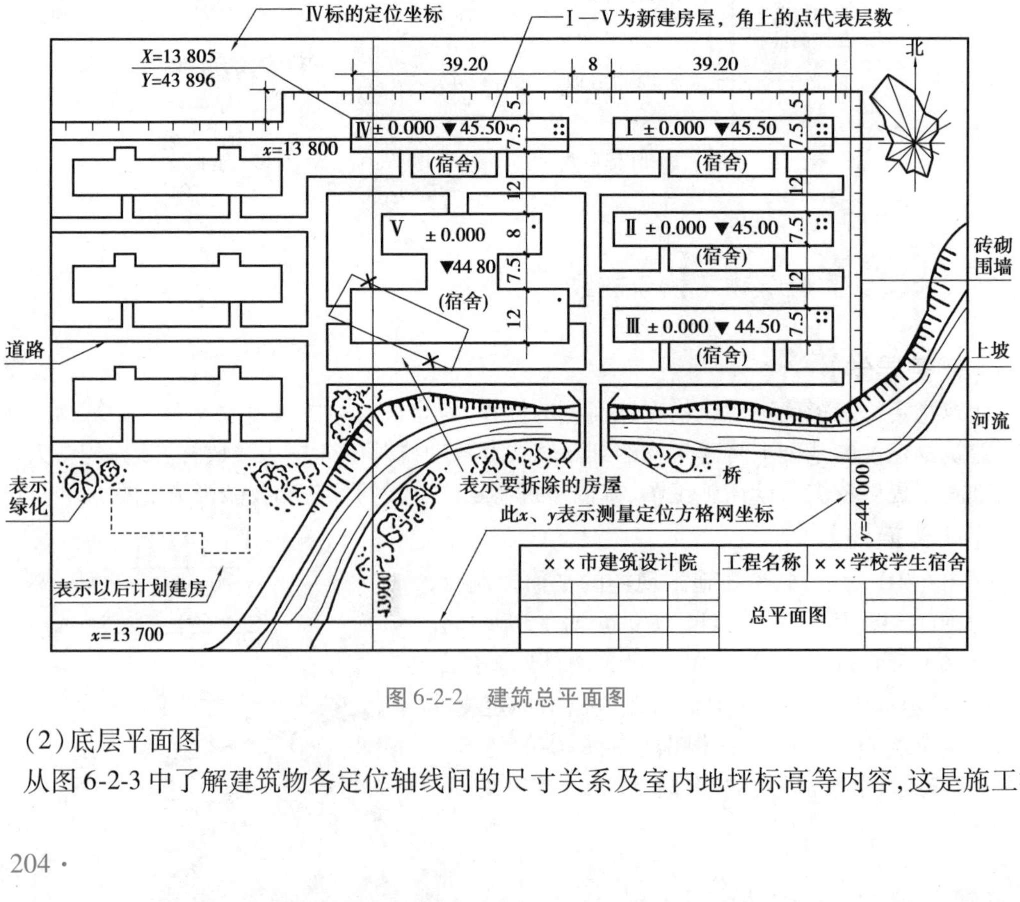

图 6-2-2 建筑总平面图

(2)底层平面图

从图 6-2-3 中了解建筑物各定位轴线间的尺寸关系及室内地坪标高等内容，这是施工测设的基本资料。

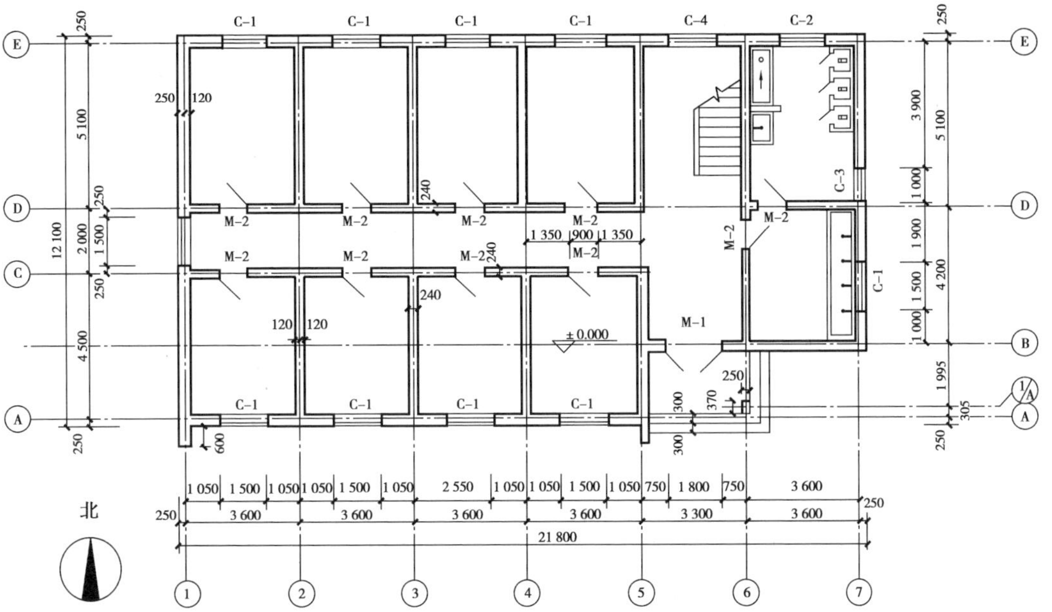

图 6-2-3　底层平面图

(3)基础平面图

从图 6-2-4 中查取基础边线与定位轴线的平面尺寸,这是测设基础轴线和基础边线的依据。

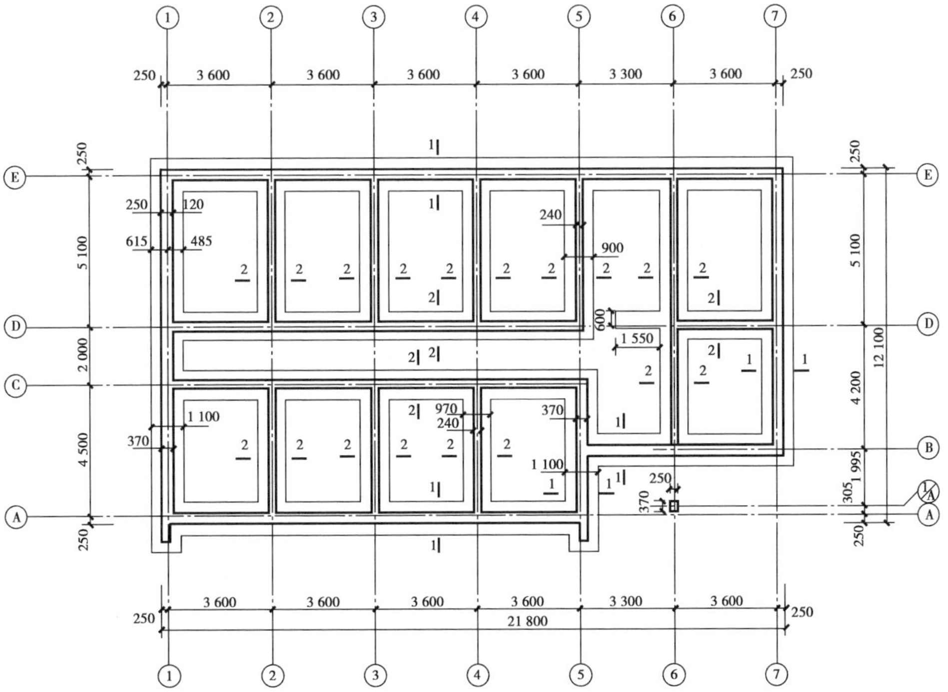

图 6-2-4　基础平面图

(4)基础详图(即基础大样图)

从图 6-2-5 中查取基础设计宽度、形式、设计标高及基础边线与轴线的尺寸关系,这是基础高程测设的依据,同时也是基础宽度施工的依据。

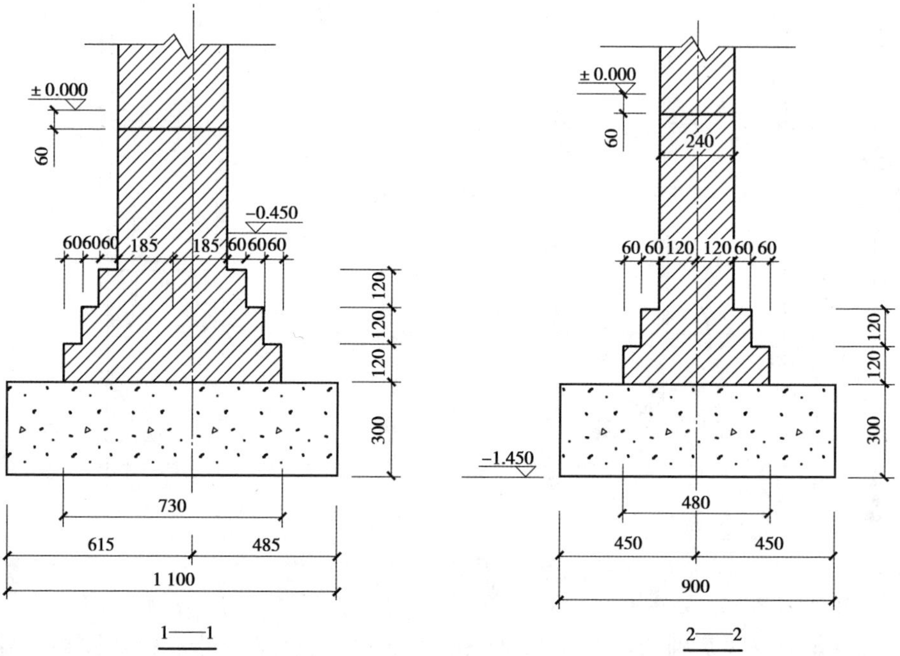

图 6-2-5　基础详图

(5)立面图和剖面图

查取基础、地坪、门窗、楼板、屋面等设计高程,这是墙身高程控制的主要依据。

2. 现场踏勘

为了解施工范围内建(构)筑物、地貌以及控制点的分布、通视及保存情况,对保存完好的平面及高程控制点进行联测校核,以确定其正确性。如果控制点不足以满足施工测量需要,应制订符合精度要求的方案并增加控制点,将取得的正确数据和点位形成资料,经建设、监理单位检查认可,签字后报上级相关部门备案。

3. 确定测设方案

在熟悉设计图纸、掌握施工计划和施工进度的基础上,结合现场条件和实际情况,拟定测设方案。测设方案包括测设方法、测设步骤、绘制测量草图,使用的仪器工具、精度要求和时间安排等。

4. 准备测设数据

在每次测设之前,应根据设计图纸和测量控制点的分布情况,准备好相应的测设数据并对数据进行检核。除计算必需的测设数据外,还需要从建筑平面图和立面图上查取房屋内部平面尺寸和高程数据。

二、实施步骤

1. 根据控制点定位

如果待定位建筑物的定位点设计坐标已知,且附近有高级控制点可利用,可根据实际情况选用极坐标法、角度交会法或距离交会法来测设定位点。在这 3 种方法中,极坐标法适用性最强,是用得最多的一种定位方法。

建筑物的定位与放样实训

随着全站仪的普及,传统的经纬仪加钢尺极坐标法测设平面点位的方法已基本被全站仪坐标测设法代替,如图 6-2-6 所示,测设步骤如下:

建筑物定位与放线

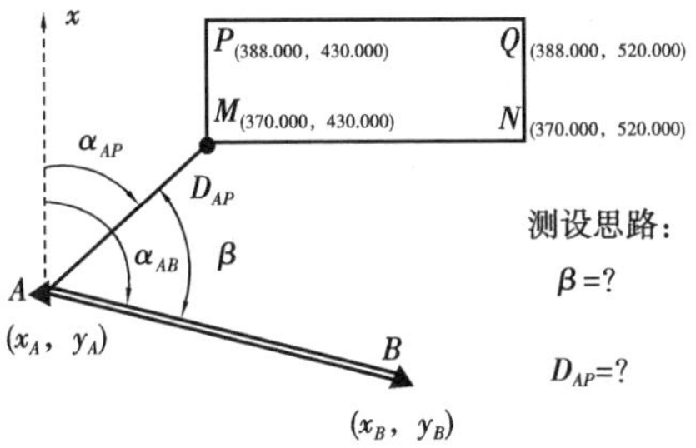

图 6-2-6　根据控制点对建筑物定位示意图

全站仪放样建筑物平面位置

①在 A 点安置全站仪,对中整平,盘左瞄准 B 点定向。

②开机后,进入坐标放样模式,根据仪器提示依次设置测点站 A、后视点 B 的坐标和待定放样点 M 的设计坐标。

③根据仪器显示的角度,旋转照准部,待望远镜转到 AM 方向后,拧紧制动螺旋,调节微动螺旋使显示屏显示的水平角与需测设的水平角一致。

④持镜员根据望远镜的指示方向,估计放样点的位置并立镜。

⑤测量员纵转望远镜,瞄准棱镜测距。

⑥根据仪器显示的实测距离和放样距离之差,指挥持镜员前后左右移动棱镜杆,直到实测距离和放样距离相等为止。

⑦进入下一点测设,只需输入放样新点的坐标即可,测设方法同上。

2. 测设轴线交点桩

根据定位桩和基础平面图,用全站仪将各轴线的交点测设标定在地面上,作为基础开挖边线放样的依据。

建筑物外轮廓中心桩测定后,继续测定建筑物内各轴线的交点(中心桩)。如图 6-2-7 所示,测设方法是:在角点 M、N、P、Q 上设站,用全站仪依次定出②、③、④、⑤各轴线与Ⓐ轴线和Ⓓ轴线的交点(中心桩),然后再定出Ⓑ、Ⓒ轴线与①~⑥轴线的交点(中心桩)。

3. 引测轴线

在基槽或基坑开挖时,定位桩和细部轴线桩均会被挖掉,为了使开挖后各阶段施工能准确地恢复各轴线位置,应把各轴线延长到开挖范围以外的地方并做好标志,这个工作称为引测轴线,具体有设置龙门板和轴线控制桩两种形式。

1)龙门板法引测轴线的施测步骤

①如图 6-2-8 所示,在建筑物四角和中间隔墙的两端,距基槽边线约 2 m 以外,牢固地埋设大木桩,称为龙门桩,并使桩的侧面平行于基槽。

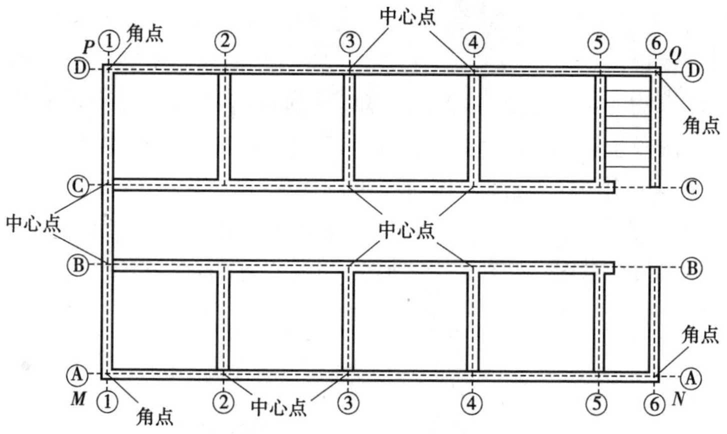

图 6-2-7　测设轴线桩示意图

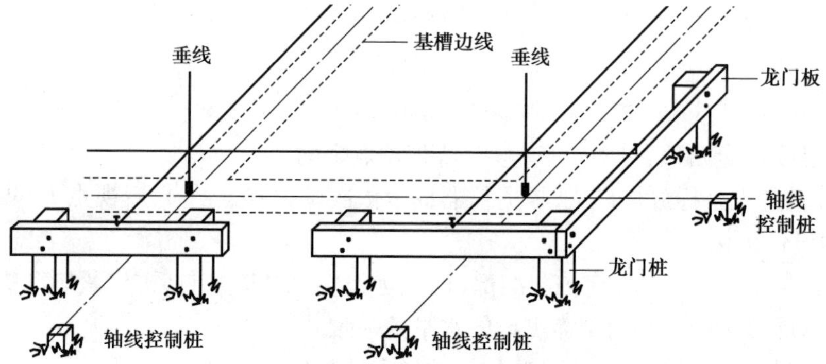

图 6-2-8　龙门板及轴线控制桩

②根据附近水准点,用水准仪将±0.000 标高测设在每个龙门桩的外侧,并画出横线标志。如果现场条件不允许,也可测设比±0.000 高或低一定数值的标高线,同一建筑物最好只用一个标高,如因地形起伏较大用两个标高时,一定要标注清楚,以免使用时发生错误。

③在相邻两龙门桩上钉设木板,称为龙门板。龙门板的上沿和龙门桩上的横线对齐,使龙门板的顶面标高在一个水平面上,标高为±0.000,或比±0.000 高或低一定的数值。龙门板顶面标高的误差应在±5 mm 以内。

④根据轴线控制桩,用全站仪将各轴线投测到龙门板的顶面,并钉上小钉作为轴线标志,称为轴线钉,投测误差为±5 mm 以内。对于小型建筑物,也可用拉细线绳的方法延长轴线,再钉上轴线钉,如事先已打好龙门板,可在测设细部轴线的同时钉设轴线钉,以减少重复安置仪器的工作量。

⑤用钢尺沿龙门板顶面检查轴线钉的间距,其相对误差不应超过 1/3 000。

恢复轴线时,将经纬仪或全站仪安置在一个轴线钉上方,照准相应的另一个轴线钉,其视线即为轴线方向,往下转动望远镜,便可将轴线投测到基槽或基坑内。

龙门板具有很多优点,它可以控制+0.000 以下的标高和地槽宽、基础宽、墙身宽,并使+0.000 以上的放线工作能集中地进行,而且标志明显,便于使用。但是它需要较多的木材,并占用施工场地,而且不易保存。目前多采用引测轴线控制桩,以代替龙门板的作用。

2) 轴线控制桩的测设

如图 6-2-9 所示，在建筑物定位时，不测设外轮廓轴线交点角桩，而是在基槽外侧 1 ~2 m 处，测设一个与建筑物 $ABCD$ 平行的矩形 $A'B'C'D'$，称为矩形控制网。然后，测设出各轴线在此矩形网上的交点桩，称为轴线控制桩。控制桩用混凝土包裹，桩顶钉上小钉。

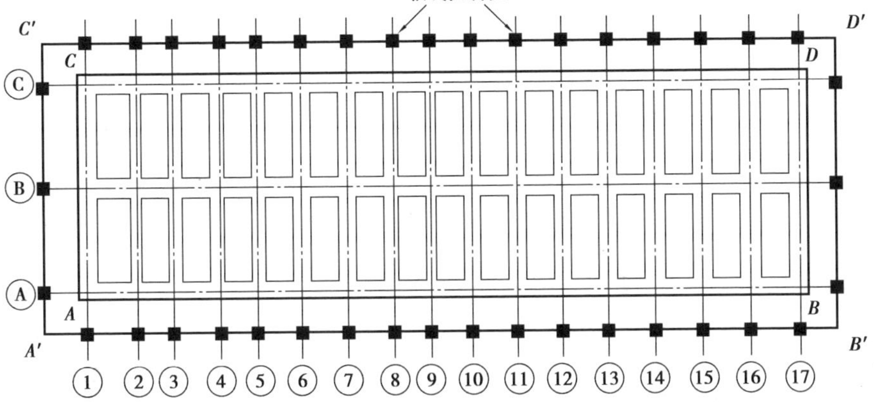

图 6-2-9　轴线控制桩测设示意图

4. 放样开挖边线

从基础剖面图 6-2-5(b) 查取基础设计宽度 $2B=900$ mm，再根据施工方案确定的开挖放坡系数 m（假设 $m=0.2$）计算基槽开挖宽度 $2d$。由图 6-2-10 可知：

$$d=B+mh$$

式中，h 为基槽深度。基槽开挖宽度：

$$2d=2\times(0.450+0.2\times1)=1.300(\mathrm{m})\ (其中\ m=0.2, h=1.45-0.45)$$

根据计算结果，在地面上以轴线为中线往两边各量出 0.650 m，拉线并撒白灰，即为开挖边线。

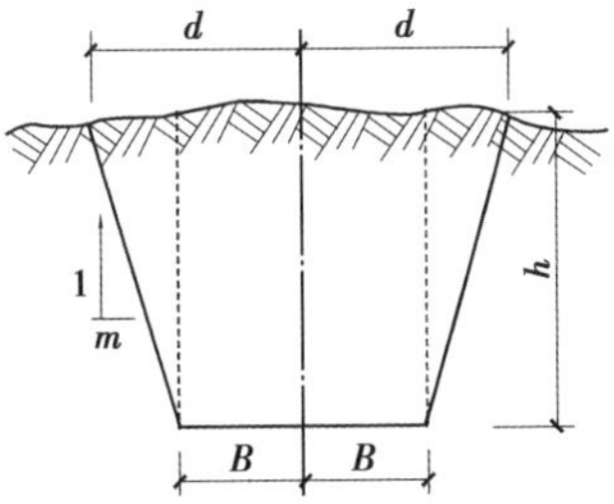

图 6-2-10　开挖边界线的放样宽度示意图

拓展阅读

建筑物定位常用方法

建筑物定位方法有多种，常用的方法如表 6-2-1 所示。

表 6-2-1　建筑物定位常用方法

定位方法	定位原理	定位施测示意图
根据控制点定位	根据已布设好的控制点的坐标和待测设点的坐标，反算出测设数据，即控制点与待测设点之间的水平角和水平距离，在一控制点上设站瞄准另一控制点定向，放样待测设点的平面位置	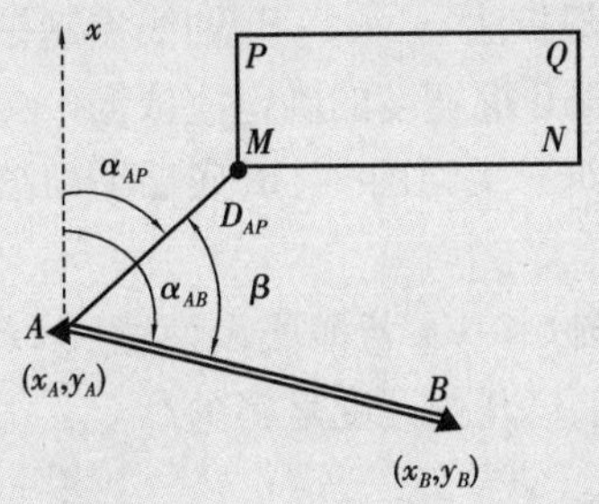

续表

<table>
<tr><th>定位方法</th><th>定位原理</th><th>定位施测示意图</th></tr>
<tr><td>根据建筑方格网或建筑基线定位</td><td>在建立好的方格网点上设站瞄准另一方格点定向；在方向线上根据计算出的平距定出临时两点；在标定的临时两点安置全站仪，测设垂直于方格网的垂线，并在方向线上测设建筑物的轴线交点</td><td>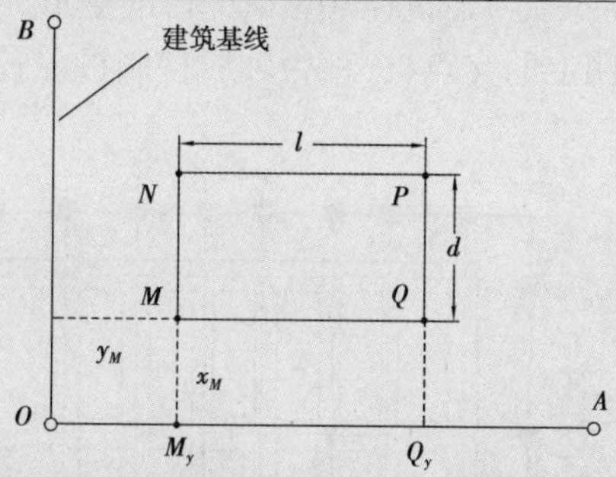
</td></tr>
<tr><td>根据与原有建筑物或道路的关系定位</td><td>在现场先找出原有建筑物的边线或道路中心线，再用全站仪或经纬仪及钢尺将其延长、平移、旋转或相交，得到新建筑物的一条定位轴线，然后根据这条定位轴线，用经纬仪测设角度（一般是直角）、用钢尺测设长度，得到其他定位轴线或定位点</td><td>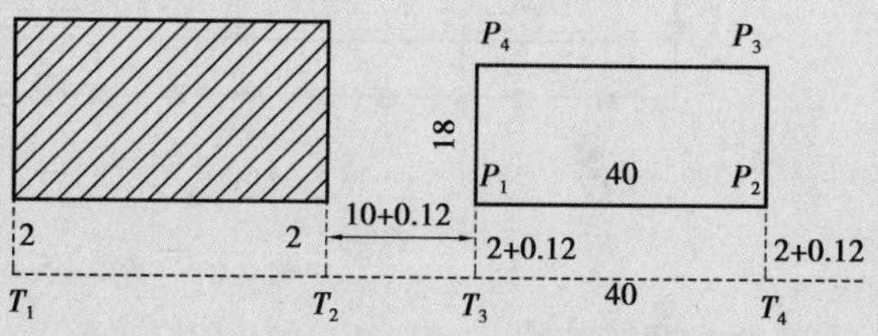
</td></tr>
</table>

知识闯关与技能训练

一、单选题

1. 建筑物的定位就是(　　)。

A. 把建筑物的位置测设到地面上　　B. 把建筑物的位置标定在图纸上

C. 测绘建筑物的位置　　D. 以上都不正确

2. 进行建筑物定位时，需要查用的图纸是(　　)。

A. 建筑总平面图　B. 底层平面图　C. 基础平面图　D. 基础详图

3. 根据控制点对建筑物定位，适用性最强的方法是(　　)。

A. 直角坐标法　B. 极坐标法　C. 角度交会法　D. 距离交会法

4. 下列不属于引测轴线方法的是(　　)。

A. 龙门板法　B. 轴线控制桩法　C. 解析法　D. 图解法

5. 基础开挖宽度的确定应依据(　　)。

A. 建筑总平面图　B. 底层平面图　C. 建筑平面图　D. 基础详图

二、计算题

根据图 6-2-10，若槽底设计宽度 $2B=1\ 000$ mm，开挖深度 $h=2.2$ mm，放坡系数 $m=0.25$。试问上口开挖宽度是多少？

三、实操练习

根据图 6-2-11 已知数据，用全站仪测设矩形角点，并进行检查，完成表 6-2-2。

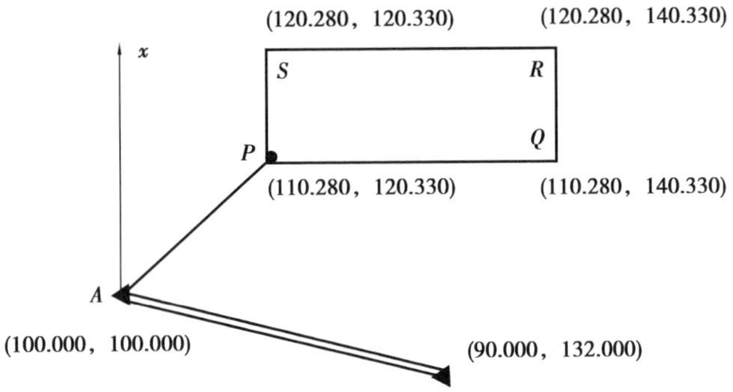

图 6-2-11　实操练习图

表 6-2-2　平面点位测设检查记录表

观测员：　　　　　　　　　　　　持镜员：　　　　　　　　　　　　记录员：

工程名称				测量单位		
图纸编号				施测日期		
使用仪器				仪器检校日期		
测站	后视点	测设水平角值 ° ′ ″	放样点	至放样点平距/m	相对检查	
					边长	角度

任务6.2.1 学习任务评价表

任务 6.2.2 建筑工程基础施工测量

【任务导学】

建筑物定位与放样结束后，为配合基础施工，需对基础开挖深度、基础垫层、混凝土基础或砖基础标高进行控制，投测基础轴线，以保障每一施工环节的顺利进行。

【任务描述】

××中学教学大楼基础施工已展开，请测量员配合施工人员按设计图纸要求对基础开挖深度、基础垫层、混凝土基础或砖基础标高进行控制，在每一工序结束后及时投测轴线，确保下一工序正常进行。

【知识储备】

基础施工测量的内容包括：控制基础的开挖深度和垫层面的标高；投测混凝土基础（或砖基础）轴线；砖基础标高控制。

基础施工测量前，测量人员应认真阅读基础详图，从中查取基础立面尺寸、设计标高、基础宽度、基础边线与定位轴线的尺寸关系，为基础施工测量提供依据。

建筑物施工放样技术要求见表 6-2-3。

表 6-2-3 建筑物施工放样的允许偏差[《工程测量标准》(GB 50026—2020)]

项目	内容		允许偏差/mm
各施工层上放线	轴线点		±4
	外廊主轴线长度 L/m	$L\leqslant30$	±5
		$30<L\leqslant60$	±10
		$60<L\leqslant90$	±15
		$90<L\leqslant120$	±20
		$120<L\leqslant150$	±25
		$150<L\leqslant200$	±30
		$L>200$	按 40% 的施工限差取值
	细部轴线		±2
	承重墙、梁、柱边线		±3
	非承重墙边线		±3
	门窗洞口线		±3

【任务实施】

一、准备工作

检查仪器工具，全站仪 1 台，水准仪 1 台，三脚架 2 个，水准尺 2 根，墨斗 1 个，皮数杆 2 根，木桩若干，斧头 1 把，计算器 1 块，记录板 1 个，红油漆 1 筒，排笔 2 支；熟悉图纸，准备测设数据。

建筑工程施工测量方案

二、实施步骤

1. 基槽(坑)开挖深度的控制

为了控制基槽(坑)开挖深度,当基槽(坑)挖到接近槽(坑)底设计高程时,应在槽(坑)壁上测设一些水平桩,使水平桩的上表面距离基槽(坑)底设计高程为某一整分米数(如 0.5 m),用来控制挖基槽(坑)深度,也可作为基槽(坑)底清理和打基础垫层时掌握标高的依据。如图 6-2-12 所示,一般在基槽(坑)各拐角处均应打水平桩,在直槽上则每隔 10 m 左右打一个水平桩,然后拉上白线,线下 0.5 m 即为槽底设计高程。

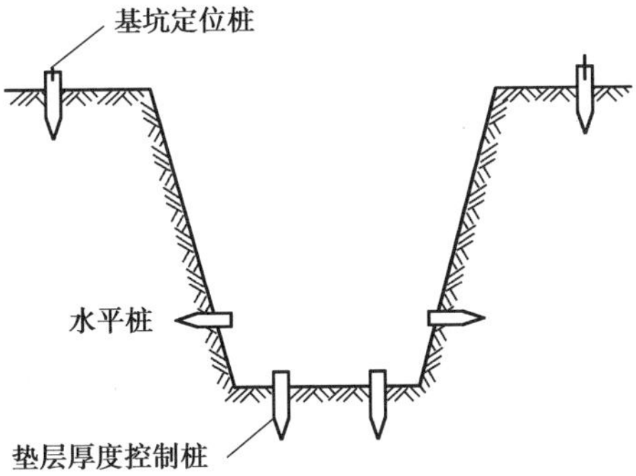

图 6-2-12　基槽(坑)开挖深度和垫层厚度控制示意图

测设水平桩时,以画在龙门板或周围固定地物的±0.000 标高线为已知高程点,用水准仪测设,小型建筑物也可用连通水管法进行测设。水平桩的高程误差要求在±10 mm 以内。

如图 6-2-13 所示,设水准点 BM_A 绝对高程为+57.100 m,槽底设计相对标高为−2.100 m(绝对高程为+55.000 m),拟定水平桩高于槽底 0.500 m,即水平桩相对标高为−1.600 m(绝对高程为+55.500 m),用水准仪后视水准点 BM_A 上的水准尺,读数 a=0.521 m,则水平桩上标尺 b 应有读数为 57.100+0.521−55.500=2.121(m)。

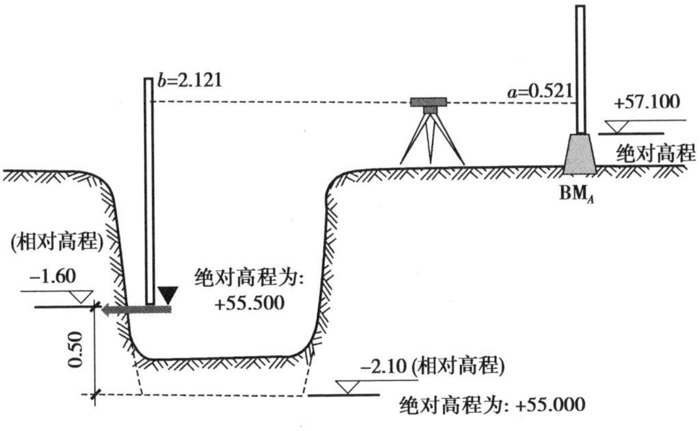

图 6-2-13　基槽水平桩测设示意图

测设时沿槽壁上下移动水准尺,当读数为 2.121 m 时沿尺底水平地将桩打入槽壁,然后检核该桩的标高,如超限便进行调整,直至误差在规定范围以内。

2. 垫层面标高的控制

垫层面标高的测设可依据水平桩向下丈量至垫层面，在槽壁上弹线；也可以在基槽（坑）底打入垂直桩，使桩顶标高等于垫层面的标高，如果垫层需要安装模板，可以直接在模板上弹出垫层面的标高线。

如果是机械开挖，一般是一次挖到设计槽（坑）底的标高，因此要在施工现场安置水准仪，边挖边测，随时指挥挖土机调整挖土深度，使槽（坑）底标高略高于设计标高（一般为 10 cm，留给人工清土）。挖完后，为了给人工清底和打垫层提供标高依据，还应在槽壁或坑壁上测设水平桩，水平桩的标高一般为垫层的标高。当基坑底面积较大时，为便于控制整个底面的标高，应在坑底均匀地打一些垂直桩，使桩顶标高等于垫层面的标高，如图 6-2-12 所示。

3. 基础轴线的投测

垫层打好后，需要把轴线投测到垫层面上并用墨线弹出基础中心线和边线，以便砌筑基础或安装基础模板。

建筑基础轴线的投测

1）经纬仪或全站仪投测法

如图 6-2-14 所示，将经纬仪或全站仪安置在轴线控制桩上，对中整平后瞄准轴线另一端的轴线控制桩，锁紧水平制动螺旋，纵转望远镜，根据十字丝的交点在垫层上定出两点，弹出墨线。

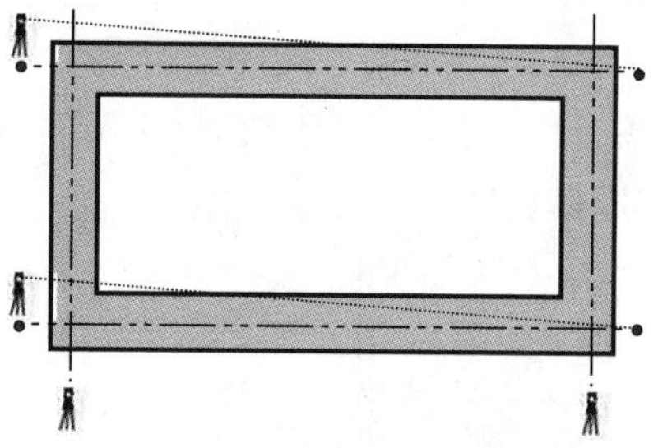

图 6-2-14　全站仪投测轴线

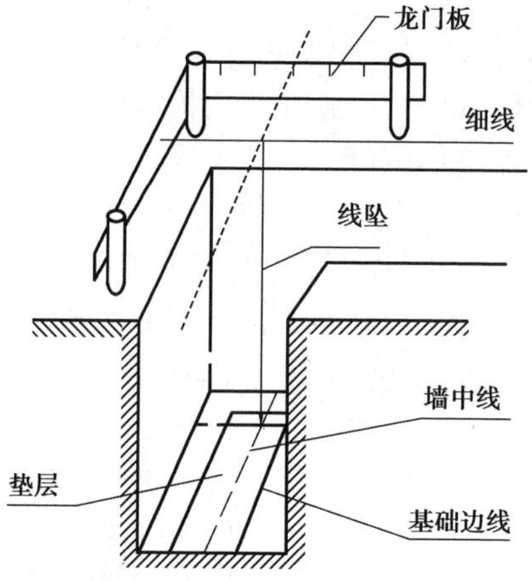

图 6-2-15　吊垂线投测轴线

2）吊垂线投测法

如图 6-2-15 所示，根据龙门板上的轴线钉，用拉线挂锤球，把轴线投测到垫层面上。

4. 砖基础标高控制

砖基础的标高一般用皮数杆控制。皮数杆是用一根木杆做成的，在杆上注明±0. 500 的位置，按照设计尺寸将砖和灰缝的厚度，分皮从上往下一一画出来，此外还应注明防潮层和预留洞口的标高位置。

如图 6-2-16 所示，立皮数杆时，可先在立杆处打一木桩，用水准仪在木桩侧面设一条高于垫层设计标高某一数值（如±0. 000 m）的水平线，然后将皮数杆上标高相同的一条线与木桩上的水平线对齐，并用铁钉把皮数杆和木桩钉在一起，这样立好皮数杆后，即可作为砌筑基础的标高依据。

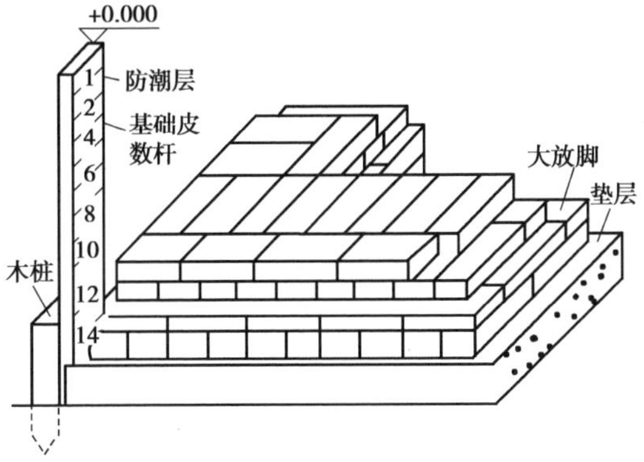

图 6-2-16　皮数杆控制基础标高

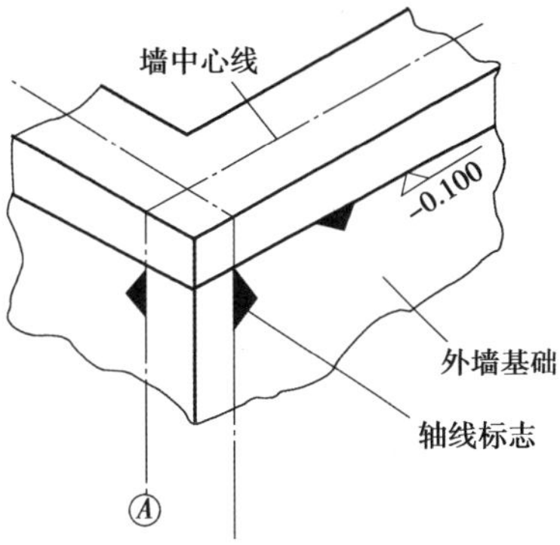

图 6-2-17　基础墙轴线标志

对于混凝土基础的标高控制，用水准仪将基础设计标高测设于模板上。

5. 基础轴线的引测

砖混结构基础施工完成后，将墙体轴线分别引测到基础的顶面和立面上，并把±0.000 标高线引测到基础立面，作为主体施工的依据，如图 6-2-17 所示。

独立柱基础施工完成后将轴线分别引测到柱基立面，作为柱子模板和梁底模板支设的依据，并把±0.000 标高线引测到柱基立面，作为柱模板支设时标高控制的依据。

拓展阅读

深基坑测设高程

当建筑是深基坑或高楼层，需要向下或向上传递高程时，因水准尺的长度不够，需借助钢尺配合水准仪进行高程测设。

深基坑测设高程示意图如图 6-2-18 所示。

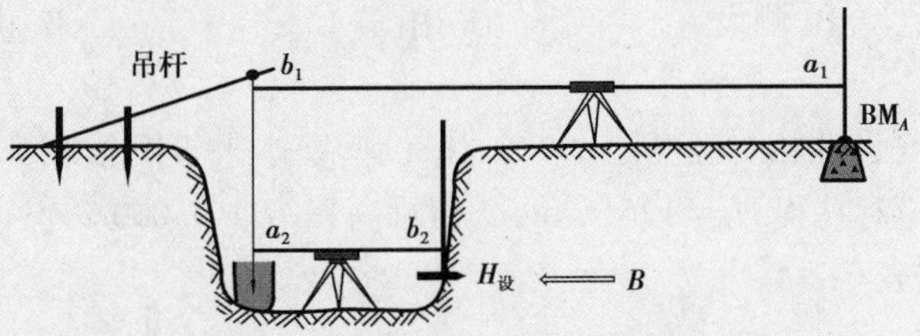

图 6-2-18　向下传递高程示意图

BM_A 为已知高程点，其高程为 H_A，B 为待测设高程点，其设计高程为 H_B。测设步骤如下：

①将钢尺悬挂在支架上，零端向下并挂一重物；

②在地面和待测设点位附近安置水准仪，分别在水准尺和钢尺上读数 a_1、b_1；

③计算钢尺零分划线的高程：$H_尺 = H_A + a - b_1$；

④将水准仪移至坑底置平，瞄准钢尺，读数 a_2；

⑤计算坑底水准仪的视线高：$H_i = H_尺 + a_2$；

⑥计算出 B 点处水准尺的应有读数 b_2：$b_2=H_i-H_{设}=H_A+a-b_1+a_2-H_{设}$；

⑦调转望远镜瞄准 B 点处竖立的水准尺；

⑧将水准尺倒立并紧靠 B 处槽内壁上下移动，直到尺上读数为 b_2 时，在尺底水平打入小木桩，即为设计高程 $H_{设}$ 的位置。

知识闯关与技能训练

一、单选题

1. 开挖基槽时，为了控制开挖深度，可用水准仪按照(　　)上的设计尺寸，在槽壁上测设一些水平小木桩。

A. 建筑平面图　B. 建筑立面图　C. 基础平面图　D. 基础剖面图

2. 建筑工程施工中，基础的抄平通常是利用(　　)完成的。

A. 水准仪　B. 全站仪　C. 钢尺　D. 皮数杆

3. 施工时为了使用方便，一般在基槽壁各拐角处、深度变化处和基槽壁上每隔 3 ~ 4 m 测设一个(　　)，作为控制挖槽深度、修平槽底和打基础垫层的依据。

A. 水平桩　B. 龙门桩　C. 轴线控制桩　D. 定位桩

4. 基础墙体轴线投测的方法有(　　)。

A. 全站仪投测或用拉线挂锤球的方法　B. 钢尺和水准仪联合作业法

C. 钢尺拉线法　D. 水准仪测设法

5. 用高程为 24.397 m 的水准点，测设出高程为 25.000 m 的室内地坪±0.000 标高线，在水准点上水准尺的读数为 1.445 m，室内地坪处水准尺的读数应为(　　)m。

A. 1.042　B. 0.842　C. 0.642　D. 0.042

6. 建筑工程施工测量的基本工作是(　　)。

A. 测图　B. 测设　C. 用图　D. 识图

二、实操练习

图 6-2-19 中，槽底设计相对标高−1.80 m，拟设槽壁水平桩距槽底 0.50 m，请利用地面已知水准点 BM_C(C 绝对高程 $H_C=126.5$ m，C 相对高程 $H'_C=0.000$ m)。请计算水平桩的标高，并进行测设，完成表 6-2-4。

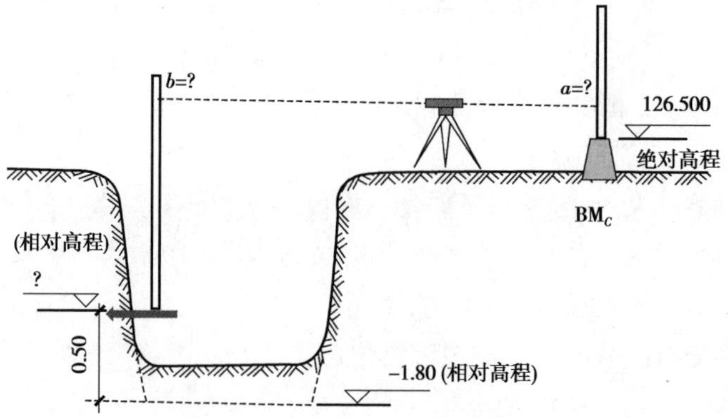

图 6-2-19　实操练习示意图

表 6-2-4　高程测设记录表

观测员：　　　　　　　　　　　　扶尺员：　　　　　　　　　　　　记录员：

使用仪器			仪器检校日期		放样点名称		放样高程/m	
测站	点号	已知高程/m	后视读数/m	视线高/m	前视尺应有读数/m	实际读数/m	尺子移动量/m	检查结果
					—	—	—	
		—	—	—				
					—	—	—	
		—	—	—				

任务6.2.2 学习任务评价表

任务 6.2.3　建筑工程墙体施工测量

【任务导学】

建筑物基础施工验收合格后便进入墙体施工环节，测量质量是保障墙体施工质量的基础，掌握墙体施工测量的内容和方法尤为重要，墙体施工测量的主要内容有墙体定位、墙体各部位标高控制和多层建筑物轴线投测与标高传递。

【任务描述】

××中学教学大楼基础施工已结束，请测量员紧密配合施工人员开展墙体施工测量工作，以确保墙体施工正常进行。

【知识储备】

在基础施工结束后，应对龙门板或轴线控制桩进行检查复核，以防基础施工期间发生碰动移位。

每层楼面建好后，为保证继续往上砌筑墙体时墙体轴线与基础轴线均在同一铅垂面上，应将基础或首层墙面上的轴线测设到楼面上，并在楼面上重新弹出墙体的轴线，检查无误后，以此为依据弹出墙体边线，再往上砌筑。建筑物轴线投测允许误差应符合表 6-2-5 中的规定。

表 6-2-5　建筑物轴线投测验收记录表[《工程测量标准》(GB 50026—2020)]

项目	内容		允许误差/mm	验收记录表				
轴线竖向投测	每层		±3					
	总高 H/m	$H \leqslant 30$	±5					
		$30<H \leqslant 60$	±10					
		$60<H \leqslant 90$	±15					
		$90<H \leqslant 120$	±20					
		$120<H \leqslant 150$	±25					
轴线竖向投测	总高 H/m	$H>150$	±30					
		$150<H \leqslant 200$	30					
		$H>200$	按 40% 的施工限差取值					

砌筑墙体时，其标高用墙身“皮数杆”控制。

多层建筑物施工中，要由下往上将标高传递到新的施工楼层，以便控制楼层的墙体施工，使其标高符合要求。标高传递一般用皮数杆和钢尺传递标高。

用钢尺传递标高如图 6-2-20 所示，已知水准点 BM_A，其高程为 H_A，待测设楼层 B 点设计高程为 H_B。钢尺传递标高的原理如下：

①在水准点 BM_A 和悬吊的钢尺之间架设水准仪，读后视读数 a。

②再照准前视钢尺，上下移动钢尺，使水准仪视线照准钢尺零刻画线，固定钢尺。

③从图中可得出关系式：$H_B=H_A+a+b$。欲测设 B 点处钢尺的读数应为 $b=H_B-(H_A+a)$，则对准钢尺上分划数等于 b 的位置在墙面上画出所需测设的高程位置，这样便得出待测设的高程位置。

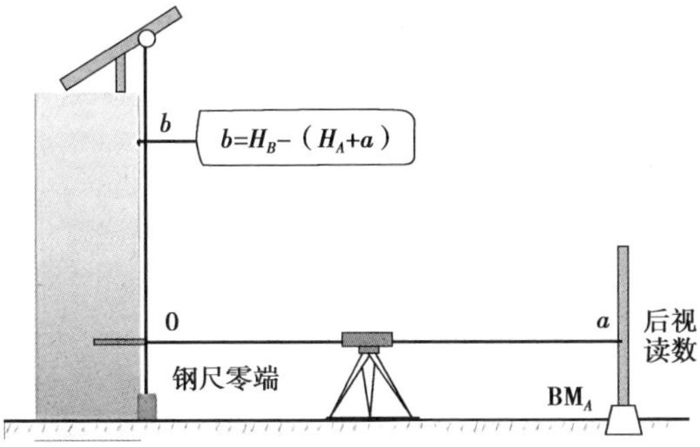

图 6-2-20　向上传递高程测设示意图

【任务实施】

一、工具准备工作

检查仪器工具，准备经纬仪或全站仪 1 台，水准仪 1 台，三脚架 2 个、水准尺 2 根、钢尺 1 把，墨斗，红蓝铅笔，排笔，油漆，皮数杆 2 根，悬挂锤球，尼龙线。

二、墙体定位测量

1. 首层墙体轴线投测

①如图 6-2-21 所示，根据轴线控制桩安置经纬仪或全站仪，对中整平后瞄准基础外侧面轴线标志，抬高望远镜，指示辅助人员将红铅笔立于十字丝纵丝瞄准的基础面上，并在基础面上标定墙体轴线标志，弹出墨线。也可以利用龙门板上的轴线钉，用拉线法把首层墙体轴线测设到防潮层上。

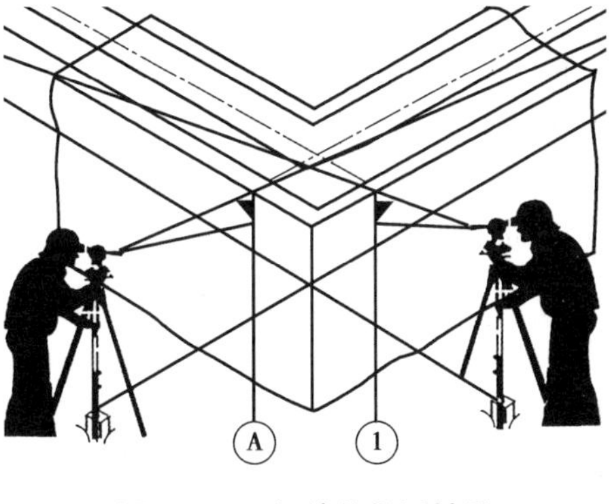

图 6-2-21　经纬仪投测轴线

建筑物首层墙体轴线投测

②用钢尺检查墙体轴线的间距和总长是否等于设计值，用经纬仪或全站仪检查外墙轴线 4 个主要交角是否等于 90°。

③墙体砌筑前，根据墙体轴线和墙体厚度弹出墙边线，照此进行墙体砌筑。砌筑到一定高度后，用吊垂线将基础外侧墙面上的轴线引测到地面以上的墙身上，以免基础覆土后看不见轴线标志。如果轴线处是钢筋混凝土柱，则在拆柱模后将轴线引测到柱身上。

2. 二层及以上墙体轴线投测

测量工作中,从下往上进行轴线投测是关键,一般多层建筑常用经纬仪(或全站仪)投测或吊垂线投测。

(1)经纬仪投测

如图 6-2-22 所示,投测方法同首层墙体轴线投测。

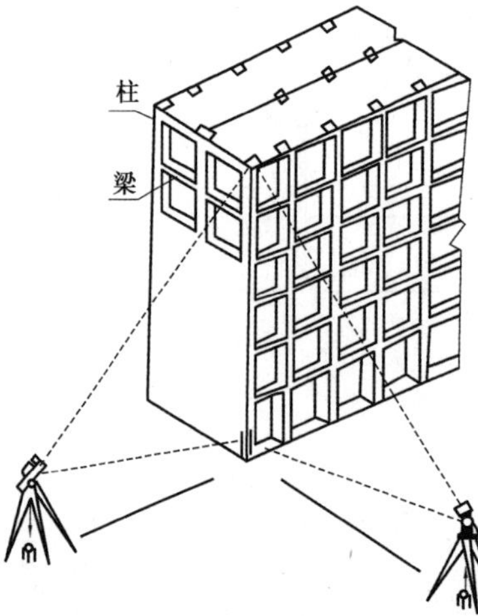

图 6-2-22　经纬仪投测轴线

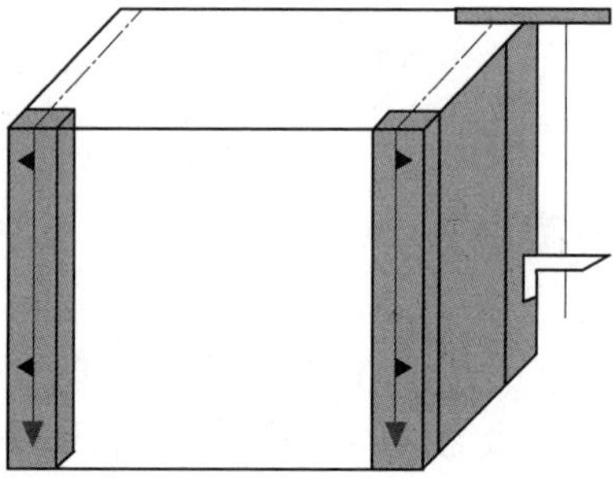

图 6-2-23　吊垂线投测轴线

(2)吊垂线投测

如图 6-2-23 所示,将较重的锤球悬挂在墙体外露面的边缘,慢慢移动,使锤球尖对准地面上的轴线标志,或者使吊垂线下部沿垂直墙面方向与底层墙面上的轴线标志对齐,吊垂线上部在楼面边缘的位置就是墙体轴线位置,在此画一条短线作为标志,便在楼面上得到轴线的一个端点,同法投测另一端点,两端点的连线即为墙体轴线。

将建筑物的主轴线都投测到楼面上来,并弹出墨线,用钢尺检查轴线间的距离,其相对误差不得大于 1/3 000。符合要求之后,再以这些主轴线为依据,用钢尺测设其他细部轴线。在困难的情况下至少要测设两条垂直相交的主轴线,检查交角合格后,用经纬仪和钢尺测设其他主轴线,再根据主轴线测设细部轴线。

三、墙体标高控制

1. 墙体标高用皮数杆控制

在立皮数杆时,先用水准仪在立杆处的木桩或基础墙上测设出±0. 000 标高线,测量误差在±3 mm 以内,然后把皮数杆的±0. 000 线与该线对齐,用吊垂校正,用钉钉牢,必要时可在皮数杆上加两根斜撑,以保证皮数杆的稳定。如图 6-2-24 所示,在皮数杆上根据设计尺寸按砖和灰缝厚度划线,并标明门、窗、过梁、楼板等的标高位置。杆上标高注记从±0. 000 向上增加。

2. 测设+0.5 m 标高线

墙体砌筑到一定高度后(1.5 m 左右),在内、外墙面上用水准仪测设出+0.5 m 标高的水平墨线,称为"+50 线"。外墙的+50 线作为向上传递各层标高的依据,内墙的+50 线作为室内地面施工及室内装修的标高依据。

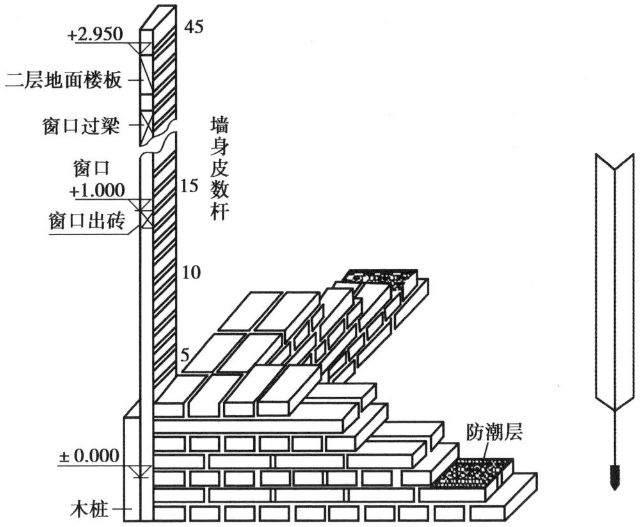

图 6-2-24　皮数杆控制墙体标高

四、墙体标高的传递

1. 利用皮数杆传递标高

一层墙体砌完并建好楼面后，将皮数杆移到二层继续使用。为了使皮数杆立在同一水平面上，用水准仪测定楼面四角的标高，取平均值作为二楼的地面标高，并在立杆处绘出标高线，立杆时将皮数杆的±0.000 线与该线对齐，然后以皮数杆标高为依据进行墙体砌筑。如此，用同样的方法逐层往上传递高程，如图 6-2-25 所示。

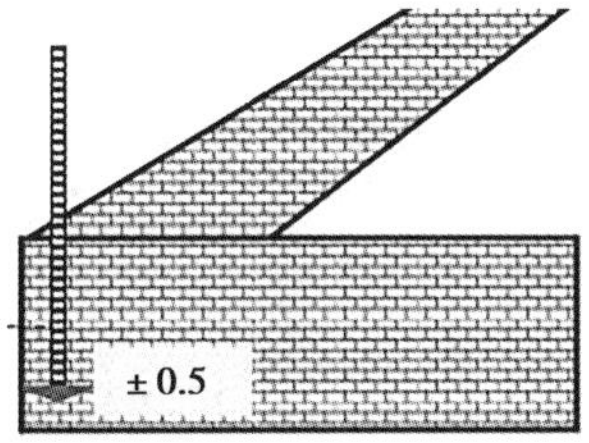

图 6-2-25　利用皮数杆传递标高

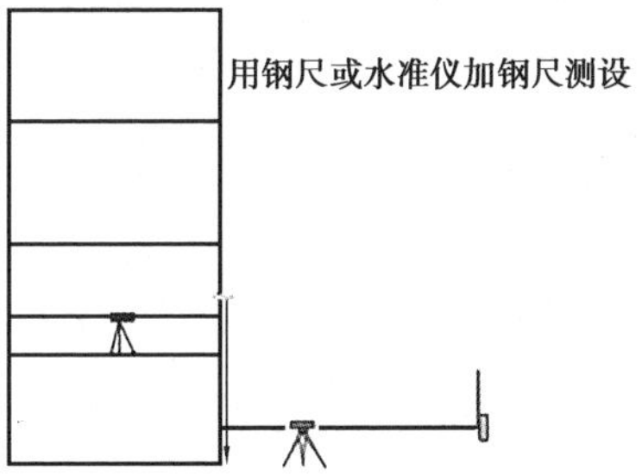

图 6-2-26　利用钢尺传递标高

2. 利用钢尺传递标高

在标高精度要求较高时，可用钢尺从底层的+50 线往上直接丈量，把标高传递到第二层，然后根据传递上来的高程测设第二层的楼面标高线，以此为依据立皮数杆。在墙体砌到一定高度后，用水准仪测设该层的+50 标高线，再往上一层的标高可以此为准用钢尺传递，以此类推，逐层传递标高，如图 6-2-26 所示。

标高传递允许误差：每层为±3 mm；总高 $H \leqslant 30$ m 为±5 mm。

五、注意事项

①吊垂线投测受风力的影响较大，楼层较高时风的影响更大，因此应在风小时作业，投测时应等待吊锤稳定后再在楼面上定点。

②每层楼面的轴线均应直接由底层投测上来,以保证建筑物的总竖直度。

拓展阅读

高层建筑物的轴线投测与高程传递

一、高层建筑物的轴线投测

高层建筑物施工过程中轴线投测的方法有引桩投测法、侧向借线法、激光铅垂仪投测法。此处仅简单介绍激光铅垂仪投测法。

为了把建筑物首层轴线投测到各层楼面上,使激光束能从底层直接打到顶层,各层楼板上应预留约300 mm×300 mm的垂准孔,有时也可利用电梯井、通风道、垃圾道向上投测。注意不能在各层轴线上预留垂准孔,应在距轴线500~800 mm处投测一条轴线的平行线,至少有两个投测点。

如图6-2-27所示,测量员将激光铅垂仪安置在底层测站点,严格对中、整平,接通激光电源,启动激光器,即可发射出铅直的激光直线;辅助员在高层楼板垂准孔上水平放置绘有坐标格网的接收靶,水平移动接收靶,使靶心与红色光斑重合,此靶心位置即为测站点铅垂位置,接收靶心点作为该层楼面的一个控制点。

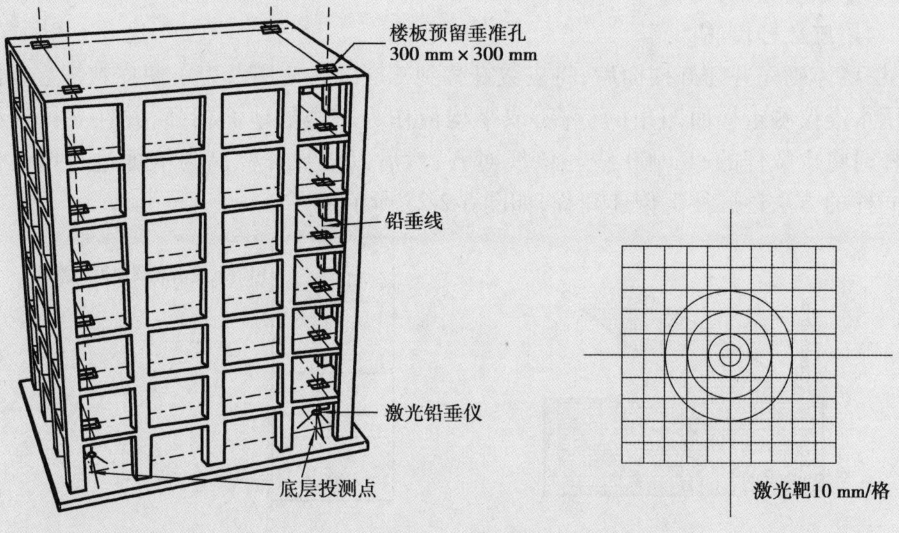

图6-2-27 激光铅垂仪投测法投测轴线

二、高层建筑高程传递

高程的传递方法有钢尺直接测量法、水准测量法、全站仪对天顶方向测距法。前两种方法已介绍过,这里简单介绍全站仪对天顶方向测距法。

超高层建筑,吊钢尺有困难时,可在投测点或电梯井安置全站仪,通过对天顶方向测距的方法引测高程,如图6-2-28所示。

①在投测点安置全站仪,量取仪器高,使望远镜指向天顶方向(竖直度盘显示为0°),照准安装在待测楼层面上的反光镜,测量出垂直距离再加上仪器高,得出楼面安置的铁板平面高程。

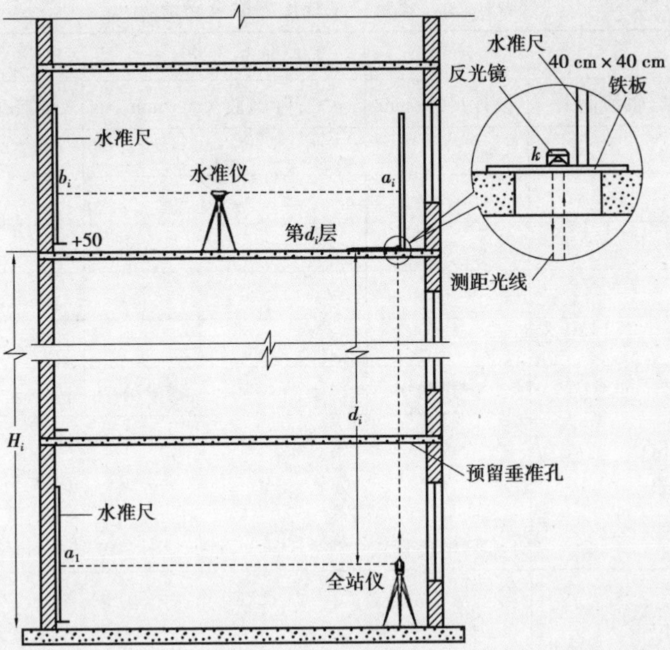

图6-2-28　全站仪对天顶方向测距法传递高程

②将水准仪架设在楼板面上，读取立于铁板面上水准尺的读数，得到水准仪的视线高。

③调转望远镜瞄准立于墙面上的水准尺，根据+50线的设计标高，计算出水准尺的应有读数，指挥立尺员上下移动水准尺，直至水准尺读数等于计算值，在水准尺底部画出+50线。

知识闯关与技能训练

一、单选题

1. 下列不属于墙体轴线投测方法的是(　　)。

A. 全站仪投测　　B. 吊垂法　　C. 弹线法　　D. 以上选项都不是

2. 下列不属于墙体标高传递方法的是(　　)。

A. 利用全站仪传递标高　　B. 利用钢尺传递标高

C. 利用皮杆数传递标高　　D. 以上选项都不是

3. 用皮数杆进行墙体标高控制时，用水准仪在立杆处的木桩或基础墙上测设出±0.000线，测量误差应在(　　)mm以内。

A. ±3　　B. ±5　　C. ±7　　D. ±10

二、实操练习

组织学生到建筑工地，并在企业技术人员的指导下开展墙体轴线投测和标高传递实训，填写表6-2-6。

表 6-2-6　建筑物轴线投测检查记录表

<table>
<tr><td>工程名称</td><td colspan="2"></td><td>工程地点</td><td colspan="2"></td></tr>
<tr><td>序号</td><td>轴线间</td><td>设计尺寸/mm</td><td>实际施放尺寸/mm</td><td>误差/mm</td><td>备注</td></tr>
<tr><td></td><td></td><td></td><td></td><td></td><td></td></tr>
<tr><td></td><td></td><td></td><td></td><td></td><td></td></tr>
<tr><td></td><td></td><td></td><td></td><td></td><td></td></tr>
<tr><td></td><td></td><td></td><td></td><td></td><td></td></tr>
<tr><td></td><td></td><td></td><td></td><td></td><td></td></tr>
<tr><td colspan="2" rowspan="2">测量单位
检查结果</td><td>记录员</td><td></td><td>测量员</td><td></td></tr>
<tr><td colspan="4">

测量负责人：　　　　　　年　　月　　日</td></tr>
<tr><td colspan="2">监理单位
检查结论</td><td colspan="4">

专业监理工程师：　　　　　　年　　月　　日</td></tr>
</table>

任务6.2.3 学习任务评价表

任务6.2.4　建筑物沉降观测

【任务导学】

工业与民用建筑在施工过程或使用期间，因受建筑工程地质条件、地基处理方法、建(构)筑物上部结构的荷载等多种因素的综合影响,将产生不同程度的沉降变形。这种变形在允许范围内可视为正常现象,但如果超过规定限度就会影响建筑物的正常使用,严重的还会危及建筑物的安全。为保证建筑物在施工、使用和运行中的安全,以及为建筑物的设计、施工、管理和科学研究提供可靠的资料,在建筑物的施工和使用过程中需要进行建筑物的变形观测。

【任务描述】

××小区一期1～3号住宅楼设计32层,主体工程已开始动工,为保证建筑物在施工和使用中的安全,测量人员应根据设计要求和施工进度对建筑物实施沉降观测。

【知识储备】

一、建筑物沉降的原因

建筑物沉降是地基、基础和上层结构共同作用的结果,是指建筑物地基、基础及地面在荷载作用下产生的竖向移动。

为了掌握建筑物的沉降情况,及时发现对建筑物不利的下沉现象,以便采取措施,保证建筑物安全使用,同时也为今后合理设计提供资料,在建筑物施工过程中和投产使用后必须进行沉降观测。

二、建筑物沉降观测内容

建筑物沉降观测应测定建筑物地基的沉降量、沉降差及沉降速度并计算基础倾斜、局部倾斜、相对弯曲及构件倾斜。

三、常用沉降观测方法

常用沉降观测方法如下：

①水准测量方法；

②静力水准测量方法(基本原理是连通管原理)；

③电磁波测距三角高程测量方法；

④传感器测量方法；

⑤高精度GNSS测量等。

四、沉降观测工作要求

沉降观测是一项较长期的连续观测工作,为了保证观测成果的正确性,应尽可能做到四定:固定观测人员;固定使用的水准仪及水准尺;使用固定的水准点;按规定的日期、方法及路线进行观测。

五、沉降观测的周期和观测时间

沉降观测的周期和观测时间可按下列要求并结合具体情况确定：

①建筑物施工阶段的观测,应随施工进度及时进行;一般建筑可在基础完工后或地下室砌完后开始观测;大型、高层建筑可在基础垫层或基础底部完成后开始观测。观测次数与间

隔时间应视地基与加荷情况而定,民用建筑可每加高1~5层观测1次,如建筑物均匀增高,应至少在增加荷载的25%、50%、75%和100%时各测1次,施工过程中暂时停工,在停工时及重新开工时应各观测1次,停工期间可每隔2~3个月观测1次。

②建筑物使用阶段的观测次数,应视地基土类型和沉降速度大小而定。除有特殊要求者外,一般情况下,可在第一年观测3~4次,第二年观测2~3次,第三年后每年观测1次,直至稳定为止。观测期限一般不少于如下规定:砂土地基2年,膨胀土地基3年,黏土地基5年,软土地基10年。

③在观测过程中,如有基础附近地面荷载突然增减、基础四周大量积水、长时间连续降雨等情况,均应及时增加观测次数。当建筑物突然发生大量沉降、不均匀沉降或严重裂缝时,应立即进行逐日或几天一次的连续观测。

六、建筑物沉降测量等级及其精度要求

《建筑变形测量规范》(JGJ 8—2016)规定的建筑物沉降观测的等级及精度指标见表6-2-7。

表6-2-7 建筑变形测量的等级、精度指标及其适用范围

变形测量等级	沉降监测点高差中误差/mm	位移监测点坐标中误差/mm	主要适用范围
特级	0.05	0.3	特高精度要求的变形测量
一级	0.15	1.0	地基基础设计为甲级的建筑的变形测量;重要的古建筑、历史建筑的变形测量;重要的城市基础设施的变形测量等
二级	0.5	3.0	地基基础设计为甲、乙级的建筑的变形测量;重要场地的边坡监测;重要的基坑监测;重要管线的变形测量;地下工程施工及运营中的变形测量;重要的城市基础设施的变形测量等
三级	1.5	10.0	地基基础设计为乙、丙级的建筑的变形测量;一般场地的边坡监测;一般的基坑监测;地表、道路及一般管线的变形测量;一般的城市基础设施的变形测量;日照变形测量;风振变形测量等
四级	3.0	20.0	精度要求低的变形测量

【任务实施】

一、准备工作

①查阅沉降观测设计方案,踏勘现场,研究埋设水准点和沉降观测标志、编号。

②检校仪器、数字水准仪1台,条码尺1对,三脚架1个,尺垫2个,沉降标志若干。

③人员分工:1人观测,1人记录,2人架设条码尺。

二、实施步骤

1.水准点沉降观测

1)水准点的设置

①为了对水准点进行相互校核,防止水准点的高程产生变化而造成差错,水准点的数目

应不少于 3 个,以组成水准网。

②水准点应尽量与观测点接近,其距离不应超过 100 m,以保证观测的精度。

③水准点应布设在受震区域以外的安全地点,以防止受到震动的影响。

④水准点距离公路、铁路、地下管道和滑坡至少 5 m,避免埋设在低洼易积水处及松软土地带。

⑤为防止水准点受到冻胀的影响,水准点的埋设深度至少要在冰冻线下 0.5 m。在一般情况下,可以利用工程施工时使用的水准点作为沉降观测的水准基点。如果由于施工场地的水准点离建筑物较远或条件不好,为了便于进行沉降观测和提高精度,可在建筑物附近另行埋设水准基点。

⑥水准点的埋设。当观测急剧沉降的建筑物和构筑物时,若建造水准点已来不及,可在已有房屋或结构物上设置标志作为水准点,但这些房屋或结构物的沉降必须证明已经达到终止。在山区建设中,建筑物附近常有基岩,可在岩石上凿一洞,用水泥砂浆直接将金属标志嵌固于岩层之中,但岩石必须稳固。当场地为砂土或其他不利情况下,应建造深埋水准点或专用水准点。

2)水准点高程的测定

沉降观测水准点的高程应根据厂区永久水准基点引测,采用二等水准测量的方法测定。往返测误差不得超过$\pm 4\sqrt{L}$(L 为水准路线的长度,单位为 km),如果沉降观测水准点与永久水准基点的距离超过 2 000 m,则不必引测绝对标高,而采取假设高程。

3)水准点布设的要求

①水准点本身应牢固稳定,确保点位安全,能长期保存。

②水准点的上部必须为凸出的半球形状或有明显的凸出之处,与柱身或墙身保持一定的距离。

③要保证在点上垂直立尺和良好的通视条件。

2. 建筑物沉降观测

1)沉降观测点的布置

沉降观测点应以能全面反映建筑物地基变形特征并结合地质情况及建筑结构特点确定。点位宜选设在下列位置:

①建筑物的四角、大转角处及沿外墙每隔 10 ~ 15 m 处或每隔 2 ~ 3 根柱基上。

②高低层建筑物、新旧建筑物、纵横墙等交接处的两侧。

③建筑物裂缝和沉降缝两侧、基础埋深悬殊处、人工地基与天然地基接壤处、不同结构的分界处及填挖方分界处。

④宽度大于等于 15 m 或小于 15 m 且地质复杂以及膨胀土地区的建筑,在承重内隔墙中部设内墙点,在室内地面中心及四周设地面点。

⑤邻近堆置重物处、受震动有显著影响的部位及基础下的暗浜(沟)处。

⑥框架结构建筑物的每个或部分柱基上或沿纵横轴线设点。

⑦设备基础和动力设备基础的四角、基础形式或埋深改变处以及地质条件变化处两侧。

沉降点分布如图 6-2-29 所示,沉降点的埋设形式如图 6-2-30 所示。

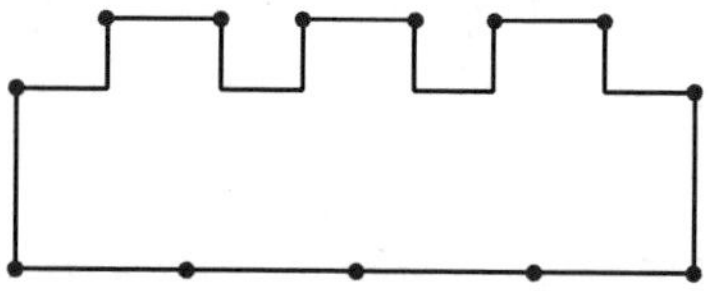

图 6-2-29　沉降点分布示意图

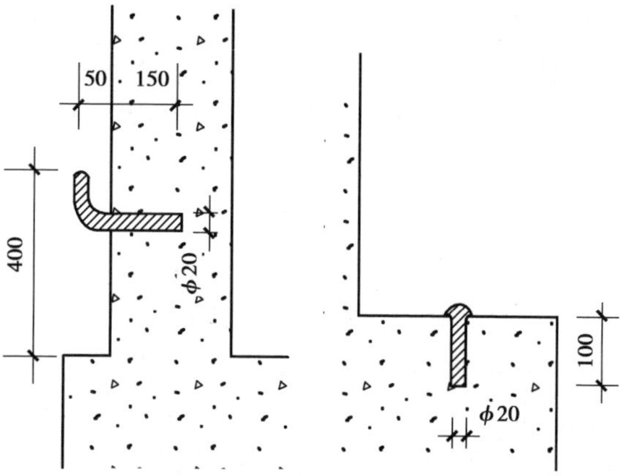

图 6-2-30　沉降点的埋设形式

2）沉降观测的标志

可根据不同的建筑结构类型和建筑材料，采用墙（柱）标志、基础标志和隐蔽式标志等形式。各类标志的立尺部位应加工成半球形或有明显的凸出点，并涂上防腐剂。标志的埋设位置应避开如雨水管、窗台线、电气开关等有碍设标与观测的障碍物，并应视立尺需要离开墙（柱）面和地面一定距离。隐蔽式沉降观测点标志的形式，可按有关规定执行。沉降观测标志如图 6-2-31 所示。

图 6-2-31　沉降观测标志

3）观测方法及精度要求

将水准点和各观测点组成闭合水准路线或附合水准路线往返测。对一般厂房的基础和多层建筑物的沉降观测，采用三等水准测量的方法观测。观测点往返观测的高差较差不应超过$\pm 2\sqrt{n}$ mm（n 为测站数），或$\pm 12\sqrt{L}$ mm（L 为里程，单位 km），前后两次同一后视点的读数之差不得超过±2 mm。

对于高层建筑物的沉降观测，应采用 DS1 精密水准仪用二等水准测量方法往返观测，其误差不应超过$\pm 1\sqrt{n}$ mm（n 为测站数）或$\pm 4\sqrt{L}$ mm（L 为里程，单位 km）。前后两次同一后视点的读数之差不得超过±1 mm。

3. 沉降观测成果整理

1）整理原始记录

每次观测结束后，应检查记录中的数据和计算是否正确，精度是否合格，如果误差超限应重新观测。然后调整闭合差，推算各观测点的高程，列入成果表中。

2）计算沉降量

根据各观测点本次所观测高程与上次所观测高程之差，计算各观测点本次沉降量和累计沉降量，并将观测日期和荷载情况记入观测成果表中（表 6-2-8）。

沉降观测点本次沉降量＝本次观测所得的高程－上次观测所得的高程

沉降观测点的累计沉降量＝本次沉降量＋上次累计沉降量

表 6-2-8　沉降观测成果表

工程名称		×××			控制水准点		坐标	×××,×××			施工进展情况	荷重/$(t\cdot m^{-2})$
							高程	×××				
观测次数	观测日期	观测点 No.1			观测点 No.2			观测点 No.3				
		高程/m	沉降量/mm		高程/m	沉降量/mm		高程/m	沉降量/mm			
			本次	累计		本次	累计		本次	累计		
1	2024-02-17	51.271	0	0	51.279	0	0				一层平口	41
2	2024-03-01	51.267	−4	−4	51.276	−3	−3				二层平口	53
3	2024-04-01	51.264	−3	−7	51.272	−4	−7				四层平口	70
4	2024-05-01	51.262	−2	−9	51.269	−3	−10				六层平口	89
5	2024-06-17	51.261	−1	−10	51.267	−2	−12				主体完工	116
6	2024-09-02	51.260	−1	−11	51.266	−1	−13				竣工	
7	2024-11-02	51.259	−1	−12	51.265	−1	−14				使用	
8	2025-02-01	51.259	0	0	51.265	0	0					

3)绘制沉降曲线

为了更清楚地表示沉降量、荷载、时间三者之间的关系,还要画出各观测点的时间与沉降量关系曲线图以及时间与荷载关系曲线图,如图 6-2-32 所示。

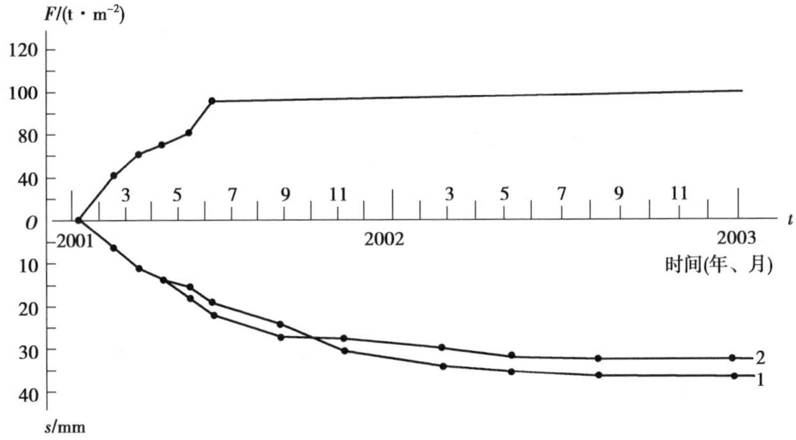

图 6-2-32　建筑物沉降曲线图

时间与沉降量的关系曲线是以沉降量 s 为纵轴、时间 t 为横轴,根据每次观测日期和相应的沉降量按比例画出各点位置,然后将各点依次连接起来,并在曲线一端注明观测点号码。

时间与荷载的关系曲线是以荷载 F 为纵轴、时间 t 为横轴,根据每次观测日期和相应的荷载画出各点,然后将各点依次连接起来。

4)沉降观测应提交的资料

①沉降观测(水准测量)记录手簿;

②沉降观测成果表;

③沉降量、地基荷载与延续时间三者之间的关系曲线;

④编写沉降观测分析报告。

三、注意事项

①观测时水准尺必须落在标志杆的球面上,水准尺的气泡应严格居中。

②听从观测人员指挥,听周围响声,防止高空坠物。

③记录人员需记录天气情况、通视情况、观测人员情况。

④测量人员仪器尽量固定,观测时间尽量固定。

素拓课堂

科学管理　强化责任　为工程质量保驾护航

在进行变形观测时,往往由于管理不到位、测量人员责任心不强、建立初始读数的时间不及时等,观测成果与实际不符;观测时间间隔无规律,未能配合施工节奏,观测成果不能反映实际变化情况,造成观测成果曲线失真,起不到科学正确指导施工的作用。加强管理制度建设,强化测量工作人员的责任心意识,才能使变形观测起到为工程质量安全保驾护航的作用。

知识闯关与技能训练

一、单选题

1. 变形观测的特点不包括(　　)。

A. 重复观测　　B. 难度大

C. 精度高　　D. 变形测量的数据处理要求更加严格

2. 下列不属于建筑物沉降观测内容的是(　　)。

A. 沉降量　　B. 沉降差　　C. 沉降速度　　D. 裂缝宽度

3. 下列不属于建筑物常用沉降观测方法的是(　　)。

A. 水准测量方法　　B. 静力水准测量　　C. 传感器　　D. 视距法

4. 下列不属于建筑物沉降观测工作要求的是(　　)。

A. 固定人员观测　　B. 固定使用的水准仪

C. 使用固定的水准点　　D. 按规定的角度

5. 下列不属于沉降观测点布置宜选设位置的是(　　)。

A. 建筑物的四角、大转角处

B. 高低层建筑物、新旧建筑物、纵横墙等交接处的两侧

C. 建筑物裂缝和沉降缝两侧、基础埋深相差不大的位置处

D. 框架结构建筑物的每个或部分柱基上或沿纵横轴线设点

6. 沉降曲线反映的是(　　)三者之间的关系。

A. 沉降量、荷载、时间　　B. 沉降纵轴、横轴、时间

C. 倾斜量、时间、荷载　　D. 时间、荷载、位移量

7. 每个工程变形监测应至少有(　　)个基准点。

A. 2　　B. 3　　C. 4　　D. 6

8. 施工沉降观测过程中,若工程暂时停工,停工期间可每隔(　　)观测 1 次。

A. 1 ~2 个月　　B. 2 ~3 个月　　C. 3 ~4 个月　　D. 4 ~5 个月

二、操作练习

选择一建筑物,用水准仪进行建筑物的沉降观测,完成表 6-2-9。

表 6-2-9　建筑物沉降观测记录表

测量员:　　扶尺员:　　记录员:

工程名称													
结构形式				建筑层次				仪器					
水准点名称						水准点高程							
时间	初次		第　次			第　次				第　次			
	年　月　日		年　月　日			年　月　日				年　月　日			
测点	天气情况	初高程/m	天气情况	高程/m	本次沉降/m	天气情况	高程/m	本次沉降/m	累计沉降/m	天气情况	高程/m	本次沉降/m	累计沉降/m
形象进度													
沉降观测点布置图													
测量人		计算人		审核人		观测单位印章							

任务6.2.4　学习任务评价表

项目 6.3　工业厂房施工测量

学习目标

知识目标：理解柱基定位与放样的概念；熟悉工业厂房柱基施工测量和工业厂房构件安装测量的内容、准备工作和技术要求。

技能目标：能进行工业厂房柱基定位与放样的测设工作；会进行基坑开挖深度的控制和杯形基础立模定位测量；会进行工业厂房构件安装测量。

素养目标：养成爱护仪器、规范操作的习惯；树立严谨求实、一丝不苟的职业素质；培养团队协作意识。

内容导航

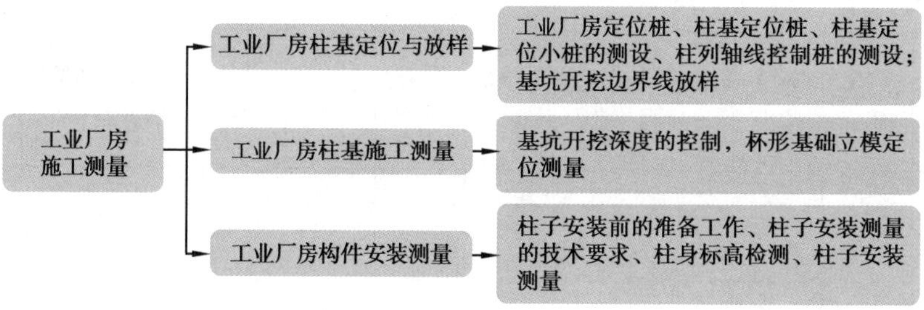

任务 6.3.1　工业厂房柱基定位与放样

【任务导学】

工业厂房施工测量内容包括厂房柱列轴线的测设、柱基定位与放样、杯形基础施工测量、厂房预制构件与设备安装测量等内容。

在柱基施工阶段，首先要进行柱基定位和放样，确定柱基位置、放出柱基开挖边线，为基础开挖提供依据。

目前，工业厂房施工一般采用装配式施工工艺，而民用建筑基本采用现场浇筑施工工艺。装配式建筑的测设精度高于非装配式建筑，因此，测量员在施测前应认真检查仪器、仔细阅读图纸、了解施工方案、查阅测量规范、核对测设数据，做好施测前的一切准备工作，确保施测质量符合规范要求。

【任务描述】

华丰公司 3#工业厂房开工准备就绪，请测量员根据厂区平面控制点进行厂房定位，测设柱基定位桩，放样柱基开挖边线，引测柱列轴线控制桩。

【知识储备】

在柱基定位前一般先根据厂区控制网测设厂房矩形控制网，然后再根据厂房矩形控制网进行柱基定位。传统的柱基定位方法是根据两条相互垂直的轴线在现场标定出柱基的位置，但随着测量仪器精度的提高，为提高工作效率，目前一般依据厂区已有的控制点采用全站仪坐标放样，先定出矩形厂房四周轴线交点即厂房定位桩，检查无误后再根据这 4 个定位桩测设其余柱基定位桩，然后再引测柱列轴线控制桩。

柱基放样是在现场画出柱基开挖边线，并撒以白灰，作为施工开挖的依据。

【任务实施】

一、施测前的准备工作

1. 熟悉设计图纸

查看平面图，查取矩形厂房四周轴线上 4 个柱基的设计坐标。平面图是施工测设的基本资料，查看平面图，了解各柱基定位轴线间的尺寸关系及室内地坪标高等。

2. 现场踏勘

为了解施工范围内建（构）筑物、地貌以及控制点的分布、通视及保存情况，对保存完好的平面及高程控制点进行联测校核，以确定其正确性。

3. 制订测量计划

根据施工进度和精度要求，制订详细的测量步骤，包括计算放样数据和绘制测量草图。

4. 准备测设数据

在每次测设之前，应根据设计图纸和测量控制点的分布情况，准备好相应的测设数据并对数据进行检核。

二、实施步骤

1. 厂房定位桩的测设

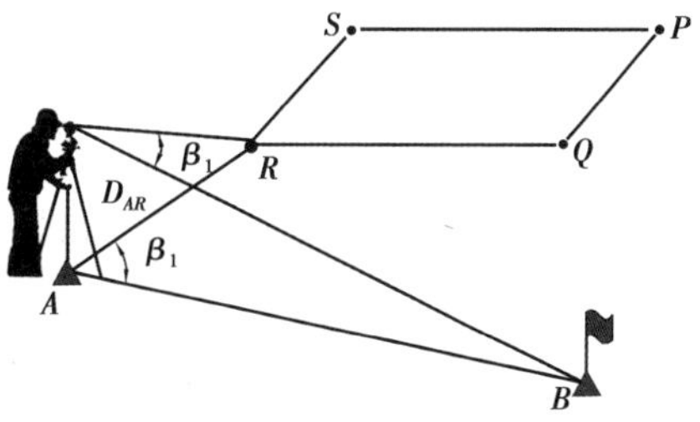

图 6-3-1　全站仪坐标放样平面点位示意图

如图 6-3-1 所示，将全站仪安置在已知控制点 A，并选取附近另一已知控制点 B 作为后视点照准定向，将全站仪设置于坐标放样模式，输入测站点、后视点的已知坐标和放样点的设计坐标。观测员根据仪器显示的信息，旋转照准部使望远镜至待测设点的方向线上（如 R 点），指挥持镜员在地面竖立棱镜，测量距离，根据仪器显示的实际平距与理论平距的差值，通知持镜员前后移动棱镜，再次测距，如此反复，直至测量的平距与理论平距相等为止。在地面打入大木桩，并在桩顶钉设小钉标定柱基中心具体位置。

检查建筑物四角是否等于 90°，各边长是否等于设计长度，其误差均应在限差以内。

2. 中间柱基定位桩的测设

将全站仪安置在 R 点，照准 Q 点，根据设计的柱距，测设该方向线上的中间柱基位置并打入木桩。然后将全站仪旋转到 RS 方向测设中间柱基位置。另两条边上中间柱基位置的测设方法与此相同。

3. 柱基定位小桩的测设

基坑开挖后，为了在垫层和杯形基础施工时恢复柱基位置，在中间柱基定位桩测设的同时，在柱基的四周轴线上测设出 4 个柱基定位小桩（如图 6-3-2 中的 a、b、c、d），作为放样柱基坑开挖边线、修坑和立模板的依据。

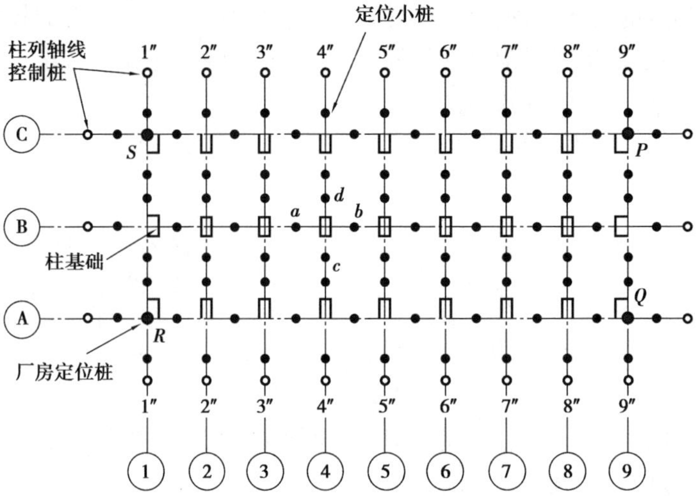

图 6-3-2　柱基平面布置图

柱基定位桩应设置在柱基坑开挖范围以外，比基础深度大 1.5 倍的地方，如图 6-3-3 所示。

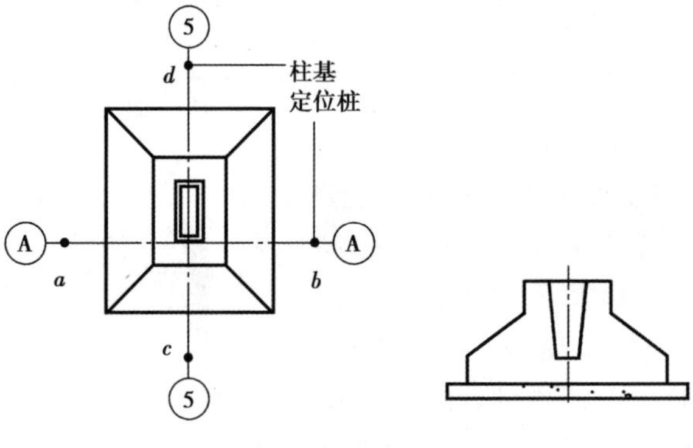

图 6-3-3　柱基定位示意图

4. 放样基坑开挖边线

按照基础详图所注尺寸和基坑放坡宽度，计算出基坑开挖边线至轴线的距离，以轴线为准向两边量距放出基坑开挖边线，并撒出白灰线以便开挖。

5. 引测柱列轴线控制桩

如图 6-3-2 所示，分别在每条柱列轴线的柱基定位桩上安置全站仪，引测柱列轴线控制桩，为牛腿柱安装竖直校正提供控制依据。例如，在 R 点上安置全站仪正镜瞄准 S 点，纵转望远镜，在不受施工干扰的位置根据望远镜视线的指示定出一点，为提高测设精度，再用倒镜进行测设，取正倒镜标定的地面点位的中点作为柱列轴线控制桩的位置，如图 6-3-2 中的 1″，2″，3″…，打入大木桩（轴线控制桩）并编号，在桩顶上钉入小钉。

6. 检查验收

柱列轴线控制桩测设后要及时自检，自检合格后上报监理公司申请验收。验收记录参见表 6-3-1。

表 6-3-1　柱列轴线测量放线验收记录

工程名称		施工单位	
施测部位	一层柱	施测日期	年　月　日
测量仪器		检定日期	年　月　日
测量员		复核人	
测量复核情况（简图）	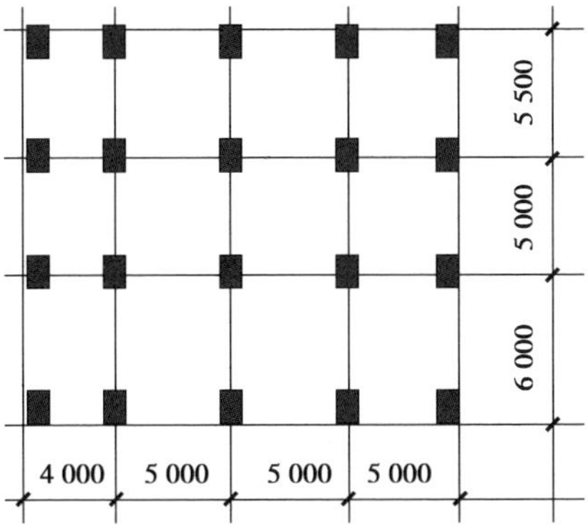		
检查结论	专业技术负责人： 年　月　日	验收结论	监理工程师： 年　月　日

三、注意事项

在进行柱基定位测设时，应注意柱列轴线不一定都是柱基的中心线，而一般立模、吊装等习惯用中心线，此时应将柱列轴线平移，定出柱基础中心线。

工程案例

责任心是根治事故的"良方"

20××年 3 月 16 日，××工业园区 4#厂房定位施测前，某公司测量队长杨爱国带领三人到园区复测厂区控制网。在复测时发现，3 月 12 日测量的 7#导线点与 6#导线点方位与设计方位偏差 1°20′26″，测量队长杨爱国检查资料发现数据有误，立即组织人员从 1#导线点复测，发现 7#导线点有错误。测量队立即组织有关人员分析，发现是测量员吴××测量时读数错误，现场没有发现，才导致这起偏差事故。所幸的是测量队长杨爱国发现及时，否则将造成严重的质量事故，带来更大的经济损失。

本次事故的主要原因：一是测量人员责任心不强；二是在测量过程中，没有严格执行《工程测量标准》的有关规定；三是现场操作不认真，事后资料验算不及时；四是没有及时按要求测第二遍，资料没有复算。

如果测量人员的责任心不强，操作不认真，就很容易发生质量事故，势必给国家造成经济损失，同时还会埋下安全隐患。

职业素养提升

认真负责搞测量　一丝不苟做检查

2013 年,××施工单位在对××钢铁公司 2#厂房基础开挖过程中,施工员发现一列柱基定位尺寸有问题,施工员立即请来测量员,通过分析计算理论坐标和放样使用坐标发现:现场放样使用坐标无误,该列柱基的理论坐标计算有误,误将中线尺寸看成了边线尺寸,造成向外侧偏移0.24 m。

工业厂房的测量精确要求较高,测量员只有在测量过程中本着认真仔细的原则,保证数据的精准,才能保质保量完成工业厂房基础施工测量任务,保证工业厂房施工的后续工作顺利开展。

知识闯关与技能训练

一、单选题

1. 柱基定位一般采用(　　)测设。

A. 全站仪坐标法　B. 角度交会法　C. 直角坐标法　D. 距离交会法

2. 下列柱列轴线描述正确的是(　　)。

A. 柱列轴线一定是柱基中心线　B. 柱列轴线不一定是柱基中心线
C. 柱列轴线一定是柱基边线　D. 柱列轴线一定是立模线

3. 柱基四周轴线上的定位小桩距基础开挖边线的距离一般比基础深度大(　　)倍。

A. 1　B. 1.5　C. 2　D. 2.5

4. 柱基四周轴线上定位小桩的作用是作为(　　)的依据。

A. 修坑和立模　B. 控制基础开挖深度
C. 控制基础宽度　D. 构件安装

二、实操练习

根据现场的控制点,进行柱基定位测设练习,尺寸自定,填写柱基定位记录表 6-3-2。

表 6-3-2　柱基定位记录表

工程名称		测量单位	
图纸编号		施测日期	年　月　日
平面坐标依据		使用仪器	
挂线定位小桩	挂线定位小桩	挂线定位小桩	挂线定位小桩
定位施测示意图:			

续表

<table>
<tr><td colspan="6">复测结果：

</td></tr>
<tr><td rowspan="3">签
字
栏</td><td rowspan="2">建设(监理)单位</td><td>施工(测量)单位</td><td>建筑工程公司</td><td colspan="2">测量人员(证书)</td></tr>
<tr><td>专业技术负责人</td><td>测量负责人</td><td>复测人</td><td>施测人</td></tr>
<tr><td></td><td></td><td></td><td></td><td></td></tr>
</table>

任务6.3.1　学习任务评价表

任务 6.3.2　工业厂房柱基施工测量

【任务导学】

工业厂房柱基施工内容包括基坑开挖、基坑垫层和浇筑混凝土杯形基础。在柱基开挖施工过程中,测量人员要配合施工人员做好开挖深度的控制;在混凝土垫层和混凝土杯形基础施工前需要投测轴线和进行标高控制。

【任务描述】

华丰公司 3#工业厂房柱基开挖边线放样完成后,施工人员已进行开挖施工,请测量员配合施工人员控制开挖深度,并在混凝土垫层和混凝土杯形基础施工前投测柱列轴线、进行标高控制测量。

【知识储备】

基础平面图和基础详图是基础施工的主要依据。认真阅读基础平面图和基础详图,查看基坑设计宽度和基底设计标高、垫层设计厚度、杯形基础顶面标高和杯内设计标高,研究制定基坑水平桩测设的标高和垫层标高控制桩的标高、杯内实际放样线的标高,保障各项标高测设准确无误。

【任务实施】

一、施测前的准备工作

1. 熟悉设计图纸

查看基础平面图和基础详图,查取基坑开挖深度;了解施测方案,确认是否放坡和放坡系数,确定基坑开挖尺寸。

2. 准备工作

检查仪器工具,准备自动安平水准仪 1 台,三脚架 1 个,水准尺 2 根,木桩(长 25 ~30cm,顶面 3 ~4cm 见方) 若干个,斧头 1 把,记录板 1 块(含记录表格),红油漆,铅笔等。

4 人一组:1 人观测、1 人记录、2 人立尺。

二、实施步骤

1. 基坑开挖深度的控制

1)测设基坑水平桩

当基坑开挖到一定深度时,应在坑的四壁测设距坑底 0.3 ~0.5 m 的水平控制桩,作为清底的依据(可参考图 6-2-12),用已知高程的原理进行施测,测设方法同“任务 6.2.2　民用建筑基础施工测量”。

2)测设垫层控制桩

清底后,在坑底测设垫层控制桩,使桩顶标高恰好等于垫层顶面的设计标高,作为打垫层控制标高的依据,测设方法同上。

3)基坑验线记录

基坑验线记录详见表 6-3-3。

表 6-3-3　基坑验线记录表

<table>
<tr><td colspan="2">工程名称</td><td></td><td>日期</td><td></td></tr>
<tr><td colspan="5">验线依据及内容：
依据：施工图、本工程施工测量方案、定位轴线控制网。
内容：××轴线基底外轮廓线</td></tr>
<tr><td colspan="5">基坑平面、剖面简图：</td></tr>
<tr><td colspan="5">检查意见：</td></tr>
<tr><td rowspan="3">签
字
栏</td><td rowspan="2">建设(监理)单位</td><td>施工(测量)单位</td><td colspan="2">××建筑工程公司</td></tr>
<tr><td>专业技术负责人</td><td>专业质检员</td><td>施测人</td></tr>
<tr><td></td><td></td><td></td><td></td></tr>
</table>

2. 杯形基础立模定位测量

1)恢复柱基定位轴线

基础垫层打好后，根据基坑周边定位小木桩，用拉线吊锤球的方法，把柱基定位轴线投测到打好的垫层面上，弹出墨线，用红漆画出标记，作为柱基立模板和布置基础钢筋的依据。

2)基础模板的定位

依据柱基定位轴线和基础设计宽度放出立模线并弹出墨线，将模板底线对准垫层上的立模线，并用锤球检查模板是否竖直，同时注意使杯内底部标高低于其设计标高 2～5 cm，作为抄平调整的余量。

3)柱基混凝土浇筑标高的控制

用水准仪将柱基顶面设计标高测设在模板内壁，作为浇筑混凝土高度的依据。

4)杯口面上定柱轴线

拆模后，根据基坑周边定位小木柱，用拉线吊锤球的方法，在杯口面上定出柱轴线，用红漆画出标记，作为柱子安装校正测量的依据，如图 6-3-4 所示。

5)杯口内壁定标高

用水准仪测设已知高程的方法在杯口内壁上定出设计标高，为柱子安装提供标高依据，如图 6-3-4 所示。

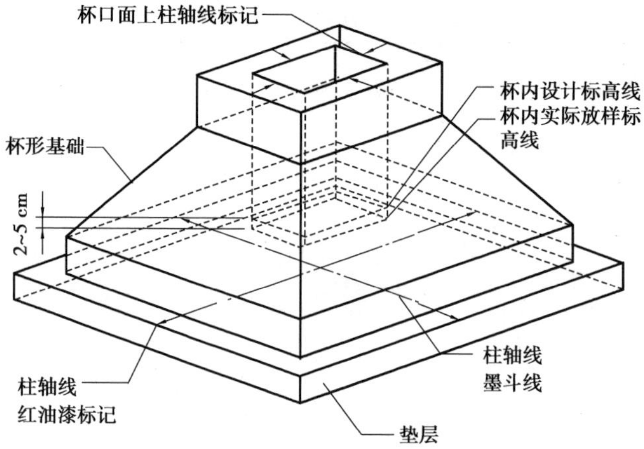

图 6-3-4　杯形基础

素拓课堂

建筑工程测量技术换上了“新装”

随着科学技术的不断发展,GNSS、GIS、RS 等很多新技术在工程建设中得到了广泛的应用,从而提高了劳动生产率,加快了工程的施工进度,同时对工程施工质量的控制起到了很大作用。

例如,在上海中心大厦、深圳平安金融中心、武汉绿地中心、广州东塔、三峡大坝、港珠澳大桥、白鹤滩水电站等一大批重大工程建设中,高精度测量机器人、精密工程测量、控制测量技术的应用,将建筑物各部分的尺寸误差控制在毫厘之微,确保了各项工程的质量。利用 GNSS 技术可以动态地监测大坝、大桥的变形,测定建筑物的摆动周期和摆动规律,且具有方便、快捷、可靠等优点,从而确保了建筑工程施工测量的质量。

一代人有一代人的使命担当,21 世纪的青年学子,有朝气、有理想,要以新面貌、新气象,迎接新时代、新挑战、新任务,要心怀“国之大者”,敢于担当,善于作为,履行国家科技兴国的使命职责,努力探索新技术在工程中的应用,引领技术创新,把科技是第一生产力落实到测量工作中。

知识闯关与技能训练

一、单选题

1. 当基坑开挖到一定深度时,一般设置(　　)控制。

A. 定位桩　　B. 距离指标桩　　C. 水平桩　　D. 龙门桩

2. 以下不属于杯形基础立模测量工作内容的是(　　)。

A. 基础垫层打好后,根据定位小桩把柱基定位轴线投测到垫层上

B. 立模吊装要对准柱列轴线

C. 立模时,将模板底线对准垫层上的定位线,并用吊锤球的方法检查模板是否正确

D. 将柱基顶面设计标高测设在模板内壁,作为浇筑混凝土高度的依据

二、实操练习

进行柱基开挖深度测设练习，水准点高程、柱基基坑设计标高自定，完成表 6-3-4。

表 6-3-4　柱基开挖深度测设记录表

观测员：　　　　　　　　　　扶尺员：　　　　　　　　　　记录员：

<table>
<tr><td colspan="2">工程名称</td><td colspan="3"></td><td colspan="2">测量单位</td><td colspan="2"></td></tr>
<tr><td colspan="2">图纸编号</td><td colspan="3"></td><td colspan="2">施测日期</td><td colspan="2"></td></tr>
<tr><td>使用仪器</td><td></td><td colspan="2">仪器检校日期</td><td></td><td>水平桩设计高程（B 点）</td><td></td><td>垫层控制桩设计高程（C 点）</td><td></td></tr>
<tr><td>测站</td><td>点号</td><td>已知高程/m</td><td>后视读数/m</td><td>视线高/m</td><td>前视尺应有读数/m</td><td>实际读数/m</td><td>尺子移动量/m</td><td>检查结果</td></tr>
<tr><td rowspan="2"></td><td>A</td><td></td><td></td><td></td><td>—</td><td>—</td><td>—</td><td rowspan="2"></td></tr>
<tr><td>B</td><td>—</td><td>—</td><td>—</td><td></td><td></td><td></td></tr>
<tr><td rowspan="2"></td><td>A</td><td></td><td></td><td></td><td>—</td><td>—</td><td>—</td><td rowspan="2"></td></tr>
<tr><td>C</td><td>—</td><td>—</td><td>—</td><td></td><td></td><td></td></tr>
</table>

任务6.3.2　学习任务评价表

任务 6.3.3 工业厂房构件安装测量

【任务导学】

如图 6-3-5 所示，单层工业厂房多用预制混凝土构件现场安装的方法施工，预制混凝土构件主要有柱子、吊车梁、屋架、屋面板等，每个构件安装测量的工序是绑扎→起吊→就位→临时固定→校正和最后固定。

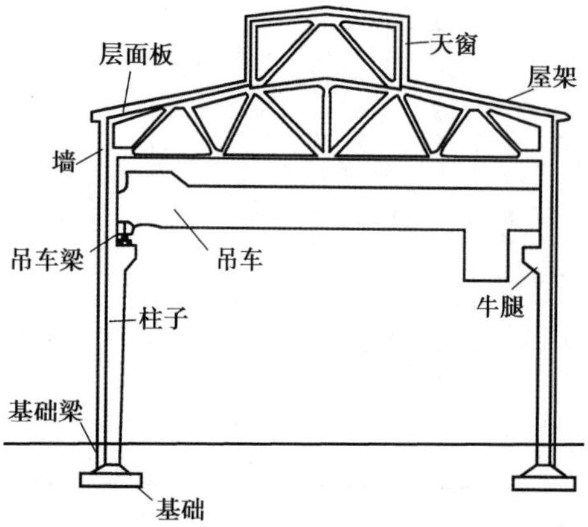

图 6-3-5 装配式单层工业厂房

柱子、吊车梁安装测量是工业厂房构件安装施工的重要环节。柱子安装测量的主要任务是使柱子位于柱列轴线上，并保证竖直面的垂直度和牛腿面的标高符合设计要求。

吊车梁安装测量的主要任务是使柱子牛腿上的吊车梁的平面位置、顶面标高及梁端中心线的垂直度都符合要求。

构件在安装测量中精度要求较高，必须进行校准测量，以保证各构件按设计要求准确无误地就位。测量员施测前要认真阅读施工图，仔细检查核对测量数据，强化安全和质量责任意识，做好协调沟通，确保测量工作顺利进行。

【任务描述】

华丰公司 3#工业厂房基础施工完毕，混凝土牛腿柱、吊车梁预制构件已运抵施工现场，监理公司复核后，同意进行构件安装工作，请测量员配合施工人员开展牛腿柱、吊车梁安装测量工作。

【知识储备】

《工程测量标准》(GB 50026—2020)对建筑物轴线放样和构件安装测量的技术要求作出了如下规定：

①建筑物外廓主要轴线点偏差不应大于 4 mm；相邻轴线点间偏差应小于 5 mm。

②钢柱垫层标高允许偏差为±2 mm；钢柱±0.000 标高检查：允许偏差为±2 mm；混凝土柱(预制)±0.000 标高检查：其允许偏差为±3 mm。

③柱身垂直允许误差：当柱高≤5 m 时应不大于±5 mm；当柱高在 5～10 m 时应不大于±10 mm；当柱超过 10 m 时，限差为 *L*‰，且不超过 20 mm，*L* 为柱高。

【任务实施】

一、柱子安装前的准备工作

1. 熟悉设计图纸

详细了解牛腿柱各部分的尺寸，以便为柱身弹线做好准备。

2. 柱身弹线

在柱子安装之前，先将柱子按轴线编号；然后在柱身 3 个侧面弹出柱子的中心线，并在每条中心线的上端和靠近杯口处画上“▶”标志；最后根据牛腿面设计标高，向下用钢尺量出 −0.600 m 的标高线，并画出“▼”标志，以便校正时使用，如图 6-3-6 所示。

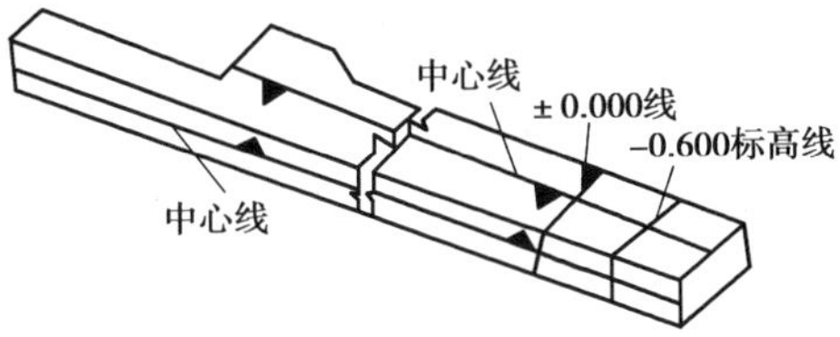

图 6-3-6　柱身弹线

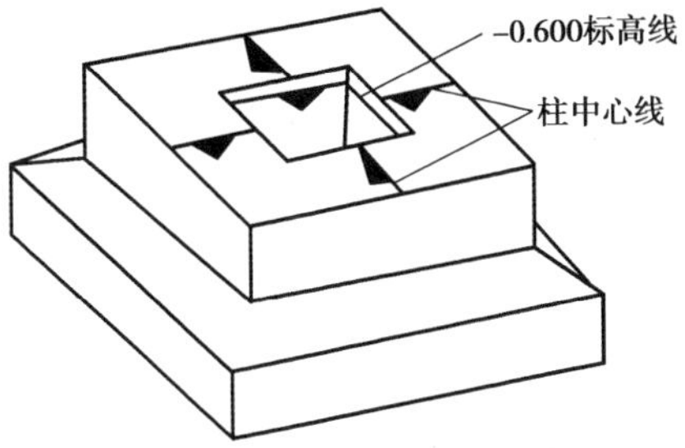

图 6-3-7　柱基弹线与杯底抄平

3. 柱基弹线及杯底抄平

在杯形基础上，由柱列轴线控制桩用全站仪把柱列轴线投测到杯口顶面上，并弹出墨线，用红漆画上“▶”标志，作为柱子吊装时确定轴线的依据，如图 6-3-7 所示。

当柱子中心线不通过柱列轴线时，还应在杯形基础顶面四周弹出柱子中心线，并用红油漆画上“▶”标志。

用水准仪在杯口内壁测设一条−0.600 m 标高线，并画“▼”标志，用以检查杯底标高是否符合要求，然后用 1 : 2 水泥砂浆放在杯底进行找平，以保障牛腿面符合设计高程。

4. 准备仪器

检查仪器工具，准备经纬仪或全站仪 2 台、水准仪 1 台、三脚架 3 个、水准尺 2 根、钢卷尺 1 把、记录板 1 块（含记录表格）、红油漆、铅笔等。

二、实施步骤

1. 柱子吊装入“口”

柱子被吊装进入杯口后，先用木楔或钢楔临时固定。用铁锤敲打木楔或钢楔，使柱脚在杯口内平移，直到柱中心线与杯口顶面所弹出的纵、横轴线对齐，其容许误差为±3 mm。

2. 检测柱身标高

用水准仪检测柱身已标定的±0.000 标高线。

3. 柱子竖直校正

用 2 台经纬仪或全站仪分别安置在离柱子约 1.5 倍柱高的纵、横轴线上（或轴线附近），如图 6-3-8 所示，观测时将全站仪纵丝照准柱子根部中心线，固定照准部，逐渐向上抬高望远镜，观察柱子中心线偏离纵丝的方向，指挥吊装人员将柱子调整到竖直状态，直至 2 台经纬仪或全站仪的纵丝从柱子下面到上面都与柱子中心线重合为止。然后在杯口与柱子的缝隙中浇入混凝土，以固定柱子的位置。

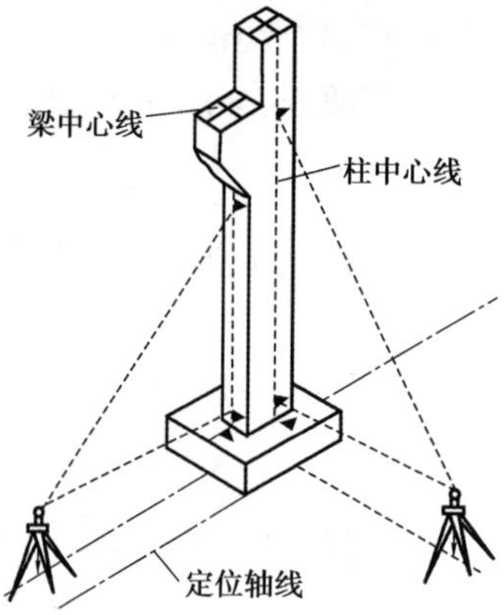

柱子安装测量

图 6-3-8　柱子安装测量

4. 柱子安装测量记录

牛腿柱安装过程要及时检查，做好安装检查记录，记录表见表 6-3-5。

表 6-3-5　柱子安装测量记录表

<table>
<tr><td colspan="3">工程名称</td><td colspan="3"></td><td colspan="3">施工单位</td><td colspan="2"></td></tr>
<tr><td rowspan="2">编号</td><td rowspan="2">轴线部位</td><td rowspan="2">杯底标高偏差/(±mm)</td><td colspan="2">柱轴偏移/mm</td><td colspan="3">上下柱接口中心线偏移/mm</td><td colspan="2">垂直偏差/mm</td><td rowspan="2">牛腿面标高偏差/(±mm)</td></tr>
<tr><td>偏差值</td><td>位移方向</td><td>偏差值</td><td>位移方向</td><td>焊接质量</td><td>偏差值</td><td>位移方向</td></tr>
<tr><td colspan="3"></td><td colspan="2"></td><td colspan="3"></td><td colspan="3"></td></tr>
<tr><td colspan="3"></td><td colspan="2"></td><td colspan="3"></td><td colspan="3"></td></tr>
<tr><td colspan="3"></td><td colspan="2"></td><td colspan="3"></td><td colspan="3"></td></tr>
<tr><td colspan="3"></td><td colspan="2"></td><td colspan="3"></td><td colspan="3"></td></tr>
<tr><td colspan="3"></td><td colspan="2"></td><td colspan="3"></td><td colspan="3"></td></tr>
<tr><td colspan="3"></td><td colspan="2"></td><td colspan="3"></td><td colspan="3"></td></tr>
<tr><td colspan="2">技术负责人</td><td></td><td>测量员</td><td></td><td>工长</td><td colspan="2"></td><td>日期</td><td colspan="2"></td></tr>
</table>

三、柱子校正时的注意事项

①校正用的经纬仪或全站仪事前应经过严格校正，因为校正柱子垂直度时往往只用盘左或盘右观测，仪器误差对精度影响较大。操作时还应注意使照准部水准管气泡严格居中。

②柱子在两个方向的垂直度校正好后，应再复查平面位置，看柱子下部的中心线是否仍对准基础的轴线。

③考虑到过强的日照会使柱子产生弯曲，从而使柱顶发生移位，因此当对柱子垂直度要求较高时，应尽量选择在早晨无阳光直射或阴天时对柱子垂直度进行校正。

拓展阅读

吊车梁安装测量

一、准备工作

①在吊车梁的顶面和两端面上用墨线弹出梁的中心线，作为安装定位的依据，如图 6-3-9 所示。

②把吊车梁中心线投测到柱子牛腿侧面上，作为吊装测量的依据；并在柱子侧面测设低于牛腿柱面设计标高（假设±0.000）−50 线，作为吊车梁标高控制测量依据，如图 6-3-10 所示。

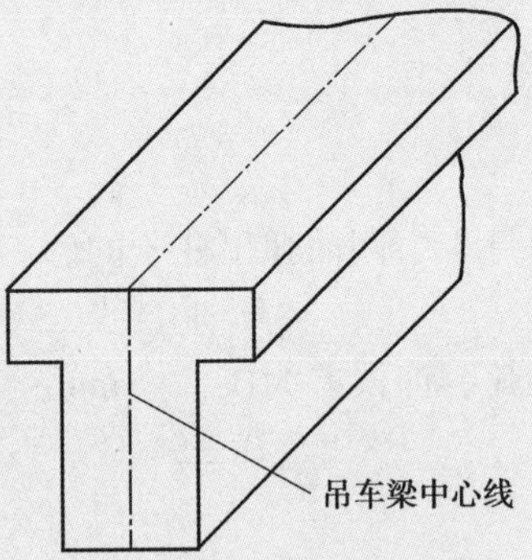

图 6-3-9　吊车梁弹线

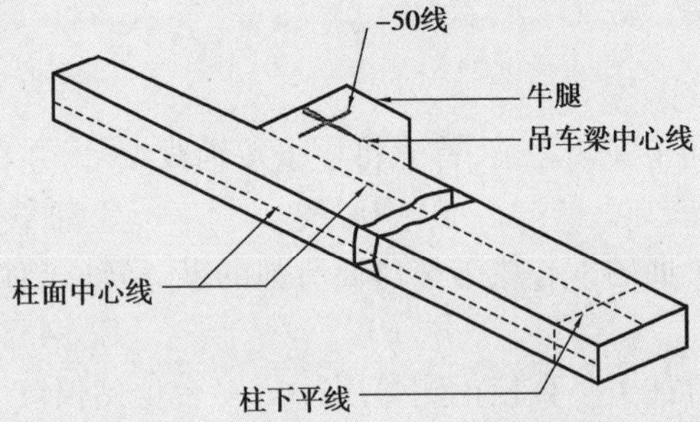

图 6-3-10　牛腿柱侧面弹线

根据牛腿面上的中心线和吊车梁端面上的中心线，将吊车梁安装在牛腿面上。

二、吊车梁安装测量

吊装吊车梁应使其两个端面上的中心线分别与牛腿面上的梁中心线初步对齐，再用经纬仪或全站仪进行校正，如图 6-3-11 所示。

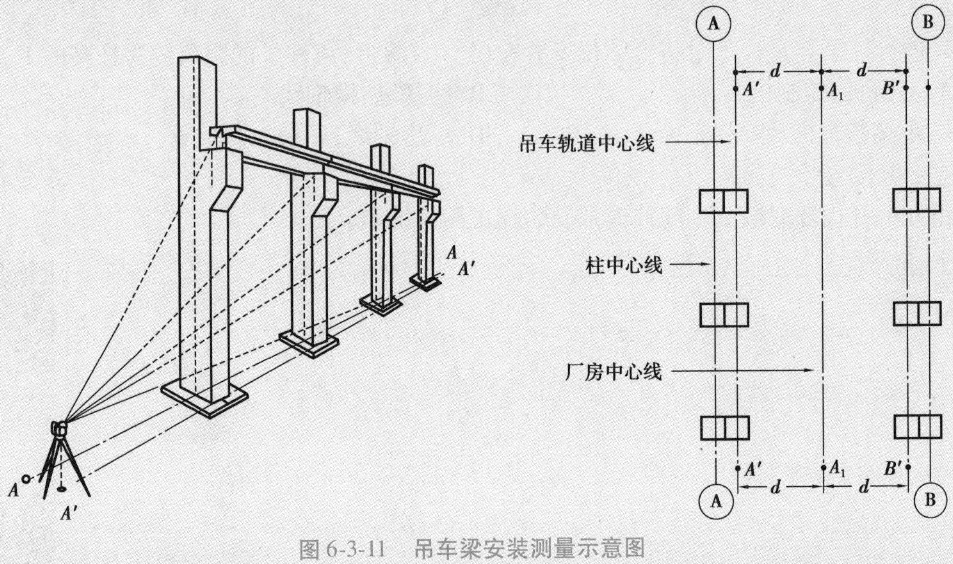

图 6-3-11　吊车梁安装测量示意图

①安装时，根据牛腿面上轨道中心线和吊车梁端头中心线，两线对齐将吊车梁安装在牛腿面上。根据厂房中心线和设计跨距，由中心线向两侧量出 1/2 跨距，在地面上标出轨道中心线 $A'A'$ 和 $B'B'$。

②分别安置经纬仪或全站仪于轨道中心线一个端点上，瞄准另一端点，固定照准部。抬高望远镜将轨道中心投测到各柱子的牛腿面上，检查是否与准备阶段在牛腿面上标出的吊车梁中心线一致，其容许误差为±3 mm。吊车梁安装完毕后，再用钢尺悬空丈量两吊车梁中心线的跨距，其偏差不应超过±5 mm。经检查符合要求后，用墨斗弹线，作为安装吊车梁轨道的依据。

③检查吊车梁顶面高程。用钢尺沿柱子侧面量出牛腿侧面标高线至吊车梁顶面距离，如高度不等于吊车梁顶面设计高程，则需在吊车梁下加减钢板进行调整，其误差应在±5 mm 以内。

知识闯关与技能训练

一、单选题

1. 在柱子安装之前，首先将柱子按轴线编号，并在柱身 3 个侧面弹出柱子的(　　)。

A. 水平线　　B. 中心线　　C. 轴线　　D. 垂直线

2. 柱子面的中心线与杯口面所弹的纵、横轴线对齐，其容许误差为(　　)mm。

A. ±2　　B. ±3　　C. ±4　　D. ±5

3. 进行柱子竖直校正测量用(　　)台全站仪。

A. 1　　B. 2　　C. 3　　D. 4

4. 牛腿顶面及柱顶面的实际标高应与设计标高一致，当柱高≤5 m 时，其允许偏差应不大于(　　)mm。

A. ±5　　B. ±6　　C. ±7　　D. ±8

5. 柱身垂直允许误差：当柱高≤5 m 时应不大于(　　)mm。

A. ±5　　B. ±6　　C. ±7　　D. ±8

6. 进行柱子竖直校正时将全站仪安置在(　　)附近，离柱子的距离约为柱高的 1.5 倍。

A. 定位桩、控制桩　　B. 柱基纵、横轴线

C. 距离指标桩、水平桩　　D. 厂房轴线、厂房控制桩

二、实操练习

用方木杆代替混凝土牛腿柱模拟安装校正测量练习。

任务6.3.3 学习任务评价表

施工测量练习题

模块 7　竣工测量

建(构)筑物部分或全部竣工时进行的测量工作,称为竣工测量。竣工测量可分为施工过程中的竣工测量和工程全部完成后的竣工测量。前者包括各工序完成后的检查验收测量和各单项工程完成后竣工验收测量,其直接关系到下一工序的进行,应与施工测量相互配合;后者则是整个工程全部完成后全面性的竣工验收测量,是在前者的基础上完成的,包括全部资料的整理并建立竣工档案。

项目 7.1　建筑工程竣工测量

学习目标

知识目标:了解竣工测量的内容、方法、特点;理解编绘竣工总平面图的一般规定和依据。

技能目标:能进行竣工测量碎部点的测定和整理测量成果;初步掌握竣工测量总平面图的编绘方法。

素养目标:培养团队合作意识和沟通能力;培养爱护仪器、一丝不苟、严谨求实的职业精神。

内容导航

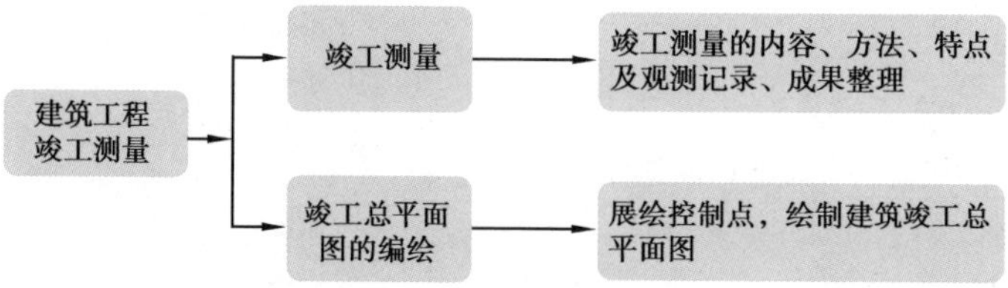

任务 7.1.1　竣工测量

【任务导学】

竣工测量的目的:一是检查工程施工定位的质量;二是为工程验收提供依据;三是为今后的改建、扩建提供必要的基础资料。因此,测量员应十分重视这项工作,实事求是地开展测量工作,提供准确测绘资料,为后续工程维护管理保驾护航。

【任务描述】

××人民医院建筑施工已结束,为便于日后维护管理,蓝图测绘有限公司按要求进行该工程竣工测量工作,具体的实施步骤是怎样的呢?

【知识储备】

一、竣工测量的内容

①一般建筑及工业厂房:测定各房角坐标、几何尺寸、各种管线进出口的位置和高程、房屋四角室外高程,并附注房屋编号、结构层数、面积和竣工时间。

②地下管线:检查井,管线转折点、起终点的坐标,井盖、井底、沟槽和管顶等的高程,附注管道及检查井的编号、名称、管径、管材、间距、坡度和流向。

③架空管线:转折点、结点、交叉点和支点的坐标,支架间距,基础面标高等。

④交通线路:起终点、转折点和交叉点的坐标,路面、人行道、绿化带界线等。

⑤特种构筑物:沉淀池、污水处理池、烟囱、水塔及其附属构筑物的外形及其标高等。

二、竣工测量的方法与特点

1. 图根控制点的密度要求

一般竣工测量图根控制点的密度，要大于地形测量图根控制点的密度。

2. 碎部点的实测方法

一般用全站仪三维坐标测量功能进行碎部点的测定。在 GNSS 信号强、GNSS-RTK 能满足精度要求的情况下，也可以采用 GNSS-RTK 进行测定，以提高作业效率。

3. 测量精度较高

竣工测量的测量精度，要高于地形测量的测量精度，精度应达到厘米级。

4. 测绘内容较丰富

竣工测量的内容比地形测量的内容更加丰富，竣工测量不仅测地面的地物和地貌，还要测地下各种隐蔽工程，如管线等。

【任务实施】

一、准备工作

经检校的全站仪 1 台，1 个三脚架，2 个棱镜，2 根棱镜对中杆，记录板 1 块（含记录表格），计算器 1 台，铅笔等。

4 人一组：1 人观察，1 人记录计算，2 人持杆立镜。

二、实施步骤

如图 7-1-1 所示，A、B 为地面上两个已知控制点，C、D、E 为房屋角点。观测员在测站 A 点架设全站仪，量取仪器高，瞄准后视 B 点进行定向，开机进入坐标测量模式，将测站 A 点三维坐标、仪器高和后视 B 点坐标输入到仪器中；辅助人员携带棱镜对中杆依次在房屋 C、D、E 点设置棱镜，观测员依次瞄准 C、D、E 等点竖立的棱镜，测量其坐标和高程，将观测数据填写在表 7-1-1 中。接下来依次按上述步骤完成其他建（构）筑物特征点位的观测。

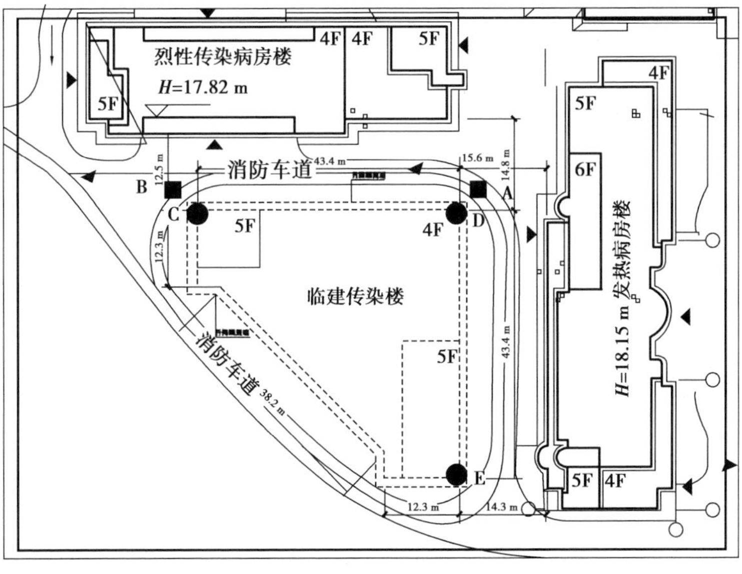

图 7-1-1　××县人民医院场地控制点示意图

表 7-1-1　竣工测量记录表

测量员：　　　　　　　　扶尺员：　　　　　　　　记录员：

工程名称			测量单位				施测日期	
点名	设计高程/m	实测高程/m	设计坐标/m		实测坐标/m		与邻近建筑物的名称	邻近建筑物的距离/m
			X	Y	X	Y		

三、竣工测量成果

竣工测量结束后，整理数据成果，为编绘竣工图提供资料，并上交测量成果。测量成果见表 7-1-2、表 7-1-3。

表 7-1-2　竣工测量成果表

工程名称：　　　　　　时间：　　　　　　测量：　　　　　　记录：

点号		井面高程/m	方向	高程		偏距/m	管径/mm	构筑物	备注
临时号	统一号			管外顶 h	管内底 h'				
污$_1$	污(5)$_{10}$	48.87	东西北		42.94 43.67	北偏西 0.3	700 400	井	
…									
雨$_1$	雨(5)$_{5-1}$	48.25	东西		45.85 45.83		800 800	井	
…									

表 7-1-3　竣工测量成果表

工程名称：　　　　　　时间：　　　　　　测量：　　　　　　记录：

点号		坐标/m		高程			偏距/m	管径/mm	备注
临时号	统一号	y	x	管外顶 h	管内底 h'				
污$_1$	污(5)$_{10}$	498 721.82	300 003.90		东 42.94	北 43.67	北偏西 0.3	700 400	
…									
雨$_1$	雨(5)$_{5-1}$	490 647.00	3 000 462.57		东 45.85	西 45.83		800 800	

续表

点号		坐标/m		高程			偏距/m	管径/mm	备注
临时号	统一号	y	x	管外顶 h	管内底 h'				
…									

四、注意事项

①竣工测量的精度要求比地形测量高，应达到厘米级。

②棱镜放置位置应尽量贴近房角低端。

③在高空、地下等场所进行测量作业时，应采取必要的安全措施，确保测量人员的安全。

知识闯关与技能训练

一、单选题

1. 下列不属于竣工测量目的的是(　　)。

A. 为检查工程施工定位的质量

B. 为今后的扩建、改建及管理维护提供必要的资料

C. 为施工放样提供依据

D. 为工程验收提供依据

2. 以下不属于工业厂房及一般建筑竣工测量内容的是(　　)。

A. 各房角坐标，几何尺寸　　B. 各种管线进出口的位置和高程

C. 房屋四角室内高程　　D. 房屋四角室外高程

3. 竣工测量的内容比地形测量的内容更加丰富，不仅要测地面的(　　)，还要测地下各种隐蔽工程，如管线。

A. 地物和地貌　　B. 山脊山谷　　C. 河流　　D. 陡崖

4. 关于建筑竣工测量，以下描述不正确的是(　　)。

A. 建筑竣工测量是在建筑工程施工阶段进行的

B. 建筑竣工测量的目的是为工程的交工验收及将来的维修、改建、扩建提供依据

C. 建筑竣工测量主要包括建筑平面位置及建筑高程测量

D. 竣工测量时，建筑物高度测量可以采用手持测距仪测量

5. 工程竣工后，为了便于维修和扩建，必须测量出该工程的(　　)。

A. 高程值　　B. 坐标　　C. 变形量　　D. 竣工图

6. 沉降观测时，水准基点和观测点之间的距离一般应在(　　)m 范围内，一般沉降点是均匀布置的，其距离一般为(　　)m。

A. 80，5 ~ 10　　B. 80，10 ~ 20

C. 100，5 ~ 10　　D. 100，10 ~ 20

二、实操练习

4 人一组在校园内进行竣工测量练习。

任务7.1.1 学习任务评价表

任务 7.1.2　竣工总平面图的编绘

【任务导学】

竣工测量的最终成果就是竣工总平面图。竣工总平面图包括反映工程竣工时的地形现状、地上与地下各种建筑物以及各类管线平面位置与高程的总现状地形图、各类专业图等。竣工总平面图是设计总平面图在工程施工后实际情况的全面反映和工程验收时的重要依据。

【任务描述】

根据××县人民医院建筑物的竣工测量资料,编绘竣工总平面图。

【知识储备】

在施工过程中,由于种种原因,建(构)筑物竣工后的位置与原设计位置不一致,所以需要编绘竣工总平面图。

一、编绘竣工总平面图的一般规定

①竣工总平面图是指在施工后,施工区域内地上、地下建筑物及构筑物的位置和标高等的编绘与实测图纸。

②对于地下管道及隐蔽工程,回填前应实测其位置及标高,作出记录,并绘制草图。

③竣工总平面图的比例尺宜为 1∶500。其坐标系统、图幅大小,注记、图例符号及线条应与原设计图一致。原设计图没有的图例符号,可使用新的图例符号,并应符合现行总平面图设计的有关规定。

④竣工总平面图应根据现有资料及时编绘。重新编绘时,应进行详细的实地检核,对不符之处,应实测其位置、标高及尺寸,按实测资料绘制。

⑤竣工总平面图编绘完成后,应经原设计及施工单位技术负责人审核、会签。

二、编绘竣工总平面图的依据

①设计总平面图,单位工程平面图,纵、横断面图,施工图及施工说明;

②施工放样成果、施工检查成果及竣工测量成果;

③更改设计的图纸、数据、资料。

【任务实施】

一、准备工作

1. 确定竣工总平面图的比例尺

竣工总平面图的比例尺根据企业的规模大小和工程的密集程度参考下列规定:

①小区内为 1∶500 或 1∶1 000。

②小区外为 1∶5 000～1∶1 000。

2. 编绘竣工总平面图坐标方格网

传统方法用坚韧、透明、不易变形的聚酯薄膜作画图纸,绘制 10 cm×10 cm 的直角坐标方格网,绘制方法同地形测绘,如图 7-1-2 所示。

目前,多采用 CAD 绘图软件进行绘制或采用南方 CASS 绘图软件成图。

3. 展绘控制点

以图底上绘出的坐标方格网为依据,将施工控制网点按坐标展绘在图上,如图 7-1-3 所示。展点对邻近的方格而言,其允许偏差为±0.3 mm。

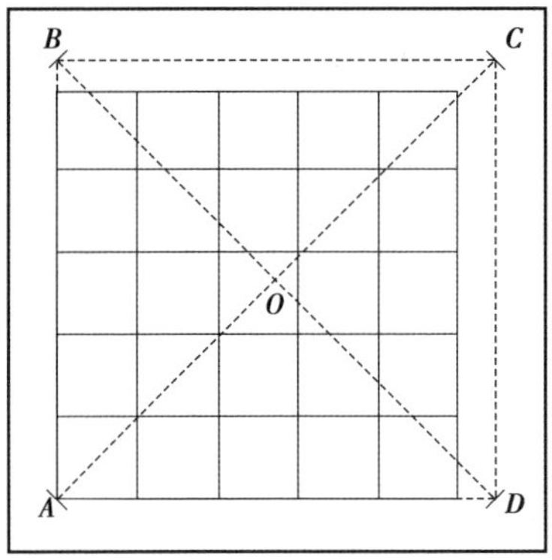

图7-1-2　对角线法绘制坐标方格网

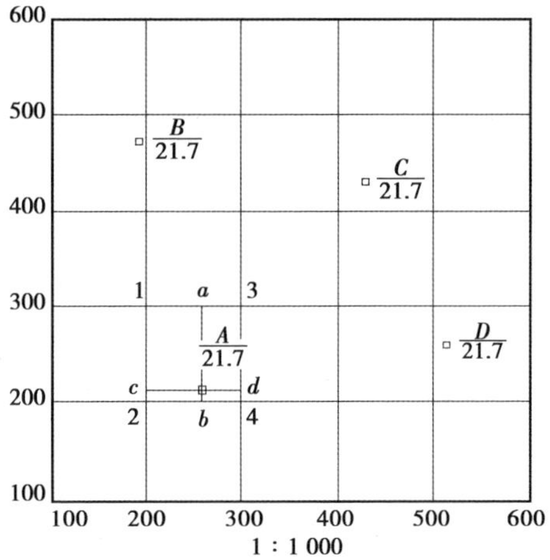

图7-1-3　控制点的展绘

二、实施步骤

1.根据设计资料展点成图

凡按设计坐标定位施工的工程，应以测量定位资料为依据，按设计坐标（或相对尺寸）和标高编绘。建（构）筑物的拐角、起止点、转折点应根据坐标数据展点成图；对建（构）筑物的附属部分，如无设计坐标，可用相对尺寸绘制；若原设计发生变更，则应根据设计变更资料编绘。

2.根据竣工测量资料或施工检查测量资料展点成图

在工业与民用建筑施工过程中，在每一个单位工程完成后应该进行竣工测量，并提交该工程的竣工测量成果。

对凡有竣工测量资料的工程，若竣工测量成果与设计值之比不超过所规定的定位容许误差，则按设计值编绘；否则应按竣工测量资料编绘。

3.展绘竣工位置时的要求

根据上述资料编绘成图时，对于工业厂房，应使用黑色墨线绘出该工程的竣工位置，并应在图上注明工程名称、坐标、标高及有关说明，对于各种地上、地下管线，应用各种不同颜色的墨线绘出其中心位置，注明转折点及井位的坐标、高程及有关注记。

在图上按坐标展绘工程竣工位置时，和在图底上展绘控制点的要求一样，均以坐标格网为依据进行展绘，展点对邻近的方格而言其容许偏差为±3 mm。

三、现场实测

有下列情况之一者，必须进行现场实测：

①由于未能及时提出建筑物或构筑物的设计坐标，而在现场指定施工位置的工程；

②设计图上只标明工程与地物的相对尺寸而无法推算坐标和标高；

③由于设计多次变更，无法查对设计资料；

④竣工现场的竖向布置、围墙和绿化情况，施工后尚保留的大型临时设施。

四、竣工总平面图的绘制

1.分类竣工总平面图的编绘

对于大型企业和较复杂的工程，如将厂区地上、地下所有建筑物和构筑物都绘在一张总平面图上，这样会使图面线条密集，不易辨认。为了使图面清晰醒目，便于使用，可根据工程的密集与复杂程度,按工程性质分类编绘竣工总平面图。

2. 综合竣工总平面图的编绘

综合竣工总平面图即全厂性的总体竣工总平面图,包括地上地下一切建筑物、构筑物和竖向布置及绿化情况等。

竣工总平面图图样,如图 7-1-4 所示。

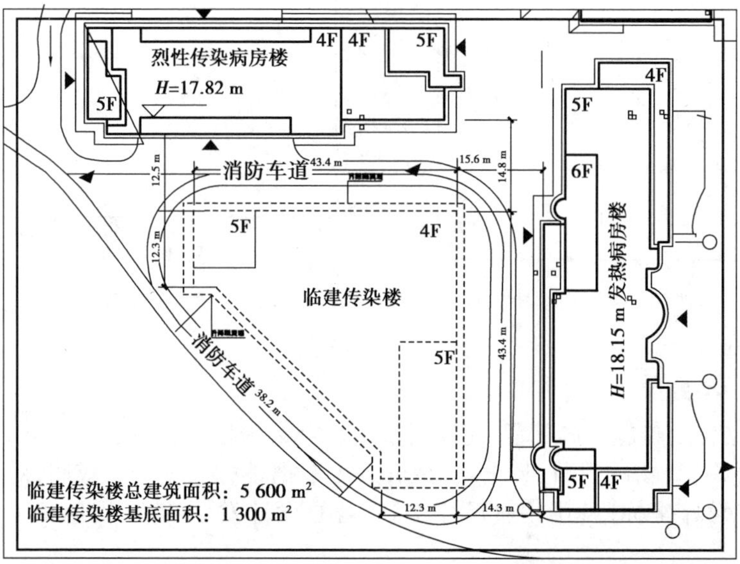

图 7-1-4　某医院建筑竣工总平面图

五、注意事项

①当存在因设计内容多次变更导致资料丢失的情况时,一定要进行现场实测。

②不同版本的绘图软件可能存在兼容性问题,在绘图过程中应始终使用同一版本软件。

知识闯关与技能训练

一、单选题

1. 竣工总平面图重新编绘时,应详细进行实地检核,对不符之处应实测其(　　)。

A. 位置、标高及尺寸　　B. 方位角

C. 水平角　　D. 斜距

2. 以下不属于编制竣工总平面图依据的是(　　)。

A. 设计总平面图　　B. 单位工程平面图

C. 施工图及施工说明　　D. 规划图

3. 一般建筑小区内竣工总平面图的比例尺为(　　)。

A. 1 : 500 或 1 : 1 000　　B. 1 : 2 000

C. 1 : 5 000　　D. 1 : 10 000

4. 展绘工程竣工位置时,展点对邻近的方格而言,其容许偏差为(　　)mm。

A. ±3　　B. ±4　　C. ±5　　D. ±6

二、实操练习

2 人一组,根据竣工测量资料,编绘校园竣工总平面图。

任务7.1.2 学习任务评价表

附　录

附录 1　建筑工程施工测量技术要求和技术资料

附表 1-1　场区导线测量技术要求[《工程测量标准》GB 50026—2020)]

等级	导线长度/km	平均边长/m	测角中误差/(″)	边长相对中误差	测回数		方位角闭合差/(″)	导线全长相对闭合差
					2″级仪器	6″级仪器		
一级	2.0	100～300	5	1/30 000	3	—	$10\sqrt{n}$	≤1/15 000
二级	1.0	100～200	8	1/14 000	2	4	$16\sqrt{n}$	≤1/10 000

注：n 为测站数；导线边长大致相等，相邻边的长度之比不宜超过 1∶3。

附表 1-2　柱子、桁架或梁安装测量的允许偏差[《工程测量标准》GB 50026—2020)]

测量内容		允许偏差/mm
钢柱垫层标高		±2
钢柱±0 标高检查		±2
混凝土柱(预制)±0 标高检查		±3
柱子垂直度检查	钢柱牛腿	5
	柱高 10 m 以内	10
	柱高 10 m 以上	H/1 000，且<20
桁架和实腹梁、桁架和钢架的支承结点相邻高差的偏差		±5
梁间距		±3
梁面垫板高度		±2

注：H 为柱子高度(m)。

附表 1-3　构件预装测量的允许偏差[《工程测量标准》GB 50026—2020)]

测量内容	允许偏差/mm
平台面抄平	±1
纵横中心线的正交度	$\pm 0.8\sqrt{L}$
预装过程中抄平工作	±2

注:L 为自交点起算的横向中心线长度。长度不足 5 m 时,以 5 m 计。

附表 1-4　附属构筑物安装测量的允许偏差[《工程测量标准》GB 50026—2020)]

测量项目	允许偏差/mm
栈桥和斜桥中心线的投点	±2
轨面的标高(平整度)	±2
相邻轨面的高差	±4
轨道跨距的丈量	±2
管道构件中心线的定位	±5
管道标高的测量	±5
管道垂直度的测量	H/1 000

附表 1-5　施工测量放线 验报申请表

工程名称:×××工程

致:×××监理公司

我单位已完成×××工程施工放线工作,现报上该工程报验申请表,请予以审查和验收。

附件:

测量放线的部位及内容:

(1)测量放线的部位及内容

序号	工程部位名称	测量放线内容	专职测量员(证书号)	备注
1	三层①~②/Ⓒ~Ⓕ	轴线控制线、柱边线	××× (××××××××)	30 m 钢尺 DJ3 经纬仪
2	×××	××××	××× (××××××××)	

(2)放线的依据材料 1 页。

(3)放线成果表 3 页。

审核意见:

经检查,符合工程施工图的设计要求,达到了《建筑工程施工测量规程》的精度要求。

项目监理机构×××监理公司××项目监理部

总/专业监理工程师×××

日期:××××年××月××日

附表 1-6 工程定位记录表

<table>
<tr><td>工程名称</td><td>××教学楼</td><td>测量单位</td><td>×××公司</td></tr>
<tr><td>图纸编号</td><td>×××</td><td>施测日期</td><td>××××年××月××日</td></tr>
<tr><td>平面坐标依据</td><td>GNSS 坐标 102</td><td>复测日期</td><td>××××年××月××日</td></tr>
<tr><td>高程依据</td><td>BM1</td><td>使用仪器</td><td>DSZ3 自动安平水准仪</td></tr>
<tr><td>允许误差</td><td>±12 mm</td><td>仪器检校日期</td><td>××××年××月××日</td></tr>
<tr><td colspan="4">定位抄平示意图：
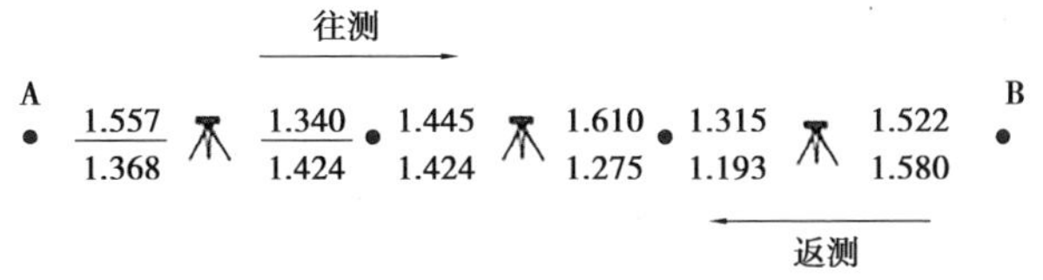
</td></tr>
<tr><td colspan="4">复测结果：
经复测 $f_{测}$<±12 mm 精度合格</td></tr>
</table>

<table>
<tr><td rowspan="3">签字栏</td><td rowspan="2">建设(监理)单位</td><td>施工(测量)单位</td><td>××建筑工程公司</td><td>测量人员(证书)</td><td>××××××</td></tr>
<tr><td>专业技术负责人</td><td>测量负责人</td><td>复测人</td><td>施测人</td></tr>
<tr><td>×××</td><td>×××</td><td>×××</td><td>×××</td><td>×××</td></tr>
</table>

附表 1-7 基槽验线记录表

<table>
<tr><td>工程名称</td><td>××××</td><td>日期</td><td>××××</td></tr>
<tr><td colspan="4">验线依据及内容：
依据：施工图、本工程施工测量方案、定位轴线控制网；
内容：×××轴线基底外轮廓线</td></tr>
<tr><td colspan="4">基槽平面、剖面简图：
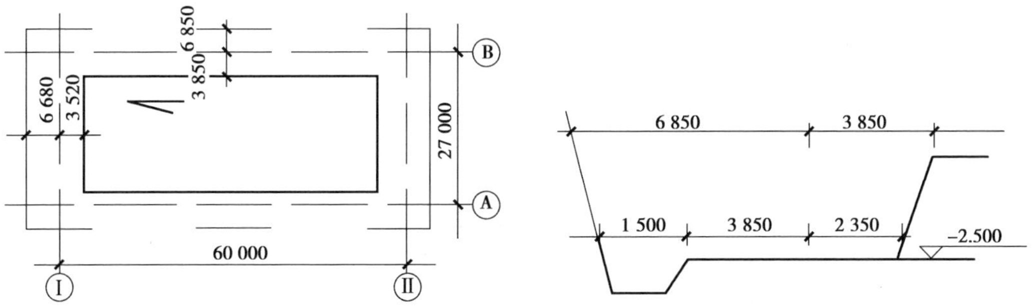
</td></tr>
<tr><td colspan="4">检查意见：
经检查：①～⑪/Ⓐ～Ⓑ轴为基底控制轴线，垫层标高（误差：−1 mm），基槽开挖的断面尺寸（误差：+2 mm）；坡度边线，坡度等各项指标符合设计要求及本工程（施工测量方案）规定，可进行下道工序施工</td></tr>
</table>

续表

<table>
<tr><td colspan="2">工程名称</td><td colspan="2">××××</td><td>日期</td><td>××××</td></tr>
<tr><td rowspan="3">签字栏</td><td colspan="2" rowspan="2">建设(监理)单位</td><td>施工(测量)单位</td><td colspan="2">××建筑工程公司</td></tr>
<tr><td>专业技术负责人</td><td>专业质检员</td><td>施测人</td></tr>
<tr><td colspan="2">×××</td><td>×××</td><td>×××</td><td>×××</td></tr>
</table>

附表 1-8　楼层平面放线记录表

<table>
<tr><td colspan="2">工程名称</td><td colspan="2">××××</td><td>日期</td><td>××××</td></tr>
<tr><td colspan="2">放线部位</td><td colspan="2">××××</td><td>放线内容</td><td>××××</td></tr>
<tr><td colspan="6">放线依据：
(1)施工图纸(图号××),设计变更/洽商(编号××);
(2)本工程《施工测量方案》;
(3)地下二层已放好的控制桩点</td></tr>
<tr><td colspan="6">放线简图：
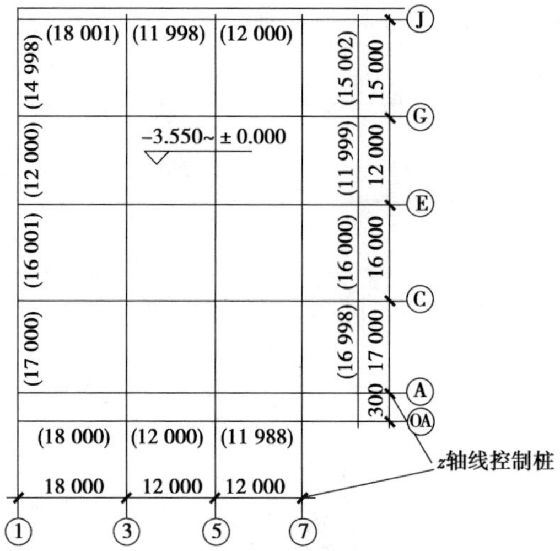
</td></tr>
<tr><td colspan="6">检查意见：
(1)①~⑦/Ⓐ~Ⓑ轴为地下一层外廊纵横轴线;
(2)括号内数据为复测数据(或结果);
(3)各细部轴线间几何尺寸相对精度最大偏差+2 mm,90°角中误差10″,精度合格;
(4)放线内容均已完成,位置准确,垂直度偏差在允许范围内,符合设计及测量方案要求,可以进行下道工序施工</td></tr>
<tr><td rowspan="3">签字栏</td><td colspan="2" rowspan="2">建设(监理)单位</td><td>施工(测量)单位</td><td colspan="2">××建筑工程公司</td></tr>
<tr><td>专业技术负责人</td><td>专业质检员</td><td>施测人</td></tr>
<tr><td colspan="2">×××</td><td>×××</td><td>×××</td><td>×××</td></tr>
</table>

附表 1-9　楼层标高抄测记录表

<table>
<tr><td>工程名称</td><td>××××</td><td>日期</td><td colspan="2">××××年××月××日</td></tr>
<tr><td>抄测部位</td><td>××××</td><td>抄测内容</td><td colspan="2">××××</td></tr>
<tr><td colspan="5">抄测依据：
(1)施工围纸(图号××)，设计变更/治商(编号××)；
(2)本工程(施工测量方案)；
(3)地上六层已放好的控制桩点</td></tr>
<tr><td colspan="5">检查说明：
地上七层①～⑨/Ⓐ～Ⓓ轴墙柱+0.5 m水平控制，标高=20.8 m，标注点的位置设在墙柱上，依据(测量方案)，在墙柱上设置固定的3个点，作为引测需要。
测量工具：自动安平水准仪，型号DZS3-1。据需要可画墙柱剖面简图予以说明，标明重要控制轴线尺寸及指北针方向</td></tr>
<tr><td colspan="5">检查意见：
经检验：地上七层①～⑨/Ⓐ～Ⓓ轴墙柱+0.5 m水平控制线，已按施工圈纸，测量方案引测完毕，引测方法正确，标高传递准确，误差值-2 mm，符合设计、规范要求</td></tr>
<tr><td rowspan="3">签字栏</td><td rowspan="2">建设(监理)单位</td><td>施工(测量)单位</td><td colspan="2">××建筑工程公司</td></tr>
<tr><td>专业技术负责人</td><td>专业质检员</td><td>施测人</td></tr>
<tr><td>×××</td><td>×××</td><td>×××</td><td>×××</td></tr>
</table>

附表 1-10　建筑物垂直度、标高观测记录表

<table>
<tr><td>工程名称</td><td colspan="3"></td></tr>
<tr><td>施工阶段</td><td>结构工程</td><td>观测日期</td><td>××××</td></tr>
<tr><td colspan="4">观测说明：
(略图)</td></tr>
<tr><td colspan="2">垂直度测量(全高)</td><td colspan="2">标高测量(全高)</td></tr>
<tr><td>观测部位</td><td>实测偏差/mm</td><td>观测部位</td><td>实测偏差/mm</td></tr>
<tr><td>一层</td><td>东2 mm、北3 mm</td><td>一层</td><td>2</td></tr>
<tr><td>二层</td><td>东北向2 mm</td><td>二层</td><td>-3</td></tr>
<tr><td>三层</td><td>东2 mm、北1 mm</td><td>三层</td><td>-4</td></tr>
<tr><td>…</td><td>…</td><td>…</td><td>…</td></tr>
<tr><td colspan="4">检查意见：
工程垂直度、标高测量结果符合设计及规范规定</td></tr>
</table>

续表

<table>
<tr><td colspan="2">工程名称</td><td colspan="4"></td></tr>
<tr><td rowspan="3">签字栏</td><td rowspan="2">建设(监理)单位</td><td>施工(测量)单位</td><td colspan="2">××建筑工程公司</td></tr>
<tr><td>专业技术负责人</td><td>专业质检员</td><td>施测人</td></tr>
<tr><td>×××</td><td>×××</td><td>×××</td><td>×××</td></tr>
</table>

附录2　课证赛融通

工程测量竞赛

水准测量和导线测量是建筑工程测量最基本的专业技能，是技能认定标准所要求的内容，也是各级工程测量技能竞赛的常设项目。为贯彻岗课赛证融通的教学改革，本附录设计了课证赛融通教学环节，供教师在教学中参考。

§1　竞赛概述

1. 竞赛目的

推动课程改革与建设，加快工学结合人才培养模式改革和创新步伐，促进产教融合、激发学生学习专业技能的热情，提升学生工程测量专业技能水平，提高团队协作能力和效率、安全意识等方面的职业素养。

2. 竞赛项目

竞赛包括四等水准测量和三级导线测量两个项目。根据观测、记录、数据处理等操作规范性、协调性、完成速度、外业观测和计算成果质量等进行评分。

3. 竞赛方式

以团队方式进行，男女不限。每支参赛队由4名学生组成。每名参赛学生在规定时间内完成水准测量一测段和导线测量一测站的实际操作、记录、计算。

§2　竞赛准备

一、场地设置

1. 四等水准测量比赛场地

选择一条长约1 000 m硬质或软质环形道路，路面宽度5 m以上，无障碍，能布设4条闭合水准路线同时供4个比赛队参赛，每条水准路线设4个测段，埋设水准点并编号。

2. 三级导线测量比赛场地

选择有一定开阔平坦、通视良好的硬质或软质场地(一般校园广场、足球场比较适合)能布设4条闭合导线线路，同时供4个比赛队参赛，每条线路设4个导线点(测站点)，另设置1个定向点，埋设规定标志并编号。

二、竞赛项目准备

1. 竞赛样题

(1)四等水准测量样题

请参赛队独立完成指定四等闭合水准测量，具体路线按照抽签结果。起始已知高程点H_{A1}=×××.000 m，观测记录方法及人员分工等要求按竞赛规则执行。

水准路线布设示意图如附图 2-1 所示。

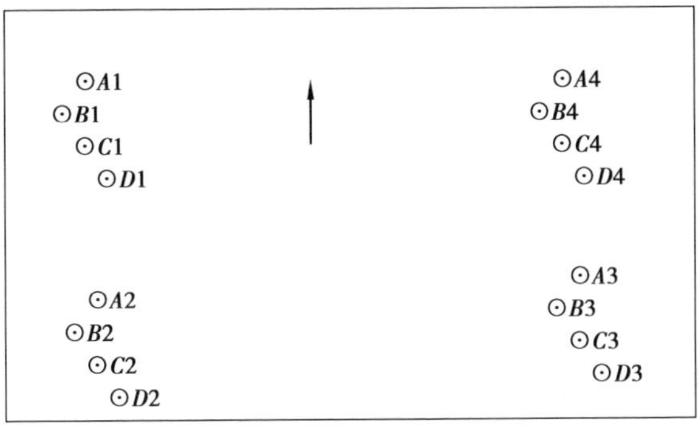

附图 2-1 水准路线布设示意图

(2)三级导线测量样题

请参赛队独立完成三级导线测量,具体路线按照抽签结果。起始已知方位角(起始点至定向点)α_{AF} = ××°××′××″,观测记录方法及人员分工等要求按竞赛规则执行。

三级导线测量路线布设示意图如附图 2-2 所示。

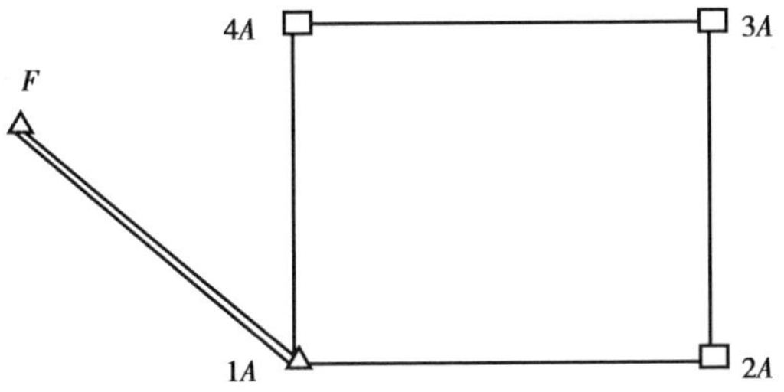

附图 2-2 三级导线测量路线布设示意图

2. 竞赛项目数据准备

竞赛场地、水准点和导线点布设完成后,对水准点间的高差和导线点的坐标进行测量,以方便在比赛时供内业裁判员评判。

三、赛前准备

1. 竞赛检录区准备

配置桌椅 2 套,检录人员 2 名,检录表格、档案袋若干。

2. 仪器设备准备

(1)四等水准测量比赛场地赛前准备

每支参赛队配 DSZ3 型水准仪 1 台、脚架 1 个、1 对 3 m 木质双面水准尺(红面分别为 4787、4687)、2 个尺垫、记录板、记录表格。

(2)三级导线测量比赛场地赛前准备

每支参赛队配全站仪 1 台、脚架 3 个、带基座的棱镜 2 个、记录板、记录表格。在共用定向点上安置好觇牌。

3. 竞赛数据计算区准备

竞赛场地附近安排好计算场所,设置警戒线,每支参赛队配置桌椅 2 套,搭设遮阳棚,计算表格、档案袋若干。

§3 竞赛组织

一、裁判组

裁判组的构成主要有:裁判长1名、外业检查裁判2~4名、内业检查成果裁判2名。

二、裁判长

①负责竞赛的组织与实施。

②负责每组竞赛开始的发令,对上交的竞赛成果进行保密处理。

③负责对竞赛节奏的掌控,处理裁判不能处理的现场纠纷及其他问题。

三、外业检查裁判

①按评分标准观察参赛选手仪器操作、观测规范性。

②协调各队在互相干扰时出现纠纷。

③观察选手记录、计算是否有作弊等违规行为,并做好记录备查。

④对外业观测、记录计算和测量成果表检查无误后上交裁判长。

四、内业检查成果裁判

①检查各参赛队上交计算表是否齐全。

②根据评分标准准确评定成绩。

③对无法判决的非常规问题要及时报告,必要时请裁判组集体讨论解决。

④统计各队的最后成绩。

§4 竞赛规则

一、四等水准测量竞赛规则

1.参赛选手编号

各参赛队将选手分别编号为1、2、3、4号(比赛过程中不得变更),要求每位选手独立完成指定闭合水准路线的测量任务。

2.比赛路线的确定

水准路线的起始点及待定点由赛项执委会事先确定,赛前抽签确定各参赛队所观测的路线。

3.四等水准测量外业竞赛实施方案

每位选手完成一个测段(即两个固定点之间的路线)的观测和记录计算,具体方案如下:

第一测段(已知点1A到2A号未知点)由本队1号选手独立进行仪器安置、观测,2号选手进行记录、计算,3、4号选手负责水准尺安置;

第二测段(2A号未知点到3A号未知点)由本队2号选手独立进行仪器安置、观测,3号选手进行记录、计算,1、4号选手负责水准尺安置;

第三测段(3A号未知点到4A号未知点)由本队3号选手独立进行仪器安置、观测,4号选手进行记录、计算,1、2号选手负责水准尺安置;

第四测段(4A号未知点到已知点1A)由本队4号选手独立进行仪器安置、观测,1号选手进行记录、计算,2、3号选手负责水准尺安置。

4.数据记录

要求记录规范完整、符合记录规定、计算准确;观测数据不得改动厘米和毫米,分米、米以上数据不得连环涂改,如有违反均需扣分;观测数据必须原始真实,严禁弄虚作假,否则取消参赛资格。

5. 成果计算

各参赛队由3号和4号参赛选手分别独立进行四等水准测量成果计算。计算所用的水准测量成果计算表由赛项执委会提供,计算表的辅助计算栏中必须填入水准线路闭合差。

6. 竞赛时间

外业观测和内业计算总的规定用时为60 min,外业观测超55 min将停止观测,可以进入内业计算,总用时60 min将停止比赛,超60 min整个水准测量比赛成绩按零分计。

二、三级导线测量竞赛规则

1. 参赛选手编号

按四等水准测量竞赛项目的编号执行,按规则要求独立完成指定闭合导线的测量任务。

2. 比赛路线的确定

闭合导线的起始点及待定点由赛项执委会事先确定,赛前抽签确定各参赛队的观测路线。

3. 三级导线测量外业竞赛实施方案

1A测站点由本队4号选手独立进行仪器安置、观测,1号选手进行记录、计算,2、3号选手负责安置棱镜;

2A测站点由本队1号选手独立进行仪器安置、观测,2号选手进行记录、计算(由二测回连接角平均值及导线边水平距离往返平均值推算2号测站点坐标,根据设计坐标放样3号点,检核无误后再进行一级闭合导线测量),3、4号选手负责安置棱镜;

3A测站点由本队2号选手独立进行仪器安置、观测,3号选手进行记录、计算,1、4号选手负责安置棱镜;

4A测站点由本队3号选手独立进行仪器安置、观测,4号选手进行记录、计算,1、2号选手负责安置棱镜。

4. 数据记录

外业观测时水平角观测起始方向水平度盘须设置为0°02′30″附近,角度观测和计算单位取至秒(如重测、必须在原置盘数值加30″);导线边水平距离单程观测读数3次,边长取至0.001 m。

要求记录规范完整、符合记录规定、计算准确;水平角观测数据不得改动秒值,度、分不得连环涂改,如有违反均需扣分。观测数据必须原始真实,严禁弄虚作假,否则取消参赛资格。

5. 成果计算

各参赛队由1号和2号参赛选手分别独立进行导线平差内业计算。内业计算所用的闭合导线测量成果计算表由赛项执委会提供,计算表的辅助计算栏中必须填入导线的方位角闭合差、坐标增量闭合差和导线全长相对闭合差。

6. 外业观测和内业计算总的规定时间

时间为60 min,外业观测超过50 min将停止观测,可以进入内业计算,总用时60 min将停止比赛,超过60 min整个导线测量成绩按零分计。

§5 竞赛成果质量评定标准

一、四等水准测量评分标准

仪器操作部分评分表

评分标准	站数	扣分
水准仪摔倒落地,一次扣10分		
每个测段应按规定编号进行观测和记录,违反一次扣5分		
阻挡或妨碍其他队观测,裁判劝阻无效,一次扣5分		
记录转抄或使用橡皮,一次扣5分		
测站重测不变换仪器高,一次扣2分		
未按“后—后—前—前”观测顺序及上、下丝再中丝读数,或没有换站时后视尺移动,一次扣2分		
圆水准气泡未居中,或脚架架设不稳定或有碰动(骑马观测),一次扣2分		
不顾安全狂跑或仪器2 m内无人看管或结束仪器未装箱复位,一次扣2分		
迁站时仪器未竖立、脚架未收拢,一次扣1分		
视线长度≤100 m或前后视距差≤5 m,超限一次扣5分		
记录者无回报读数或观测过程中有其他明显违规或不安全现象,一次扣1分		
任一测站上前后视距差累积≤10 m,超限一次扣5分		
基辅读数差≤3 mm,基辅高差的差≤5 mm,超限一次扣5分		
每测段偶数站,违反一测段扣20分		

记录计算、成果精度、用时部分评分表

评分标准	站数	扣分
转抄成果或厘米、毫米改动或涂改、就字改字或连环涂改或用橡皮擦、刀片刮或观测与计算数据不一致等,一处扣5分		
手簿计算错误或随意画线或不注错误原因或记录、计算的占位“0”“±”填写,一处扣1分		
每测站记录表格没有填写完整或缺少计算项或字迹模糊影响识读等,或以上之外的违规情况,一次扣1分		
伪造数据,取消比赛		
说明:记录规范性共20分,扣完为止　　记录部分扣分合计		
水准路线闭合差计算错误或$\geqslant 20\sqrt{L}$ mm,扣50分;闭合差(±10～±20) mm扣10分;闭合差≤±10 mm不扣分		
待测点的高程平差计算,计算错误一点扣20分		
待测点高程值差>±10 mm,一点扣20分;待测点高程值差(±10～±7) mm,一点扣5分,≤7 mm不扣分		

续表

评分标准	站数	扣分
计算表不整洁或以上之外的违规情况，一处扣 1 分		
说明：成果精度共 50 分，扣完为止　　成果精度扣分合计		
完成时间≤50 min 不扣分；50～60 min 完成，超过 50 min 的部分按 1 分钟扣 1 分；完成时间超过 60 min，该四等水准测量项比赛成绩零分		
说明：时间共 10 分，扣完为止　　时间扣分合计		

二、三级导线测量评分标准

仪器操作部分评分标准

评分标准	站数	扣分
全站仪及棱镜摔倒落地，一次扣 10 分		
每个测站应按规定编号进行观测和记录，违反一次扣 5 分		
阻挡或妨碍其他队观测，裁判劝阻无效，一次扣 5 分		
记录转抄或使用橡皮，一次扣 5 分		
测站重测不变换仪度盘或不重新照准，一次扣 2 分		
每半测回观测中，在照准目标前按观测顺序转 1～2 周，违反一次扣 1 分		
每测站起始观测从盘左开始或照准目标顺序按规定进行，违反一次扣 2 分		
迁站时仪器未装箱，一次扣 3 分		
对中误差大于 2 mm，一次扣 2 分		
水准管气泡整平偏差大于 1 格，一次扣 2 分		
仪器 2 m 内无人看管或结束未装箱归位，一次扣 1 分		
脚架架设不稳定或有碰动（骑马观测）1 次扣 2 分		
换站时不顾安全地狂跑或穿越草地，一次扣 2 分		
记录者无回报读数或观测过程中有其他明显违规或不安全现象，一次扣 1 分		

记录计算、成果精度、用时部分评分表

评分标准	站数	扣分
转抄成果或厘米和毫米及秒改动或涂改、就字改字或连环涂改或用橡皮擦、刀刮或观测与计算数据不一致等，一处扣 5 分		
手簿计算错误或随意画线或不注错误原因或记录、计算的占位“0”“±”填写，一处扣 1 分		
每测站记录表格没有填写完整或缺少计算项或字迹模糊影响识读等，或以上之外的违规情况，一次扣 1 分		

续表

评分标准	站数	扣分
伪造数据，取消比赛		
说明：记录规范性共 20 分，扣完为止　　记录部分扣分合计		
水平角上下半测回≥24″或测距 3 次读数差≥5 mm，一次扣 20 分；上下半测回较差 12″～24″，一次扣 5 分；≤12″不扣分		
方位角闭合差计算错误或≥48″扣 50 分；方位角闭合差 24″～48″扣 5 分；≤24″不扣分		
相对闭合差≥1/5 000，扣 50 分；1/5 000～1/10 000，扣 5 分；≤1/10 000 不扣分		
待测点坐标平差计算错误或超限（±20 mm），一点扣 5 分		
计算表不整洁或以上之外的违规情况，一处扣 1 分		
说明：成果精度共 50 分，扣完为止　　成果精度扣分合计		
完成时间≤50 min 不扣分；50～60 min 完成，超过 50 min 的部分按 1 分钟扣 1 分；完成时间超过 60 min，该导线测量项比赛成绩零分		
说明：时间共 10 分，扣完为止　　时间扣分合计		

参考文献

[1] 刘霖,张成利,纪海英. 建筑工程测量实践与实训指导[M]. 天津:天津科学技术出版社,2015.

[2] 冯大福,吴继业. 数字测图[M].3 版. 重庆:重庆大学出版社,2021.

[3] 石东,陈向阳. 建筑工程测量[M].2 版. 北京:北京大学出版社,2017.

[4] 郑佳荣. 建筑测量[M]. 北京:国家开放大学出版社,2021.

[5] 许宝良. 建筑工程测量. [M]. 北京:高等教育出版社,2015.

[6] 丁雪松. 公路工程测量[M]. 北京:人民交通出版社,2017.

[7] 方坤,李明庚. 建筑工程测量[M].2 版. 北京:机械工业出版社,2019.

[8] 郝亚东. 工程变形监测[M].2 版. 武汉:武汉理工大学出版社,2022.

[9] 杨爱琴,赵效祖. 地形测量[M]. 北京:科学技术文献出版社,2016.

[10] 翁丰惠,李军国. 数字化测图技术[M]. 北京:中国水利水电出版社,2012.

[11] 马华宇,姜留涛. 建筑工程测量[M]. 成都:电子科技大学出版社,2015.

[12] 李天和. 地形测量[M]. 郑州:黄河水利出版社,2012.

[13] 杨爱琴,赵效祖. 地形测量[M]. 北京:科学技术文献出版社,2016.

[14] 李开伟. 控制测量[M]. 成都:西南交通大学出版社,2014.

[15] 李玉宝,沈学标,吴向阳. 控制测量学[M]. 南京:东南大学出版社,2013.

[16] 张迪,申永康. 建筑工程施工测量[M]. 北京:高等教育出版社,2013.

[17] 喻艳梅,陈伟池,卢滔,等. 建筑工程测量[M]. 沈阳:东北大学出版社,2020.

[18] 王龙洋,魏仁国. 建筑工程测量与实训[M]. 天津:天津科学技术出版社,2020.

[19] 石明星,乔林全. 测量学基础[M]. 天津:天津科学技术出版社,2022.

[20] 吕建涛. 控制测量及 GNSS 定位[M]. 天津:天津科学技术出版社,2021.

[21] 周建郑. 工程测量:测绘类[M].4 版. 郑州:黄河水利出版社,2023.

[22] 中华人民共和国住房和城乡建设部,国家市场监督管理总局. 工程测量标准:GB 50026—2020[S]. 北京:中国计划出版社,2020.

[23] 中华人民共和国住房和城乡建设部. 建筑变形测量规范:JGJ 8—2016[M]. 北京:中国建筑工业出版社,2016.

[24] 中华人民共和国国家质量监督检验检疫总局,中国国家标准化管理委员会. 国家基本比例尺地图图式 第 1 部分:1 ∶ 500 1 ∶ 1000 1 ∶ 2000 地形图图式:GB/T 20257. 1—2017[S]. 北京:中国标准出版社,2017.